DATA VISUALIZATION PRINCIPLES AND EXAMPLES *Second Edition*

新媒体 理论与实务系列教材

数据可视化原理与实例

（第二版）

李春芳　石卓奇　沈寓实 ◎ 著

中国传媒大学出版社
·北　京·

前言

2013年被称为大数据的元年，2016年是第三次人工智能浪潮的元年，2021年是元宇宙的元年，2023年是GPT通用大模型的元年。新技术发展日新月异，数据可视化也经历了数据、信息、算法、软件、AI可视化和数字孪生的发展，从数值数据到图形图像、从抽象信息到视觉符号的发展，形成一切皆能可视化的成熟和繁荣。

2018年9月，《数据可视化原理与实例》出版，在凝结作者13轮数据可视化课程（另中国大学慕课7轮线上课）的讲授，对数据可视化、软件可视化、电影可视化的研学实践和总结，以及与互联网企业、及高校团队的合作应用凝练后，第二版历经六年以新面貌与读者见面，非常兴奋，也十分的感恩。

大数据时代，海量数据的理解称为极富挑战性的难题。数据可视化是大数据技术体系的重要内容之一，可视化在导航认知、压缩数据、解释问题、发现知识、归纳结论中发挥着重要作用。

本书面向计算机大类17个专业，讲授软件开发中的数据可视化。它也是数据新闻、计算传播学、计算广告、数字营销、数字媒体艺术专业学习可视化的实践性教材。新版二维可视化基于最新的D3.v7.js实现，新增基于Three.js的三维可视化和虚拟偶像。

本书适用于本科或研究生的数据可视化教学、软件开发中数据可视化应用以及启发开发新的数据可视化算法。第一、二章是Web可视化基础，第三至八章是D3的API各种布局算法，包括直方图、饼图类、比例尺、动画与交互、树图、力导向图、地图，第九章是音乐可视化，第十章是JavaScript图像处理和色彩提取，第十一章是等高线密度图和动态图，第十二章是包括分词的词云图绘制，第十三章是一种基于占用矩阵的词云图可视化算法（第一作者在博后期间的一个专利），第十四章是基于Three.js的三维数据可视化，第十五章是前后端分离的软件开发中的数据可视化。其中第十章对于理解流行的卷积神经网络的卷积小有帮助，第十三章主要是启发开发新的数据可视化算法，内容稍有难度，可以选学。第十五章适合计算机大类专业学习软件开发中的数据可视化，解决软件中嵌入可视化的最后一公里。

少则得，多则惑。本着以简驭繁，实例都很简短，文笔尽可能凝练，然而代码并不简单。这些实例融合应用，作者团队已经设计实现了诸多的可视化作品，嵌入在软件中，欢迎访问以中国电影知识体系平台movie.yingshinet.com为代表的系列智媒影视平台，影像与课本www.yingshinet.com，中国电影翻译库film.yingshinet.com，如艺剧本ruyi.cool。在本书的数据和文字阐述中，也嵌入了对经典电影的论述。

鉴于作者水平所限，更兼时间和精力不足，书中错谬之处在所难免，若蒙读者老师不吝指正，不胜感谢。

李春芳

石卓奇　沈寓实

2024年5月16日

全书配套代码链接：https://cuc.yingshinet.com

视频慕课地址：https://www.icourse163.org/course/CUC-1206407806

目 录

第一章
基于 Web 的数据可视化基础

要掌握基于Web的数据可视化开发，需要了解网页程序设计的基础知识。本章在讲解HTML、CSS、JavaScript和SVG的基础上，展示脚本的互操作。

第一节　数据可视化概述

一、数据可视化是大数据技术体系的重要组成

大数据（Big Data），是指具有体量巨大、来源多样、生成极快、多变等特征，并且难以用传统数据体系结构有效处理包含大量数据集的数据。数据科学是根据原始数据，经过整个数据生存周期过程，凭借经验合成，用于行动的知识的一种科学。

简单地说，可视化就是把数据转换为图形图像视频和三维模型的方式，帮助人们理解大量且复杂的数据。本书的可视化重点是二维可视化（基于D3.V7.JS），但对基本的三维可视化技术（基于Three.JS）也有介绍。

数据的采集、提取和理解是人类感知和认识世界的基本途径之一，数据可视化为人类洞察数据的内涵、理解数据蕴含的规律提供了重要手段。从宏观角度来看，可视化包括三个功能：信息记录、支持对信息的推理和分析、信息传播和协同。从奇数和的可视化、勾股定理的图形化证明到著名的“鬼图”曾帮助人们发现霍乱流行的原因、蛋白质折叠游戏、大国高层政治人物社交网络和揭示批量文本主题的词云图，大量实例表明可视化在知识发现、分析、理解和传播中扮演着重要的角色。

二、数据可视化简史

可视化的全称为“科学计算可视化”（Visualization in Scientific Computing，ViSC）

是1987 年在美国国家科学基金会的"科学计算可视化研讨会"报告中正式提出的概念。大数据浪潮下，海量数据的分析、挖掘、传播和理解成为信息技术发展的巨大挑战。可视化在大数据挖掘中的作用体现在多个方面，如揭示想法和关系、形成论点或意见、观察事物演化的趋势、总结或积聚数据、存档和汇整、寻求真相和真理、传播知识和探索数据分析等。

可视化是认知的过程，即形成某个物体的感知图像，强化认知理解，其终极目的是对事物规律的洞悉。人脑50%的信息是通过视觉感知的。人眼是一个高带宽的巨量视觉信号输入并行处理器，最高带宽为每秒100MB，具有很强的模式识别能力。因此，领域学者将可视化简明地定义为"通过可视表达增强人们完成某种任务的效率"，这种任务包括发现、决策、解释、分析、探索和学习。

信息科学领域面临的一个巨大挑战是数据爆炸。在信息管理、信息系统和知识管理学科中，最基本的模型是"数据、信息、知识、智慧"（Data，Information，Knowledge，Wisdom，DIKW）的诺兰模型。从数据到智慧，可视化在每一层递进转化中都起着重要的作用。

三、数据可视化领域的顶级期刊、顶级会议

数据可视化，是创建并研究数据的视觉表达（Visual Representation），输入的是数据（Data），输出的是视觉形式（Visual Form），目标是深入理解数据（Insight）。

目前，数据可视化的顶刊是*Transactions on Visualization and Computer Graphics*（TVCG），论文主题包括计算机图形学、信息与科学可视化、可视分析、虚拟和增强现实，聚焦于理论、算法、方法、人机交互技术、系统、软件、硬件和这些领域的应用。

Ieee ViS（官网ieeevis.org），是可视化和可视分析新进展的先锋论坛。欧洲可视化会议Euro Vis（官网eurovis.org）和太平洋可视化会议Pacific Visualization（https://pvis2022.github.io/pvis2022/cfp/）是重量级的可视化会议。中国可视化与可视分析大会于2014年开始举办。2023年在重庆召开，已经举办了10届。主题包括可视化中的采样问题、AR/VR+可视化、安全可视化、生物医学可视化、全球新冠疫情可视化、科学可视化、可视化系统中的交互设计、数字人文、交互式机器学习与可解释人工智能、决策可视分析、空间信息可视化、艺术可视化、叙事可视化、面向科学数据的可视化工具设计与研发等。这些主题帮助我们了解可视化和可视分析的研究领域和应用场景。

四、数据可视化和可视分析的一些重要的学术团队

笔者自2014年以来，从事可视化研究和教学，总结了国内外重要的可视化研究团

队，列在表1–1中。

表 1–1　数据可视化和可视分析重要的研究团队

ID	团队负责人	主页	单位
1	马匡六（Kwan-liu Ma）	https://web.cs.ucdavis.edu/~ma/.	University of California at Davis
2	屈华民	http://huamin.org/.	香港科技大学
3	刘世霞	http://shixialiu.com/.	清华大学
4	陈为	http://www.cad.zju.edu.cn/home/chenwei/ https://zjuvag.org/.	浙江大学
5	袁晓如	http://vis.pku.edu.cn/yuanxiaoru/.	北京大学
6	Jeffrey Michael	https://homes.cs.washington.edu/~jheer/.	华盛顿大学
7	Pat Hanrahan2019 图灵奖	https://graphics.stanford.edu/~hanrahan/.	斯坦福大学
8	Ed Catmull2019 图灵奖	https://pixar.fandom.com/wiki/Ed_Catmull.	皮克斯动画 CTO
9	Chen Min	https://eng.ox.ac.uk/people/min-chen/.	牛津大学
10	Peter Eades	https://www.sydney.edu.au/engineering/about/our-people/academic-staff/peter-eades.html.	悉尼大学
11	Jack van Wijk	https://www.win.tue.nl/~vanwijk/.	荷兰 Eindhoven University of Technology
12	Alexandru C. Telea	https://webspace.science.uu.nl/~telea001/.	荷兰 Utrecht University

从TVCG以及发文量来看，马匡六是排名比较靠前的数据可视化和可视分析学者。香港科技大学的屈华民实验室是亚洲排名第一的数据可视化研究团队。清华大学的刘世霞实验室也是国内知名的数据可视化团队。此外，国内的团队还包括浙江大学的陈为、北京大学的袁晓如。

Jeffrey Michael是华盛顿大学的可视化学者，在Youtube上有一个关于可视化简史（A Brief History of Data Visualization）的视频报告，是著名的Web可视化开发框架D3.JS的作者Mike Bostock的导师。

牛津大学的Chen Min代表性的研究内容是基于信息论研究的可视化表达。

悉尼大学的Peter Eades是发明图可视化的力导向算法的著名学者，其团队致力于研究图可视化的混乱约减和算法优化。

荷兰的学者Wijk的代表性的可视化算法是用Linux的文件结构生成了一个三维的小怪树。另一个荷兰学者Telea的研究方向包括软件可视化、边绑定等，他的*Data Visualization: Principles and Practice*被翻译为了中文版的《数据可视化原理与实践》（第二版）。

随着数据可视化算法、实现和API的不断成熟，可视化已经获得广泛的使用，并且易于掌控。但是设计数据可视化产品和作品仍是一个充满技术和艺术挑战的工作。1996年Schneiderman 提出了一个设计准则（Mantra），获得广泛认可，即“Overview first, zoom and filter, then details-on-demand”。

Hanrahan和Catmull以对计算机图形学的贡献，获得2019年的图灵奖，他们的工作与可视化密切相关。

五、本书论述重点

可视化从传统的直方图、饼图、雷达图、箱图，发展到玫瑰图、关系图、词云图、力导向和弦图等多种方式，新的可视化算法、形式和工具仍不断出现。现实世界复杂系统的复杂性根源在于多维度和多粒度的关联性。此外，概率、密度和频率构成纵深复杂性，这些概念也是统计学认识世界的重要方法，基于词频的词云图开创了文本数据可视化的新局面，提供了海量文本的探索性数据分析方法。然而，以表达关系的力导向图和表达频次特征的词云图为代表的较复杂的可视化算法在实际的Web软件开发中有广泛需求，这些算法都有可用的API，并且基于最简单的HTML、CSS、JavaScript、SVG。

数据新闻专家沈浩认为，数据可视化是一种数据分析、叙事手段和批判思维。在有内容表达的前提下，数据可视化的形式大于内容。本书着重围绕D3.JS讨论数据可视化的形式如何实现。从学术角度来看，D3.JS中比较有算法特点的可视化图是力导向和词云图，用途非常广泛。力导向有效表达了关系和联系，在社交网络、知识图谱中广泛应用。词云图成为大数据的一个可视化代名词，本书第十三章展示了笔者的一个词云图专利，着重论述了一种基于占用矩阵的词云图布局算法的原理。第二版增加了第六章树图可视化，第十一章讲解等高线密度图及动态图表，第十四章为基于Three.JS的三维可视化，第十五章呈现软件开发中的数据可视化。

第二节　HTML 文档

HTML（Hyper Text Markup Language）是用来描述网页的一种语言，即超文本标记语言，它不是一种编程语言，而是一种标记语言，使用标签来描述网页。

HTML标签由尖括号包围的关键词构成，比如<html>，标签通常是成对出现的，比如表示一个段落的<p>和</p>，标签对中的第一个是开始标签，第二个是结束标签。

HTML文档实际上等同于网页，描述网页，包含HTML标签和纯文本，Web浏览器的作用是读取HTML文档，并以网页的形式显示。浏览器不显示 HTML标签，而是使用标签来解释页面的内容。

网页文件可以在任何文本编辑器中编写，如记事本、写字板。笔者作为一个程序员，更推荐使用如NodePad++、UltraEdit等文本编辑器。如本书使用的文本编辑器为NodePad++，一个类似于各种语言的HelloWorld程序的HTML网页见代码CH1/Hello.htm。

程序编号：CH1/Hello.htm

```
<html>
    <head>
        <title>
            苏轼诗词精选
        </title>
    </head>
    <body>
        <h1>定风波·三月七日</h1>
        <h3>【宋】苏轼</h3>
        <p>
        <h5>三月七日，沙湖道中遇雨。雨具先去，同行皆狼狈，余独不觉。
            已而遂晴，故作此词。</h5><br>
        莫听穿林打叶声，何妨吟啸且徐行。<br>
        竹杖芒鞋轻胜马，谁怕？一蓑烟雨任平生。<br>
        料峭春风吹酒醒，微冷，山头斜照却相迎。<br>
        回首向来萧瑟处，归去，也无风雨也无晴。<br>
        </p>
    </body>
</html>
```

代码中<html>与</html>之间的文本描述这个网页，<body>与</body>之间的文本是可见的页面内容，<h1>与</h1>之间的文本显示为标题，<p>与</p>之间的文本显示为段落。
表示换行。该页面的运行结果见图1-1。

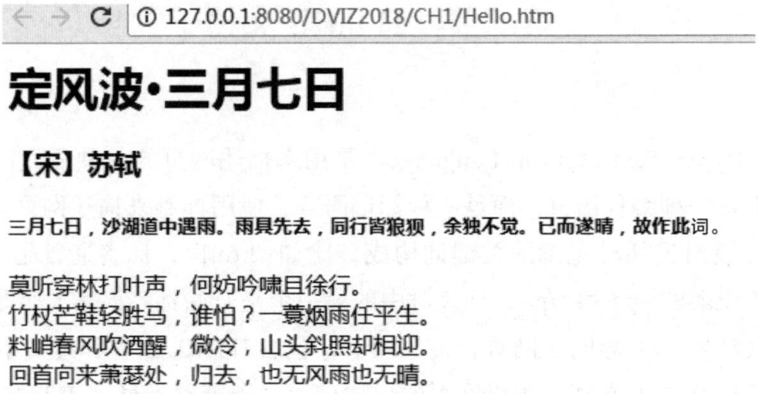

图 1-1 纯 HTML 的示例网页

更多的HTML标记可参见http://www.w3school.com.cn/html/index.asp上的文档，该网站涵盖的文档内容如图1-2所示，包括HTML、CSS、JavaScript、XML、SVG、JSON、JQuery以及服务器端的SQL、ASP、PHP等文档，几乎涵盖了Web数据可视化前端的基础文档。

图 1-2 W3School.com.cn 上的 HTML 文档

从图1-1来看，这个网页文件放在了Tomcat服务器下，本书的数据可视化大都放在Tomcat下，关于Tomcat的下载安装，可参考它的官网http://tomcat.apache.org/，在安装Tomcat之前还要安装Java JDK，本书使用JDK7+Tomcat9。如果您习惯了使用Node.js生态，也可以在学习了第十五章之后，在Node.js+Vue3生态中实现可视化。

提示--->>

在 NodePad++ 中编写的 HTML 文件可能会出现乱码，如果遇到这种情况，请在 NodePad++ 中，点击“编码”菜单，将代码格式修改为“转为 UTF-8 编码格式”，保存文件，并重新刷新页面即可。

瞭望

提起 w3school.com.cn，不得不说 W3C（World Wide Web Consortium），即万维网联盟，作为欧洲核子研究机构的一个项目，由蒂姆·博纳斯－李（Tim Berners-Lee）倡导发展起来。1994 年 10 月，蒂姆·博纳斯－李在麻省理工学院创建了万维网联盟，他邀请微软、网景、苹果、IBM 等 155 家公司以及一些研究机构，协同研究万维网的技术标准化，为推动万维网走向世界做出了巨大贡献。蒂姆·博纳斯－李由此被称为万维网的发明人，并担任 W3C 的主任。2012 年伦敦奥运会开幕式邀请蒂姆·博纳斯－李出场，他现场在键盘上敲出“This is for everyone”，意喻万维网是送给世界上每一个人的礼物。2017 年，他因“发明万维网、第一个浏览器和使万维网得以扩展的基本协议和算法”而获得 2016 年度图灵奖。

图 1-3　蒂姆·博纳斯－李

W3C 在 1994 年被创建的目的是完成麻省理工学院（MIT）与欧洲粒子物理研究所（CERN）之间的协同工作，并得到了美国国防部高级研究计划局（DARPA）和欧洲委员会（European Commission）的支持。W3C 由美国麻省理工学院计算机科学、人工智能实验室（MIT CSAIL）以及总部位于法国的欧洲信息数学研究联盟（ERCIM）和日本的庆应大学（Keio University）联合运作，并且在世界范围内拥有分支办事处。

万维网联盟中国办事处成立于 2006 年 4 月 1 日。现设址于北京航空航天大学（下文简称为北航），由北航计算机学院计算机新技术研究所负责日常的运营工作。W3C 中国办事处致力于促进国内外万维网标准领域信息沟通互动，为国内企业、高校及科研机构参与国际信息技术标准化的研究、集成和推广提供服务。

第三节 层叠样式表 CSS

为了解决内容与表现分离的问题，万维网联盟（W3C）在HTML 4.0之后定义了样式（Style），即CSS（Cascading Style Sheets）层叠样式表，以单独定义如何显示HTML元素。样式通常存储在样式表中，存储在CSS文件中。外部样式表提高了网页开发的效率。

当同一个HTML元素被不止一个样式定义时，使用最近优先的样式。一般而言，样式由外到内的定义级别包括：

第一，浏览器缺省设置。

第二，外部样式表。

第三，内部样式表（位于<head>标签内部）。

第四，内联样式（在HTML元素内部）。

内联样式（在HTML元素内部）拥有最高的优先权，即它将优先于<head> 标签中的样式声明、外部样式表中的样式声明以及浏览器中的样式声明（缺省值）。

一、内联样式

在Chrome浏览器中，默认的<h1>的字体是“黑体”，<p>默认的字体是“微软雅黑”，因此，代码CH1/Hello.htm的运行结果是图1–1。如果使用了样式，见代码CH1/CSS.htm，根据最近样式优先原则，运行结果见图1–4，内联样式起作用，在<head>中的样式不起作用。

程序编号：CH1/CSS.htm

```
<html>
    <head>
        <title>
            苏轼诗词精选
        </title>
            <style type="text/css">
                body{background-color: #495A80}
                h1{color:#37C6C0}
                h3{color:#1DB0B8}
                h5{color:#00343F}
                p{font-family:华文新魏;color:#011935;font-size:24}
            </style>
    </head>
    <body style="background-color:#C3BEDC">
```

```
        <h1 style="color:#FFFEA0">定风波·三月七日</h1>
        <h3 style="color:#FEE388">【宋】苏轼</h3>
        <h5 style="color:#BA874C">三月七日，沙湖道中遇雨。雨具先去，同行皆狼狈，余独不觉。
                                已而遂晴，故作此词。</h5>
        <p style="font-family:华文仿宋;color:8F1D78;font-size:20px;">
        莫听穿林打叶声，何妨吟啸且徐行。<br>
        竹杖芒鞋轻胜马，谁怕？一蓑烟雨任平生。<br>
        料峭春风吹酒醒，微冷，山头斜照却相迎。<br>
        回首向来萧瑟处，归去，也无风雨也无晴。<br>
        </p>
    </body>
</html>
```

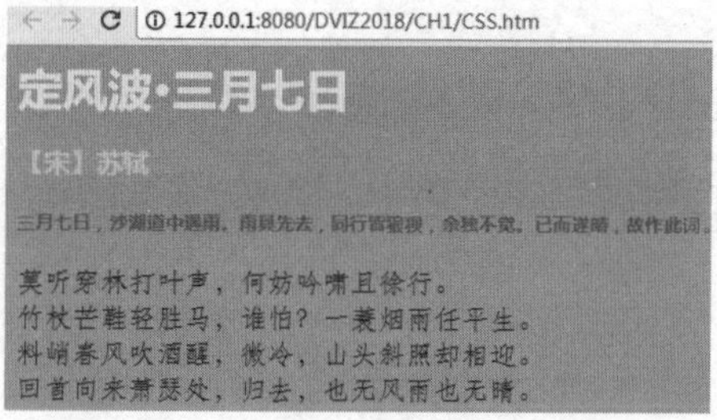

图 1-4　使用 CSS 的内联样式（在 HTML 元素内部）

图1-4内联样式使用的配色、内部样式配色和外部样式配色对比见图1-5。

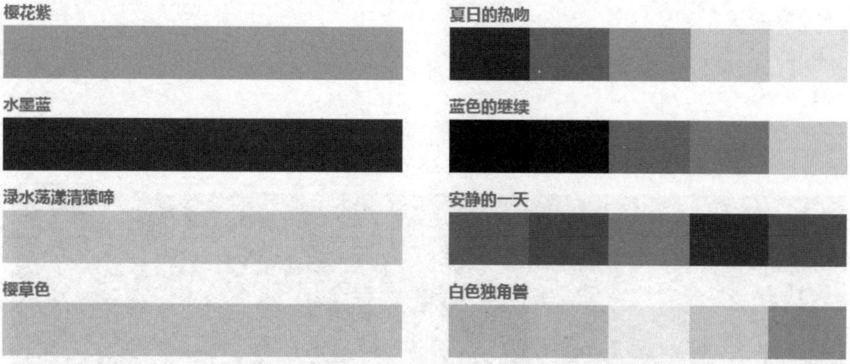

图 1-5　本例用于对比配色（内联样式、内部样式和外部样式）

二、内部样式

如果把内联的样式去掉，则<head>中的样式起到修饰作用，代码见CH1/CSS-2.htm，运行结果见图1-6，字体为“华文新魏”。

程序编号：CH1/CSS-2.htm

```
<html>
    <head>
        <title>
            苏轼诗词精选
        </title>
            <style type="text/css">
                body{background-color: #495A80}
                h1{color:#37C6C0}
                h3{color:#1DB0B8}
                h5{color:#00343F}
                p{font-family:华文新魏;color:#011935;font-size:24}
            </style>
    </head>
    <body>
        <h1>定风波・三月七日</h1>
        <h3>【宋】苏轼</h3>
        <h5>三月七日，沙湖道中遇雨。雨具先去，同行皆狼狈，余独不觉。已而遂晴，故作此词。</h5>
        <p>
        莫听穿林打叶声，何妨吟啸且徐行。<br>
        竹杖芒鞋轻胜马，谁怕？一蓑烟雨任平生。<br>
        料峭春风吹酒醒，微冷，山头斜照却相迎。<br>
        回首向来萧瑟处，归去，也无风雨也无晴。<br>
        </p>
    </body>
</html>
```

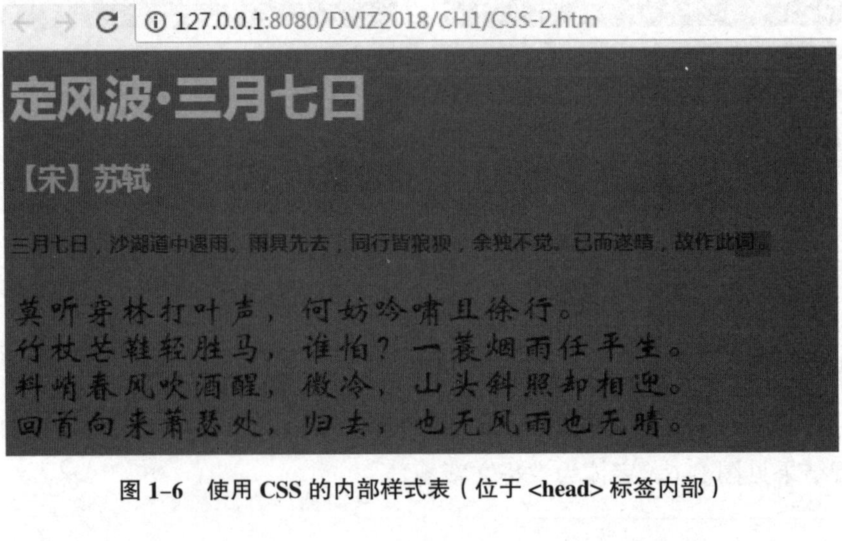

图 1–6　使用 CSS 的内部样式表（位于 <head> 标签内部）

三、外部样式CSS文件

如果使用外部样式表，则可以把CSS样式部分单独写入一个文件中，扩展名为.css，样式文件代码见css1.css，然后在HTML中引用这个文件，引用代码为<link rel="stylesheet" href="css/css1.css" type="text/css" />，运行结果见图1-7。修改为外部样式表后的代码如下：

程序编号：CH1/css/css1.css

```
body{
    background-color:#C7FFEC
}
h1{
    color:#2E68AA
}
h3{
    color:#77C34F
}
h5{
    color:#5E8579
}
p{
    font-family:华文隶书;
    color:#56A36C;
    font-size:20px;
}
```

程序编号：CH1/CSS-3.htm

```
<html>
    <head>
        <title>
            苏轼诗词精选
        </title>
        <link rel="stylesheet"href="css/css1.css"type="text/css" />
    </head>
    <body>
        <h1>定风波 ·三月七日</h1>
        <h3>【宋】苏轼</h3>
        <h5>三月七日，沙湖道中遇雨。雨具先去，同行皆狼狈，余独不觉。已而遂晴，故作此词。</h5>
        <p>
        莫听穿林打叶声，何妨吟啸且徐行。<br>
        竹杖芒鞋轻胜马，谁怕？一蓑烟雨任平生。<br>
        料峭春风吹酒醒，微冷，山头斜照却相迎。<br>
```

```
            回首向来萧瑟处，归去，也无风雨也无晴。<br>
            </p>
        </body>
    </html>
```

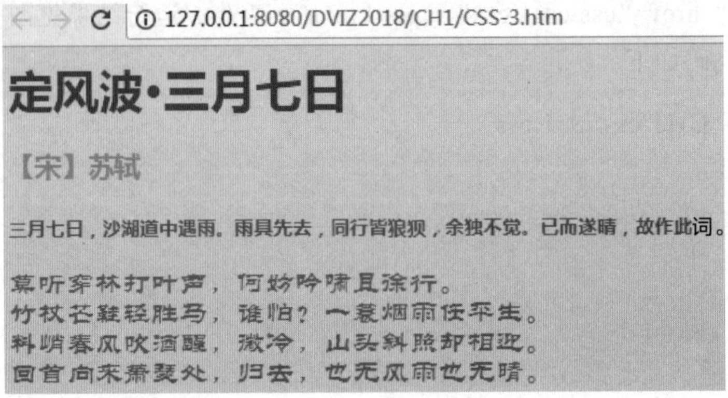

图 1-7　使用外部样式表

四、类选择器和ID选择器

前面直接对HTML的标签元素定义了样式，而在使用过程中，一个页面可能有多种同一类的元素，若想使用不同的样式，要如何区分呢？为此，可以使用CSS选择器。CSS选择器最常用的有两种：一种是ID选择器，一种是类选择器。

类选择器使用“.”开头定义，如下在HTML内部定义了两个类选择器.poem_title和.poem，然后在使用这个样式的地方用class引用，如<h3 class="poem_title">定风波・三月七日</h3>。

ID选择器使用“#”开头定义，如下在HTML内部定义了一个ID选择器#poet，在使用这个样式的地方用id引用，如<h1 id="poet">苏轼作品雅集【宋】</h1>。

类选择器和ID选择器的代码如下：

程序编号：CH1/CSS-4.htm

```
<html>
    <head>
        <title>
            苏轼诗词精选
        </title>
        <style type="text/css">
            body{
                background-color:#FDFFDF;
            }
```

```
        hr{
            width:60%;
            color:#EFCEE8;
        }
        #poet{
            font-family:华文彩云;
            color:#E9F01D;
            font-size:48px;
        }
        .poem_title{
            font-family:华文行楷;
            font-size:28px;
        }
        .poem{
            font-family:华文隶书;
            font-size:20px;
        }
    </style>
</head>
<body>
    <center>
    <h1 id="poet">苏轼作品雅集【宋】</h1>
    <hr style="width:40%">
    <h3 class="poem_title">定风波·三月七日</h3>

    <h5>三月七日，沙湖道中遇雨。雨具先去，同行皆狼狈，余独不觉。已而遂晴，故作此词。</h5>
    <p class="poem">
    莫听穿林打叶声，何妨吟啸且徐行。<br>
    竹杖芒鞋轻胜马，谁怕？一蓑烟雨任平生。<br>
    料峭春风吹酒醒，微冷，山头斜照却相迎。<br>
    回首向来萧瑟处，归去，也无风雨也无晴。<br>
    </p>
    <hr>
    <h3 class="poem_title">和董传留别</h3>
    <p class="poem">
    粗缯大布裹生涯，腹有诗书气自华。<br>
    厌伴老儒烹瓠叶，强随举子踏槐花。<br>
    囊空不办寻春马，眼乱行看择婿车。<br>
    得意犹堪夸世俗，诏黄新湿字如鸦。<br>
    </p>
    </center>
</body>
</html>
```

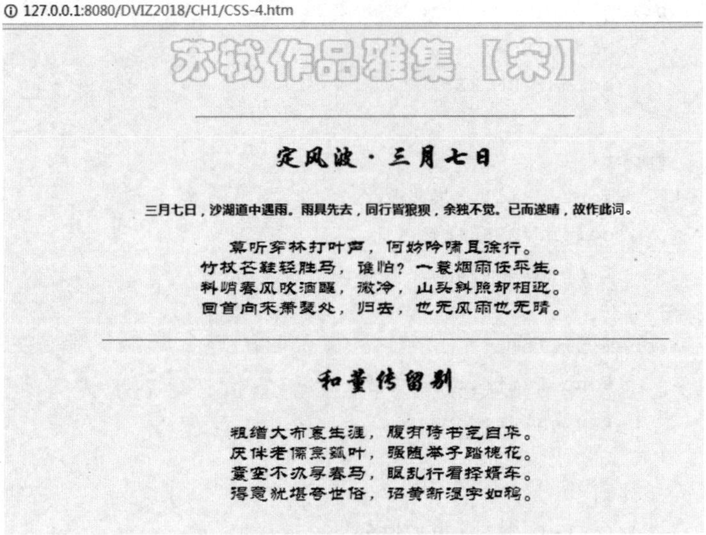

图 1-8　CSS 类选择器和 ID 选择器运行结果

提示-->>

如果将 HTML 标签元素所描绘的网页比作建造一座房子，那么 CSS 的作用类似于给房子装修。CSS 在网站设计、基于 Web 的可视化中的作用非同小可，关于它的详细文档参见 w3school.com.cn，特别是色彩名或者色彩值，可以从该网站查询，配色可以参见相关网站。第十二章提供了基于聚类算法从图像中提取配色的方法。

第四节　JavaScript 脚本

JavaScript是世界上最流行的网页脚本语言。它被数百万计的网页用来改进设计、验证表单、检测浏览器、创建cookies等。它适用于桌面和移动应用，被设计为在HTML页面供用户与浏览器进行交互操作。JavaScript是一种轻量级的编程语言，其代码可以插入HTML页面编码，并由所有的主流浏览器执行。

一、JavaScript起源

1995年，网景公司（Netscape）为了解决浏览器与用户的交互问题，决定开发一个客户端脚本语言。当时的情况是绝大多数用户使用调制解调器上网，用户填写完一个表单后提交，需要等待几十秒，而服务器有可能会反馈错误信息，严重影响了人们上网的兴致。当时网景公司的整个管理层都是Java语言的信徒，1995年5月，网景公司做出决策，未来的网页脚本语言必须“看上去与Java足够相似”，但要比Java简单，让非专业的网页作者也能很快上手使用。

新受聘于网景公司的计算机科学家布兰登·艾奇（Brendan Eich）被指定为这种“简化版Java语言”的设计师。布兰登·艾奇的主要研究方向和兴趣是函数式编程，他对Java一点兴趣也没有。据说为了应付公司安排的任务，他只用10天时间就把JavaScript设计出来了。如果不是公司的决策，布兰登·艾奇绝不可能把Java作为JavaScript设计的原型。据说他一点也不喜欢自己的这个作品，他认为：“与其说我爱JavaScript，不如说我恨它。它是C语言和Self语言混合的产物。18世纪英国文学家约翰逊博士说得好：‘它的优秀之处并非原创，它的原创之处并不优秀’。”布兰登·艾奇后来成为Mozilla项目、Mozilla基金会及Mozilla公司的联合创始人，被公认为JavaScript语言之父。

图1-9　JavaScript之父布兰登·艾奇

二、JavaScript基本语法

在HTML文档中通过<script></script>标签来使用JavaScript。如果要在HTML中使用JavaScript代码，可以进行如下操作，在CH1/Hello.htm代码中修改<head>信息，页面加载时会显示出一个警告框Alert。

代码编号：CH1-1-Hello.htm（片段修改）

```
<head>
        <title>
            苏轼诗词精选
        </title>
        <script type ="text/javascript">
```

```
        alert("Hello World!");
    </script>
</head>
```

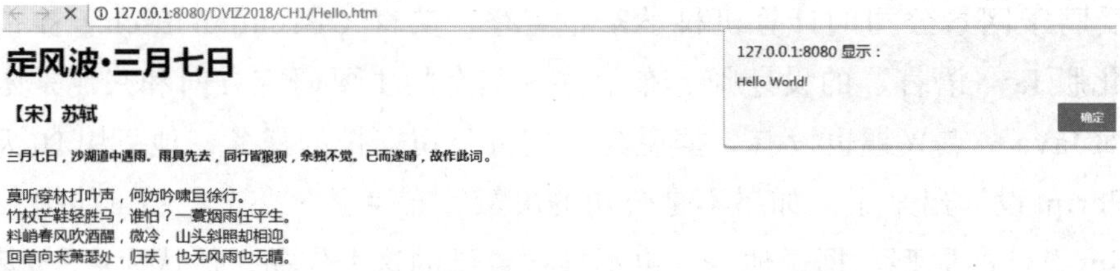

图 1–10　在 HTML 页面中使用 JavaScript 脚本

（一）基本语法要求

第一，区分大小写。JavaScript的变量名、函数名等都是要区分大小写的，并且第一个字符必须是字母（a~z或A~Z）、下划线（_）或者美元符号（$），后面的字符可以有数字。比如，name和Name是不一样的。

第二，JavaScript中的注释分为单行注释和多行注释，注释方法与C、C++和Java语言一样，单行注释为（//），多行注释为（/* */）。

第三，注意加上语句结束符。JavaScript一般要求每条语句结尾都加上分号（;），经常会有不带分号的例子，用分号来结束语句是可选的。虽然不添加分号，浏览器也能解读，但容易出现错误，因此建议加上分号。

（二）变量

在JavaScript中定义变量，使用var操作符，用一个空格隔开后写变量名，定义多个变量时，则用逗号（,）隔开。

如果在定义变量时不为其赋值，则默认值为undefined，表示尚未定义。为防止变量发生错误，通常应该在定义时就赋值。同时，定义并赋值多个变量时用逗号隔开。

```
var a;
var a, b, c;
var a = 1;
var a=1, b=2, c=3;
```

JavaScript有五种基本数据类型：number、string、boolean、undefined、null。还有一种较为复杂的数据类型object。可用typeof查看变量属于什么类型。

JavaScript的变量是松散类型的，所有变量的定义都使用var，既可以是数值（int、float或double），也可以是布尔类型，还可以是字符串（char或string）。即便一个变量的初始值为数值，仍然可以将其他类型的值赋给它。

```
var a = 3;
var b = true;
var c = "student";
a = "teacher";
```

在上述例子中，a的初始值虽然是3，但仍可以用字符串为其赋值。虽然如此，但变量的类型最好自始至终都是确定的，建议不要随意改换。

JavaScript的最大数值为Number.MAX_VALUE，这个值通常为1.7976931348623157e+308；最小数值为Number.MIN_VALUE，这个值为5e–324。若超出范围，正数则返回Infinity（正无穷），负数则返回–Infinity（负无穷）。另外，正数除以0返回正无穷，负数除以0返回负无穷。数值类型可以是八进制数（以0开头）、十进制数、十六进制数（以0x开头）。

字符串可以由单引号或者双引号表示，其长度可用length得到。

布尔类型有 true 和 false 两个值，分别表示“真”和“假”两种状态。在条件语句中，其他类型的值会自动转换为布尔类型。其中，有五种值会转换为false：0、NaN、undefined、null、""（空字符串）。其他值均转换为true。

在使用var声明变量但未对其初始化时，这个变量的值就是undefined类型。如果某变量将其赋值为其他数据类型之一，则应将其初始化为undefined。

null表示空对象。如果某变量将其赋值为object类型，则应将其初始化为null。如果用typeof检测一个赋值为null的变量，结果为object。

对象本质上是由一组无序的名值对组成，用于创建自定义对象（实例）。创建方法如下：

```
var student = new Object();            //创建了一个无任何属性和方法的对象
student.name = "lucky";               //为对象student添加属性name
student.age = 1;
student.getOlder = function() {       //为对象添加增加年龄的方法
    this.age += 1;
}
```

访问对象有如下方法：

点表示法：student.name。

方括号表示法：student["name"]。

（三）操作符

算术操作符，包括加（+）、减（–）、乘（*）、除（/）和求余（%）等。此外，还有自加（++）、自减（––），应注意++a和a++、––a和a––的结果是不一样的。

赋值操作符，由算术运算符和等号配合使用，有加等于（+=）、减等于（–=）、乘等于（*=）、除等于（/=）、求余等于（%=）等，使代码更加简洁。

布尔操作符，包括与（&&）、或（||）、非（!）三种。

关系操作符，共8种，分别是大于（>）、小于（<）、相等（==）、大于等于（>=）、小于等于（<=）、不等（!=）、全等（===）、不全等（!==）。其中，相等操作符会自动对数据类型进行转换，全等则不会。

条件操作符，例如，var result = 3 > 2 ? yes : no，如果问号前的条件为真，则返回冒号之前的值；否则，返回冒号后面的值。

（四）语句

JavaScript中的语句与C、C++和Java等语言的语句类似，用于流程控制，实现条件判断的if–else、循环for、while和switch等语句。

（五）数组

JavaScript的数组是一种对象，用typeof检测可知数组是object类型的；数组的数组项其实就是对象的属性，数组项的序号就是属性的名称。

同一个数组中的数组项可以是相同类型的，也可以是不同类型的。定义数组的方法有如下几种：

```
var array1 = [1, 2, 3];
var array2 = [0, "car", 2.3, true];
var array3 = new Array(0, 1, 2, 3);    //创建长度为4，数组项为0,1,2,3的数组
var array4 = new Array(6);             //创建长度为6的空数组，尚未赋值
```

数组的长度可以用length获得。

给数组添加或删除项可以使用以下几种函数：

push：在末尾添加项。这个用在动态图表的绘制中，参见第十一章。

pop：将末尾项删除并返回。

shift：将第一项删除并返回。

unshift：从最前面推入项。

（六）函数

函数定义建议使用如下格式，如在CH1/Hello.htm中<head>部分定义的hello()函数，本例中这个函数在页面加载时执行，即放在了<body>的onload事件中，这段代码执行的结果和图1–10是完全一样的。

代码编号：CH1-1-Hello.htm（修改片段）

```
<html>
    <head>
        <title>
            苏轼诗词精选
        </title>
        <script type ="text/javascript">
            function hello(){
                alert("Hello World!");
            }
        </script>
    </head>
    <body onload="hello()">
        <h1>定风波·三月七日</h1>
         ……
    </body>
</html>
```

三、JavaScript操作DOM元素

（一）DOM元素

DOM（Document Object Model，文档对象模型）是W3C的标准。它定义了访问HTML和XML文档的标准，DOM是中立于平台和语言的接口，允许程序及脚本动态地访问和更新文档的内容、结构、样式。

W3C DOM标准被分为3个不同的部分：

核心DOM：针对任何结构化文档的标准模型。

XML DOM：针对XML文档的标准模型。

HTML DOM：针对HTML文档的标准模型。

HTML DOM定义了访问和操作HTML文档的标准方法，DOM将HTML文档表达为树结构，因此被称为DOM树。

每个载入浏览器的HTML文档都会成为Document对象，Document对象可以从JavaScript脚本中对HTML页面中的所有元素进行访问。

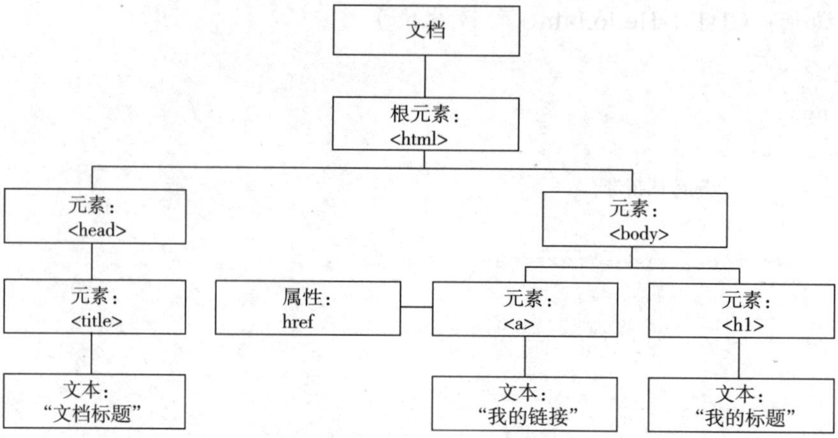

图 1-11　HTML DOM 树

HTML DOM 定义了关于如何获取、修改、添加或删除 HTML 元素的标准。图1-11的DOM树对应的网页为CH1/DOM.htm。

程序编号：CH1/DOM.htm

```
<html>
    <head>
        <title>DOM 教程</title>
    </head>
    <body>
        <h1><a>DOM 第一课</a></h1>
        <p>Hello world!</p>
    </body>
</html>
```

（二）DOM元素编程接口

用户可通过JavaScript对HTML DOM进行访问。所有HTML元素都可以被定义为对象，而编程接口则是对象方法和对象属性。方法是程序能够执行的动作（比如添加或修改元素），属性是程序能够获取或设置的值（比如节点的名称或内容）。

Document对象可以从脚本中访问HTML页面中的所有元素。Document对象是Window对象的一部分，可通过 window.document 属性对其进行访问。

表1-2、表1-3和表1-4在网页爬虫中特别有用，可以从带有噪声的网页上定位用户内容抓取。比如，表1-2中的images[]可以返回所有的图片对象，表1-3中的domain可以返回当前文档的域名。

表 1-2　Document 对象集合

集　合	描　述
all[]	提供对文档中所有 HTML 元素的访问。
anchors[]	返回对文档中所有 Anchor 对象的引用。
forms[]	返回对文档中所有 Form 对象的引用。
images[]	返回对文档中所有 Image 对象的引用。
links[]	返回对文档中所有 Area 和 Link 对象的引用。

表 1-3　Document 对象属性

属　性	描　述
body	提供对 <body> 元素的直接访问。 对于定义了框架集的文档，该属性引用最外层的 <frameset>。
cookie	设置或返回与当前文档有关的所有 cookie。
domain	返回当前文档的域名。
lastModified	返回文档被最后修改的日期和时间。
referrer	返回载入当前文档的 URL。
title	返回当前文档的标题。
URL	返回当前文档的 URL。

表 1-4　Document 对象方法

方　法	描　述
close ( )	关闭用 document.open ( ) 方法打开的输出流，并显示选定的数据。
getElementById ( )	返回对拥有指定 id 的第一个对象的引用。
getElementsByName ( )	返回带有指定名称的对象集合。
getElementsByTagName ( )	返回带有指定标签名的对象集合。
open ( )	打开一个流，以收集来自任何 document.write ( ) 或 document.writeln ( ) 方法的输出。
write ( )	向文档写 HTML 表达式或 JavaScript 代码。
writeln ( )	等同于 write ( ) 方法，不同的是在每个表达式之后写一个换行符。

（三）JavaScript操作DOM示例

本示例通过JavaScript修改网页文本的内容、链接和目标窗口信息，运行结果如图1-12所示。

程序编号：CH1/DOM-2.htm

```
<html>
    <head>
        <script type="text/javascript">
            function changeLink(){
document.getElementById('myAnchor').innerHTML="访问 W3School";
document.getElementById('myAnchor').href="http://www.w3school.com.cn";
document.getElementById('myAnchor').target="_blank";
        }
        </script>
    </head>

    <body>
        <a id="myAnchor" href="http://www.baidu.com">访问百度</a>
        <input type="button" onclick="changeLink()" value="改变链接">
    </body>
</html>
```

图 1–12 JavaScript 操作 DOM 元素运行结果

（四）JavaScript动态操作DOM

通过可编程的对象模型，JavaScript获得了足够的能力来创建动态的 HTML。JavaScript 能够改变页面中的所有HTML元素和它们的属性，能够改变页面中的所有CSS样式，能够对页面中的所有事件做出反应。

表1–5列出了常用操作HTML DOM的JavaScript API。

表 1–5 常用操作 HTML DOM 的 JavaScript API

操 作	示例语法	描 述
定位	document.getElementById（"No1"）	通过 id 获取元素。
定位	document.getElementsByTagName（"p"）	通过 tag 获取。
定位	document.getElementsByClassName（"para"）	通过 class 获取。
创建	document.createElement（"rect"）	创建 HTML 元素。
加子节点	document.getElementById（id）.appendChild（child）	添加到 DOM 树。
属性	document.getElementById（"p2"）.style.color="blue"	设置属性。

四、Node.JS 与 JSBin

（一）Node.JS

JavaScript出现以来一直被认为是客户端脚本，2009年，Ryan Dahl 原创性地写出了Node.JS，使JavaScript第一次可以作为一种服务器端的语言出现。Node.JS使JavaScript被用于服务器端脚本，来生成动态网页内容，然后返回到客户端。Node.JS是一个事件驱动I/O服务端JavaScript环境，在基于Google的V8引擎上执行JavaScript的速度较快。

（二）在线Web开发调试工具

对于开发人员来讲，如果将代码调试环境直接部署在浏览器中，在浏览器的服务页面上编辑代码，通过异步方式就可以实时显示修改效果，所写即所得，省去等待浏览器重新加载网页文件并渲染的时间。从w3school网站上或许能体会到这种浏览器代码调试的便利。此外，还有一些功能更强的在线Web开发调试工具，如RunJS、JSFiddle、JSBin等。RunJS的优点是国内访问速度快，可以上传图片，但是需要登录，才能访问。JSFiddle功能较强，提供历史记录，但访问速度慢，没有集成Console。JSBin不需要登录，可以随时发布与预览，自带有Console，适合调试JS，还可以通过分享正在编辑页面的URL帮助其他人调试或编辑代码，对于多人协作项目来说非常便利，因此，本书后续部分代码选择JSBin作为在线代码调试工具。

（三）JSBin

JSBin是一个用Node.JS开发的在线Web页面调试工具。通过在浏览器地址栏输入http://jsbin.com即可打开JSBin在线编辑工具。用户初次打开时，可能会看到系统提示是否升级为付费的专业版本，点击关闭按钮即可看到如图1–13所示的主界面，主界面分为导航栏和工作区，图中是CH1/CSS–2.htm的代码及运行结果。

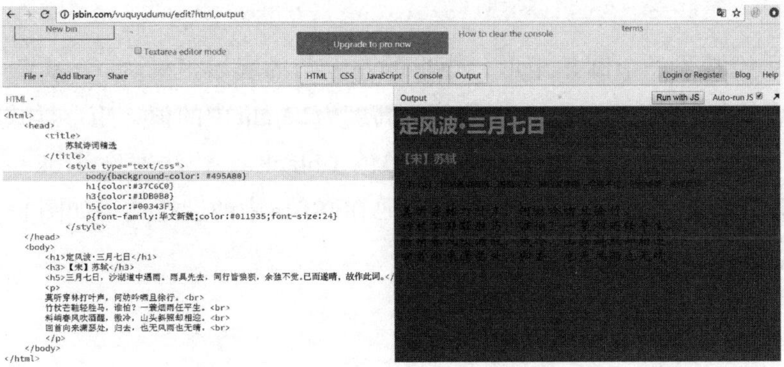

图 1–13　JSBin 中的调试网页

第五节 SVG 矢量图

目前为止，本书还未曾绘制一个图，本节则会绘制图形，朝着本书的重点数据可视化迈进。

一、SVG是什么

SVG（Scalable Vector Graphics）意为可缩放矢量图形。它使用XML格式定义图形。包括本书在内的大部分Web页面的数据可视化作品都是SVG图，但也不排除个别用Canvas绘制的图，如图像处理部分。

在2003年1月，SVG 1.1被确立为W3C标准。参与定义SVG的组织有Sun、Adobe、Apple、IBM等。

与其他图像格式相比，使用SVG的优势在于，SVG可被非常多的工具读取和修改（比如记事本）；SVG与JPEG和GIF格式的图像比起来，尺寸更小，且可压缩性更强；SVG图像可在任何分辨率下被高质量地打印；SVG可在图像质量不下降的情况下被放大；SVG图像中的文本是可选的，同时也是可搜索的（适合制作地图）；SVG是开放的标准和纯粹的XML。

二、SVG的基本绘图元素

SVG有一些预定义的形状元素，可被开发者使用和操作，主要包括7种：矩形<rect>、圆形<circle>、椭圆 <ellipse>、线<line>、折线<polyline>、多边形<polygon>、路径<path>。或许开发者根本没想到的是，本质上这7种图形构成了各种可视化的绚丽效果。

```
<svg width="100%" height="100%" version="1.1" xmlns="">
<rect x="20" y="20" rx="20" ry="20" width="250" height="100"
         style="fill:red;stroke:black;stroke-width:5;opacity:0.5"/>
```

以上代码绘制了一个圆角矩形，矩形的左上角的起始坐标为（x,y），rx和ry表示圆角的半径，矩形的宽度为width中的值，高度为height中的值，矩形样式在style中定义，填充fill为红色（red），边线stroke为黑色（black），边线宽度stroke-width为5个像素，透明度opacity为0.5，即半透明，代码在JSBin中的运行结果如图1-14所示。

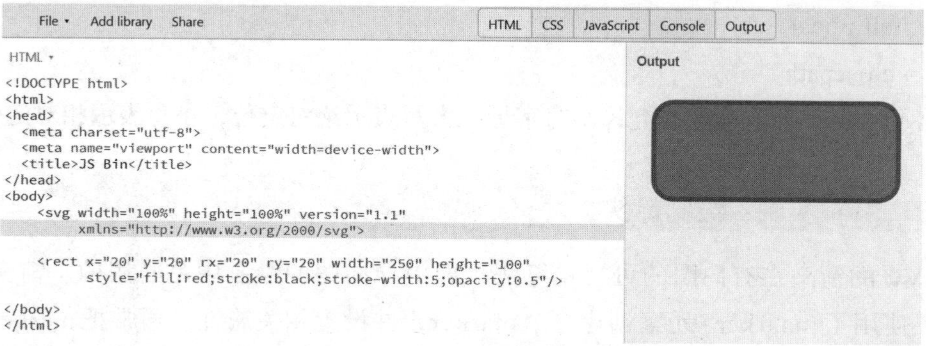

图 1-14　在 JSBin 中绘制 SVG 的矩形

表1-6列出了7种图形的主要参数。比如，最常用的矩形<rect>的参数是左上角坐标、宽度及高度，其他是一些辅助参数。

表 1-6　SVG 常用元素

元　素	参　数	描　述
矩形	<rect x=20 y=20 width=250 height=250 />	左上角、宽和高
圆形	<circle cx=100 cy=50 r=40 />	圆心、半径
椭圆	<ellipse cx=240 cy=100 rx=220 ry=30 />	圆心、长短轴半径
线	<line x1=0 y1=0 x2=300 y2=300 />	直线的起点和终点坐标
多边形	<polygon points="220,100 300,210 170,250" />	多边形各个点的坐标
折线	<polyline points="0,0 0,20 20,20 20,40 40,40 40,60" />	折线各个点的坐标
路径	<path d="M250 150 L150 350 L350 350 Z" />	移动到点 M、画线 L 等
文本	<text x=20 y=100>HelloWorld</text>	左下角坐标、文本内容

路径<path>的用途比较多，比如绘制箭头、在D3JS的力导向图中绘制平行于边的文字等，path的参数如下：

M = move to

L = line to

H = horizontal line to

V = vertical line to

C = curve to

S = smooth curve to

Q = quadratic Belzier curve

T = smooth quadratic Belzier curve to

A = elliptical Arc

Z = closepath

路径<path>所有命令均允许小写字母。大写表示绝对定位，小写表示相对定位。

三、SVG实例：绘制箭头

SVG的箭头在有向图的可视化算法，即力导向图的绘制中是必用的。箭头的绘制主要使用了<marker>元素创建一个marker，并设置相关属性。通常把marker放在<defs>元素中，然后在其他地方引用。示例代码见SVGArrow.htm，箭头中用<path d="M0,0 L0,6 L9,3 z "fill="#00F" />定义了一段路径作为直线的修饰。

程序编号：CH1/SVGArrow.htm

```
<html>
    <head>
      <title>SVG箭头绘制</title>
    </head>
    <body>
        <svg width="600px" height="600px">
          <defs>
            <marker id="arrow" markerWidth="10" markerHeight="10" refx="0"
                 refy="3" orient="auto" markerUnits="strokeWidth">
             <path d="M0,0 L0,6 L9,3 z" fill="#00F" />
             </marker>
          </defs>
          <line x1="5" y1="5" x2="250" y2="5" stroke="#00F"
            stroke-width="2" marker-end="url(#arrow)" />
          <line x1="5" y1="5" x2="5" y2="250" stroke="#00F" stroke-width="2"
            marker-end="url(#arrow)" />
         <line x1="5" y1="5" x2="100" y2="100" stroke="#00F" stroke-width="10"
            marker-end="url(#arrow)" />
        </svg>
    </body>
 </html>
```

运行结果，见图1–15。特别值得注意的是，箭头的标记是随着宿主元素的样式变化的，在此例中，箭头的宿主是每一段直线，坐标系的直线宽度为2，绘制的一个矢量的宽度为5，虽然这三段直线引用了同一个marker元素，但是箭头随宿主元素显示出了不同的stroke属性。

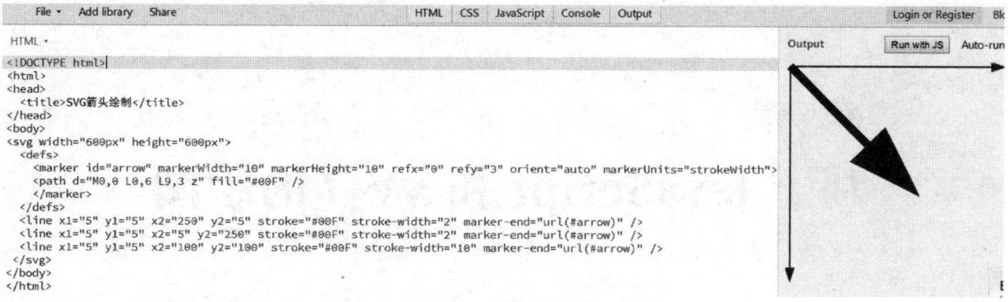

图 1-15　SVG 箭头的绘制

小结

第一章主要介绍了 Web 数据可视化的基础，HTML、CSS、JavaScript、SVG 以及其与 DOM 的关系。HTML 和 SVG 是 DOM 的元素，CSS 是元素的样式，JavaScript 可以通过脚本即代码操作所有的 DOM 元素，包括增删改查的操作。

作业

用 JavaScript 绘制一个 SVG 的组合图形，一个房子、雨伞、铅笔或者你喜欢的图形。

CHAPTER 2

第二章

基于JavaScript和SVG的绘图

D3和Echart，实际上都是基于HTML、CSS、JavaScript、SVG以及Canvas开发的数据可视化API，换句话说，不使用D3和Echart，用基础的W3C的标准元素能完全实现所有可视化。本章就以上述5种基本Web规范，实现直方图、二叉树和文字树，说明Web数据可视化的设计实现过程。

第一节　直方图

本例直方图绘制用到SVG元素的矩形，在真正开始绘制之前需要先了解一下屏幕坐标系和屏幕分辨率。

一、屏幕坐标系与屏幕分辨率

屏幕坐标系的坐标原点默认为左上角，即（0,0），横向向右为X轴，纵向向下为Y轴。JavaScript提供了获取屏幕分辨率的API，代码如下：

程序编号：CH2/Screen.htm

```
<html>
<body>
    <p id="demo"></p>
    <script>
        var w=window.innerWidth
        || document.documentElement.clientWidth
        || document.body.clientWidth;

        var h=window.innerHeight
```

```
        || document.documentElement.clientHeight
        || document.body.clientHeight;

        x=document.getElementById("demo");
        x.innerHTML="浏览器的内部窗口宽度：" + w + "，高度：" + h + "。"
    </script>
</body>
</html>
```

完整运行结果见图2-1。基本上后面的程序都是全屏显示的。

图 2-1　JavaScript 获取屏幕分辨率

二、随机数直方图

用JavaScript的for循环和随机数绘制一组直方图的代码，见CH2/Histogram.htm。

先在<body>中添加一个<svg>的元素，其id="mySVG"，以便在JavaScript的代码中使用DOM元素的document.getElementById("mySVG")获取<svg>。创建一个数组svgrec，即后面的<rect>，用DOM的document.createElement("rect")创建SVG的矩形<rect>，在DOM树上添加到<svg>上，作为<svg>的子节点，即mysvg.appendChild(svgrec[i])。用JavaScript的函数Math.random()*300生成一个[0,300]之间的随机数，通过DOM的API设置<rect>的属性outerHTML。

在JavaScript中，用Math.random()方法，返回为[0，-1)区间，包括0但不包括1的一个随机数。

程序编号：CH2/Histogram.htm

```
<html>
    <head>
        <title>直方图</title>
    </head>
    <body>
        <svg id="mySVG" width="800" height="600" version="1.1"
            xmlns="http://www.w3.org/2000/svg"></svg>
        <script>
            var x=75,y=300;
            var mysvg = document.getElementById("mySVG");
            var svgrec= new Array();
            for(var i=0;i<6;i++){
```

```
                svgrec[i] = document.createElement("rect");
                mysvg.appendChild(svgrec[i]);
                var h=Math.random()*300;
            svgrec[i].outerHTML="<rect x="+(i*x)+" y="+(y-h)+" width=60
height="+(h)+" style='fill:red' />";
            }
        </script>
    </body>
</html>
```

程序在JSBin中的运行结果见图2–2。

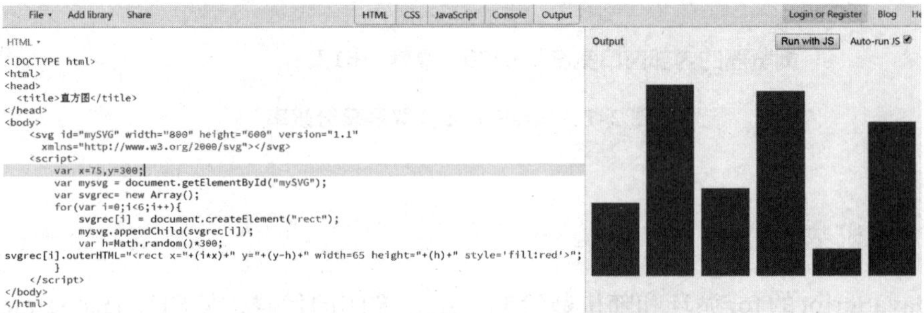

图 2–2 基于 JavaScript 和 SVG 的直方图

三、直方图渐进绘制

以下代码片段对CH2/Histogram.htm代码进行了递进修改。

第一步，在SVG区域绘制一个矩形。在JSBin中的运行结果见图2–3。

程序编号：CH2/Histogram.htm（代码片段1）

```
<body>
    <svg id="mySVG" width="800" height="600" version="1.1"
xmlns="http://www.w3.org/2000/svg">
      <rect x=20 y=20 width=70 height=200 style='fill:red'/>
    </svg>
</body>
```

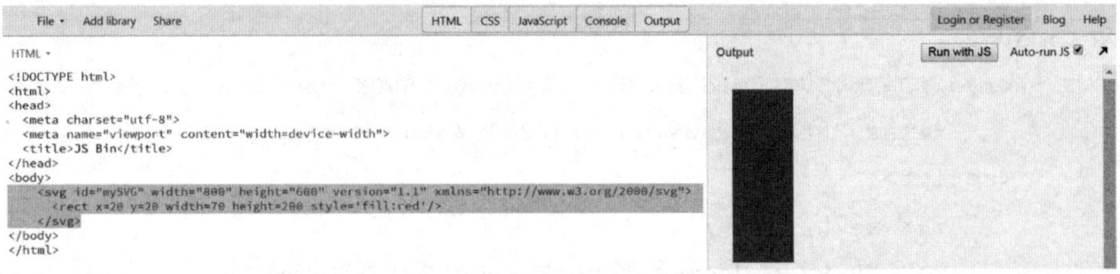

图 2–3 SVG 区域绘制矩形

第二步，定义一个SVG区域，用JavaScript通过DOM API，即createElement ("rect")，绘制一个矩形，运行结果见图2–4。

程序编号：CH2/Histogram.htm（代码片段 2）

```
<body>
    <svg id="mySVG" width="800" height="600" version="1.1" xmlns=""></svg>
    <script type="text/javascript">
        var mysvg = document.getElementById("mySVG");
        var rec=document.createElement("rect");
        mysvg.appendChild(rec);
        rec.outerHTML="<rect x=20 y=20 width=70 height=200 style='fill:red' />";
    </script>
</body>
```

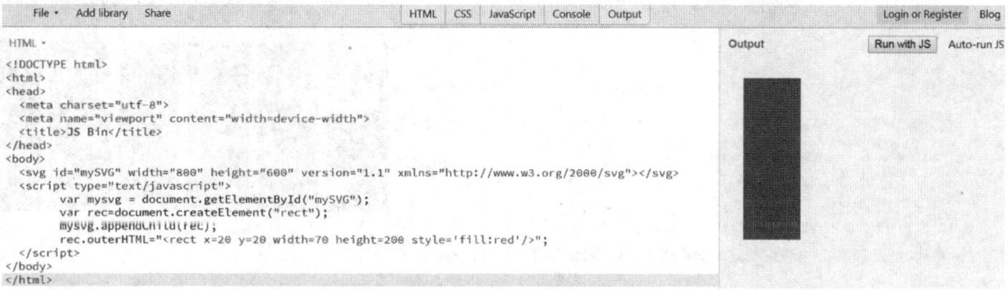

图 2–4 SVG 区域用 JavaScript 绘制矩形

第三步，用JavaScript绘制一组矩形，这组矩形因左上角坐标和宽高完全相同而重叠，运行结果见图2–5。

图 2–5 SVG 区域用 JavaScript 绘制一组矩形

程序编号：CH2/Histogram.htm（代码片段 3）

```
    <script type="text/javascript">
        var mysvg = document.getElementById("mySVG");
        var rec= new Array();
```

```
        for(var i=0;i<6;i++){
            rec[i] = document.createElement("rect");
            mysvg.appendChild(rec[i]);
rec[i].outerHTML="<rect x=20 y=20 width=70 height=200 style='fill:red'/>";
        }
    </script>
```

第四步，用JavaScript绘制一组矩形，调整矩形左上角的x坐标，使矩形均匀分布，运行结果见图2–6。

程序编号：CH2/Histogram.htm（代码片段4）

```
rec[i].outerHTML="<rect x="+(20+80*i)+" y=20 width=70 height=200 style='fill:red'/>";
```

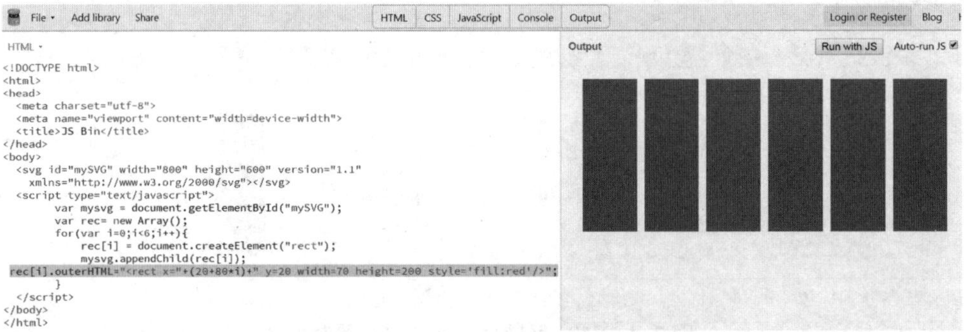

图2–6 调整矩形的x坐标

第五步，调整矩形的高度（height）。

这段代码说明屏幕坐标系的Y轴正向是向下的，运行结果见图2–7。

程序编号：CH2/Histogram.htm（代码片段5）

```
rec[i].outerHTML="<rect x="+(20+80*i)+" y=20 width=70 height="+h+" style='fill:red'/>";
```

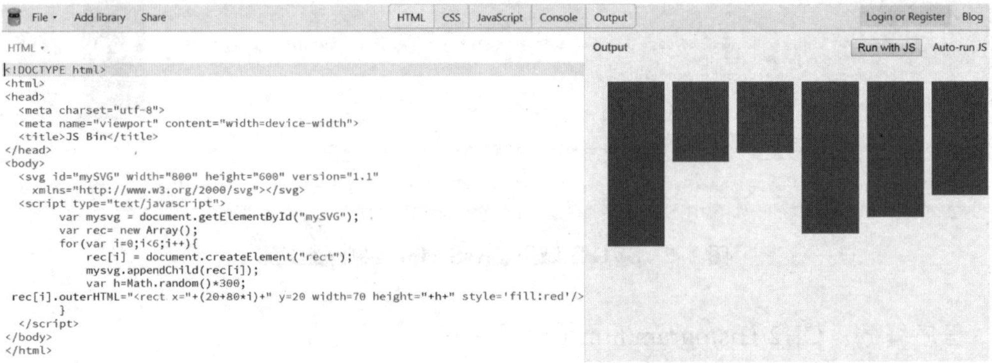

图2–7 调整矩形的高度（height）

第六步，调整矩形左上角的y坐标。

绘制直方图，下端对齐，则y坐标开始的位置与矩形的高度相关，y=常数-h。

代码编号：CH2-2-Histogram.htm（代码片段6）

```
rec[i].outerHTML="<rect x="+(20+80*i)+" y="+(400-h)+" width=70 height="+h+"
style='fill:red'/>";
```

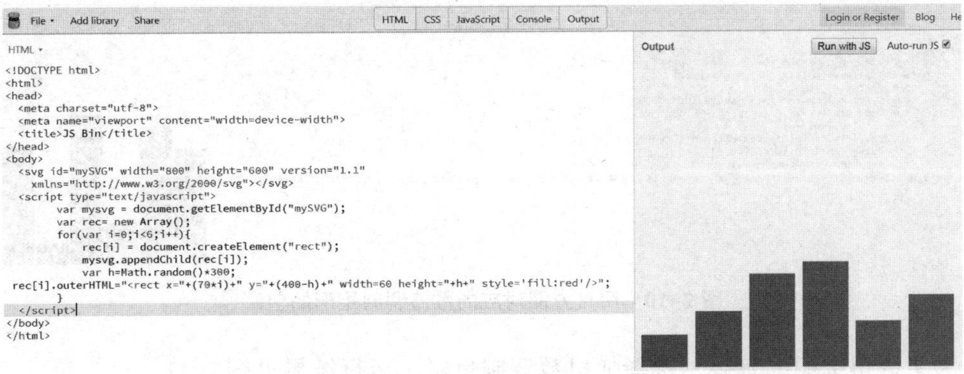

图 2-8　调整矩形的 y 坐标

第七步，调整直方图的色彩。

绘制蓝色直方图，调整<rect>填充的色彩style='fill:rgb(0,0,255)'，运行结果见图2-9。

程序编号：CH2/Histogram.htm（代码片段7）

```
rec[i].outerHTML="<rect x="+(60*i)+" y="+(400-h)+" width=55 height="+h+"
style='fill:rgb(0,0,255)'/>";
```

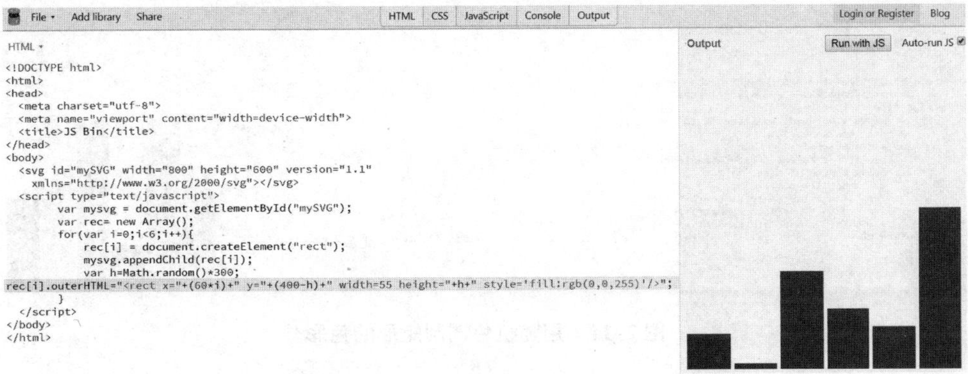

图 2-9　调整矩形的色彩为纯色

在可视化实例中，色彩往往被数量指标调制，运行结果见图2-10。

程序编号：CH2/Histogram.htm（代码片段 8）

```
rec[i].outerHTML="<rect x="+(60*i)+" y="+(400-h)+" width=55 height="+h+"
style='fill:rgb(0,0,"+Math.floor(h)+")'/>";
```

图 2-10　用直方图对应的数值调制矩形的色彩

为了取得绚丽的效果，选择随机数调制色彩。运行结果见图 2-11。

程序编号：CH2/Histogram-2.htm（代码片段 9）

```
var r=Math.floor(Math.random()*255);
var g=Math.floor(Math.random()*255);
var b=Math.floor(Math.random()*255);
rec[i].outerHTML="<rect x="+(45*i)+" y="+(400-h)+" width=42 height="+h+"
style='fill:rgb("+r+","+g+","+b+")'/>";
```

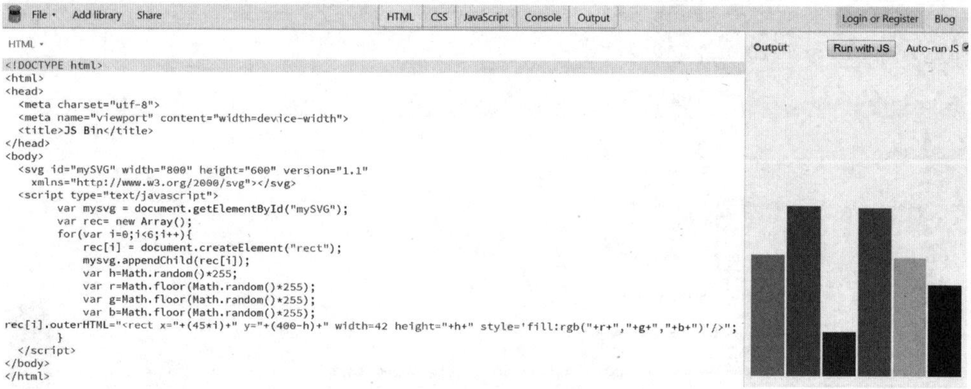

图 2-11　用随机色调制矩形的色彩

第八步，在直方图上添加文字。

在 SVG 区域添加文字使用<text>，类似于添加<rect>，即在 SVG 节点下添加子节点，以及设置<text>的坐标和文本内容。此处注意<text>的坐标起点在文本的左下角，运行结果如图 2-12。

程序编号：CH2/Histogram-3.htm（代码片段 10）

```
<html>
  <head>
     <title>直方图</title>
  </head>
  <body>
     <svg id="mySVG" width="800" height="600" version="1.1"></svg>
     <script type="text/javascript">
        var mysvg = document.getElementById("mySVG");
        var rec= new Array();
        var txt=new Array();
        for(var i=0;i<6;i++){
            rec[i] = document.createElement("rect");
            txt[i] = document.createElement("text");
            mysvg.appendChild(rec[i]);
            mysvg.appendChild(txt[i]);
            var h=Math.random()*255;
            var r=Math.floor(Math.random()*255);
            var g=Math.floor(Math.random()*255);
            var b=Math.floor(Math.random()*255);
            rec[i].outerHTML="<rect x="+(45*i)+" y="+(400-h)+" width=42
height="+h+" style='fill:rgb("+r+","+g+","+b+")'/>";
            txt[i].outerHTML="<text x="+(10+45*i)+"
y="+(400-h)+">"+Math.floor(h)+"</text>";
        }
     </script>
  </body>
</html>
```

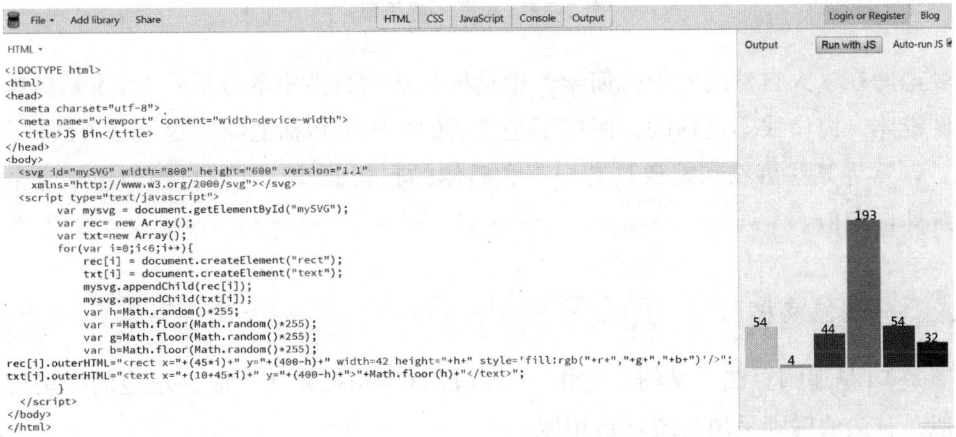

图 2–12　在直方图上添加文字

第二节　递归二叉树

用JavaScript递归绘制二叉树，主要用到SVG的直线元素line，在添加随机性后，可以生成一棵在动画中使用的仿真树。

一、分形理论概述

1967年，美籍数学家本华·曼德博（Benoit B. Mandelbrot，1924—2010）在《科学》杂志上发表了题为《英国的海岸线有多长？统计自相似和分数维度》（*How Long Is the Coast of Britain? Statistical Self-Similarity and Fractional Dimension*）的著名论文，提出海岸线在形貌上是自相似的，也就是局部形态和整体形态的相似。1975年，曼德博创立了分形几何学（Fractal Geometry），形成了研究分形性质及其应用的科学，称为分形理论。

图2–13　本华·曼德博

曼德博在《大自然的分形几何学》中这样描述大自然中的分形："云不是球体，山不是圆锥体，海岸线不是圆的，树皮不是光滑的，闪电传播的路径也不是直线。"也就是说，自然界某些事物和现象具有局部和整体的自相似性，这种自相似包括完全自相似和统计自相似。

二、分形二叉树

图2–14是递归算法二叉树，它由一节线段首尾相接旋转生成，左边的树呈现完全自相似，右边的树则呈现为统计自相似。

图 2–14　完全自相似和统计自相似的分形二叉树

递归实现。根据起点（x1,y1）和终点（x2,y2）绘制一个线段，其长度为length，然后将终点作为起点，并对直线旋转一个角度（angle），把线段长度衰减一个系数（rate），根据旋转角度和衰减系数，新的终点（x2,y2）可以通过计算得到。算法见图2–15。

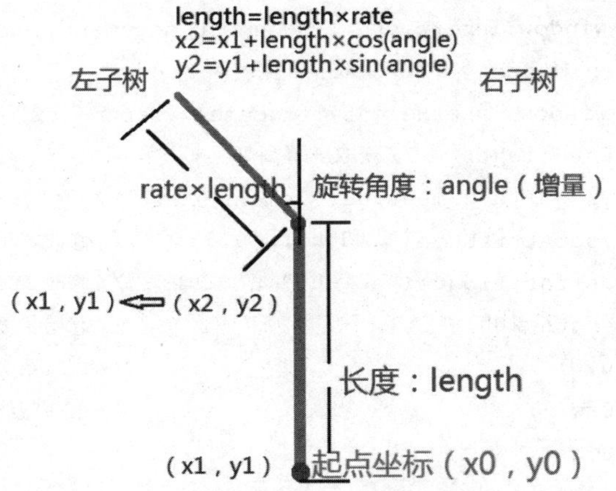

图 2–15　递归示意图

（一）标准递归二叉树

本例绘制了一个线段长度为length=200、衰减系数为0.6、第一节线段的起点为屏幕中间下端开始处、迭代次数count=7的二叉树，运行结果见图2–16。

递归函数的处理流程：

第一，计算线段的起止坐标（x1,y1）和（x2,y2）。

第二，创建线段document.createElement(“line”)。

第三，线段添加到SVG绘图区。

第四，设置线段的属性和样式。

第五，计算左旋角度和右旋角度，此处计算的是增量的连续旋转，即累加的左旋和右旋角度。

第六，满足小于迭代次数，则继续绘制左旋后的线段和右旋后的线段。

递归算法是深度优先的，即二叉树是先绘制左子树，再绘制右子树。程序见CH2/BinTree.htm，在JSBin中运行结果见图2-16。

程序编号：CH2/BinTree.htm

```
<html>
    <head>
        <title>
            标准分形二叉树
        </title>
    </head>
    <body>
        <svg id="mySvg" width=800 height=600 ></svg>
        <script>
            var w=window.innerWidth|| document.documentElement.clientWidth||
document.body.clientWidth;    //获取屏幕宽度
            var h=window.innerHeight|| document.documentElement.clientHeight||
document.body.clientHeight;   //获取屏幕高度
            var mysvg = document.getElementById("mySvg");
            mysvg.setAttribute("width",w*0.9);    //修改SVG的宽度
            mysvg.setAttribute("height",h*0.9);   //修改SVG的高度
            var length=200;                       //起始长度
            rate=0.6;                             //衰减系数
            var x0=w/2;                           //第一截线段的起点(x0,y0)
            var y0=h;
            var count=7;                          //迭代次数
            var iter=0;
            //定义递归二叉树函数
            function show(x0,y0,length,rate,a,count){
                var iter++;
                var x1=x0;
                var y1=y0;
                var x2=x1+length*Math.cos(a);
                var y2=y1+length*Math.sin(a);
                svgline= document.createElement("line");
                mysvg.appendChild(svgline);
                svgline.outerHTML="<line x1="+x1+" y1="+y1+" x2="+x2+"
y2="+y2+" style='stroke:rgb(99,99,99);stroke-width:2' />";
                var aL=a-Math.PI/4;
                var aR=a+Math.PI/4;
                if(count>0){
```

```
                    show(x2,y2,length*rate,rate,aL,count-1);
                    show(x2,y2,length*rate,rate,aR,count-1);
                }
            }
            //调用递归二叉树函数
            show(x0,y0,length,rate,-Math.PI/2,count);
        </script>
    </body>
</html>
```

图 2–16　标准递归二叉树

（二）角度随机的二叉树

在标准二叉树上为线段添加随机部分，代码CH2/BinTree-2.htm中线段长度的一半由随机数控制，左旋角度和右旋角度的一半由随机数控制。用迭代次数count来控制线段的粗细（stroke-width），并用迭代次数iter控制色彩的绿色成分，运行结果见图2–17。

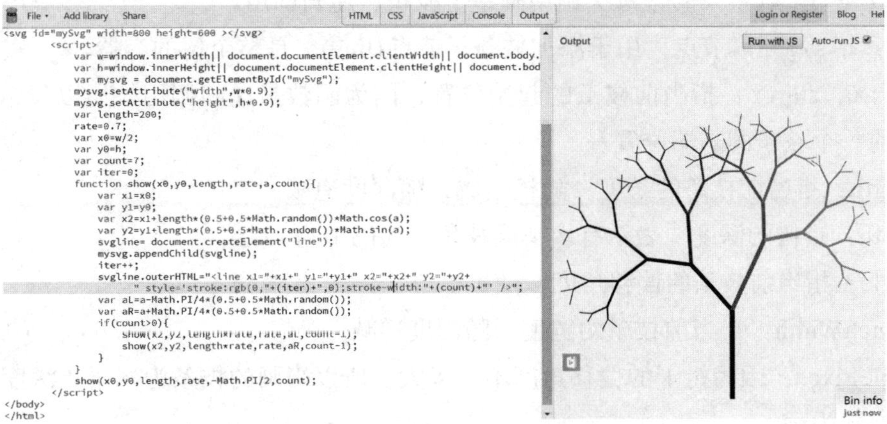

图 2–17　带有随机的递归二叉树

程序编号：CH2/BinTree-2.htm（代码片段）

```
var x2=x1+length*(0.5+0.5*Math.random())*Math.cos(a);   //线段的长度添加随机
var y2=y1+length*(0.5+0.5*Math.random())*Math.sin(a);   //线段的长度添加随机

var aL=a-Math.PI/4*(0.5+0.5*Math.random());              //左旋旋转角度添加随机
var aR=a+Math.PI/4*(0.5+0.5*Math.random());              //右旋旋转角度添加随机

svgline.outerHTML="<line x1="+x1+" y1="+y1+" x2="+x2+" y2="+y2+"
style='stroke:rgb(0,"+(iter)+",0);stroke-width:"+(count)+"' />";
```

三、仿真二叉树

图2–18是用JavaScript和SVG生成的仿真树。

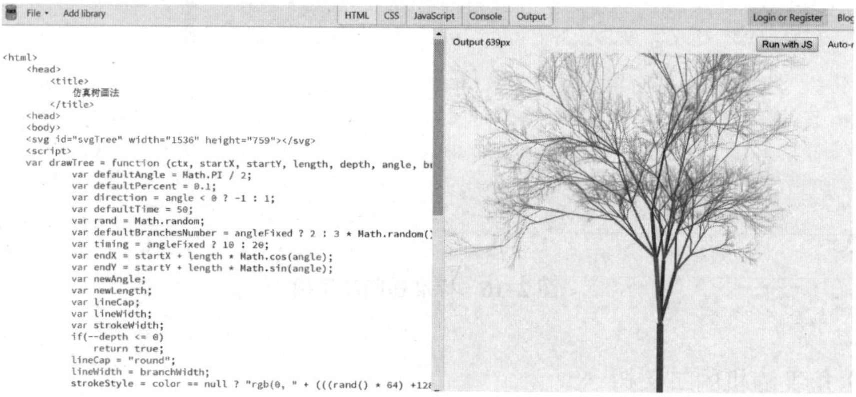

图 2–18　基于二叉树的仿真树

下面说明如何在二叉树基础上绘制一棵仿真树。

参数说明：

函数是用于画枝条的，每次调用画一个枝条，递归调用。

ctx：指svg元素节点，用于添加枝条子节点(line)，是整个树的容器。

startX，startY：指当前枝条的起始位置，因为函数是递归调用，所以每个枝条的起始是前一个枝条的末端位置。

length：指当前枝条的长度，随机生成，随深度递减。

depth：指树的深度，表示有多少层枝条，代码中为12层。

angle：指当前枝条的偏移角度，随机生成。

branchWidth：指当前枝条的宽度，随深度递减。

angleFixed：因为树干的偏移角度不会太大，所以当画的枝条为树干（深度小于3）时，此参数为true。

color：指当前枝干的颜色，如果为null时会用默认值。

程序编号：CH2/Willow.htm

```
<html>
    <head>
        <title>
            仿真树画法
        </title>
    <head>
    <body>
    <svg id="svgTree" width="1536" height="759"></svg>
    <script>
    var drawTree = function (ctx, startX, startY, length, depth, angle, branchWidth,
angleFixed, color) {
            var defaultAngle = Math.PI / 2;
            var defaultPercent = 0.1;
            var direction = angle < 0 ? -1 : 1;
            var defaultTime = 50;
            var rand = Math.random;
            var defaultBranchesNumber = angleFixed ? 2 : 3 * Math.random() + 1;
            var timing = angleFixed ? 10 : 20;
            var endX = startX + length * Math.cos(angle);
            var endY = startY + length * Math.sin(angle);
            var newAngle;
            var newLength;
            var lineCap;
            var lineWidth;
            var strokeWidth;
            if(--depth <= 0)
                return true;
            lineCap = "round";
            lineWidth = branchWidth;
            strokeStyle = color == null ? "rgb(0, " + (((rand() * 64) +128) >>0) + ",0)" :
color;
            var func = function(mStartX, mStartY, mEndX, mEndY){
                var aLine = document.createElement("line");
                ctx.appendChild(aLine);
                aLine.outerHTML = "<line x1="+mStartX+" y1="+mStartY+"
x2="+mEndX+" y2="+mEndY+" style='stroke:"+ strokeStyle
+";stroke-width:"+lineWidth+"' />";
            };
            func(startX, startY, endX, endY);
```

```
            branchWidth *= 0.55;
            for(var i = 0; i < defaultBranchesNumber; i++){
                newAngle = angleFixed ? i == 0 ? angle + defaultAngle / 3 : angle +
defaultAngle / -3 : angle + defaultAngle * rand() - defaultAngle / 2;
                newLength = angleFixed ? length * 0.7 : length * (rand() * 0.55 + 0.4);
                if(depth == mDepth - 1 && !angleFixed)
                    newAngle = defaultAngle * direction * (rand() * 0.3 + 0.8);
                setTimeout(function (funcAngle, funcLength) {
                        drawTree(ctx, endX, endY, funcLength, depth, funcAngle,
branchWidth, angleFixed, color);
                }, timing, newAngle, newLength)
            }
    };

    // 获取svg节点
    var svgTree = document.getElementById("svgTree");
    // 定义树的深度为12
    var mDepth = 12;
    // 开始画树，函数自身递归调用自己
    setTimeout(function () {
            drawTree(svgTree, 750, 700, 170, mDepth, Math.PI / -2, 9, false, null);
    }, 0);
</script>
</body>
</html>
```

HTML DOM setTimeout(code,millisec)方法用于在指定的毫秒数（参数millisec）后调用函数或计算表达式（参数code）。

第三节　树状词云

上节分析了分形二叉树，本节基于二叉树的递归算法生成一种文字树，或称为树状词云图，即可在SVG中如何绘制文本。

一、文字树

将二叉树的线段绘制成文字，运行结果见图2-19。此例，由二叉树逐步修改生成文字树。

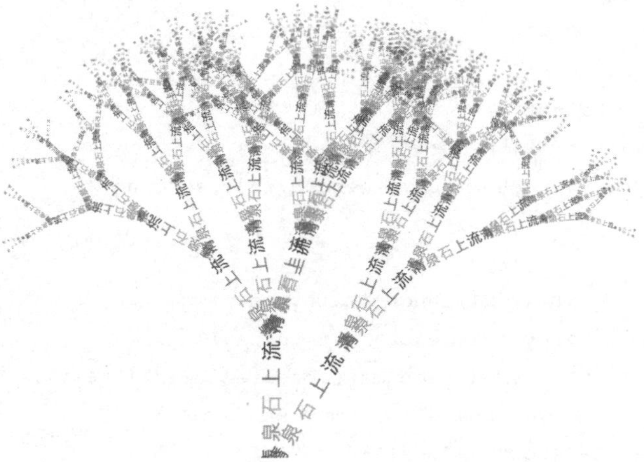

图 2–19　基于二叉树的文字树

从二叉树到文字树的修改步骤：

第一，SVG中的画线<line>改为添加文本<text>。

第二，<line>的旋转方向，改为<text>的旋转。

第三，根据字号（font-size）和字数（str.length）计算下次迭代的文字基线坐标（x,y）。

递进修改程序见CH2/TextTree.htm，在JSBin中的运行结果见图2–20。

程序编号：CH2/TextTree.htm

```
<!DOCTYPE html>
<html>
<head>
  <meta charset="utf-8">
  <meta name="viewport" content="width=device-width">
  <title>JS Bin</title>
</head>
<body>
<svg id="mySvg" width=800 height=600 ></svg>
        <script>
            var w=window.innerWidth|| document.documentElement.clientWidth||
document.body.clientWidth;
            var h=window.innerHeight|| document.documentElement.clientHeight||
document.body.clientHeight;
            var mysvg = document.getElementById("mySvg");
            mysvg.setAttribute("width",w*0.96);
            mysvg.setAttribute("height",h*0.9);
            var length=150;
```

```
            rate=0.7;
            var x0=w/2;
            var y0=h;
            var count=7;
            var str="依依袅袅复青青";
            function show(x0,y0,length,rate,a,count){
                var x1=x0;
                var y1=y0;
                var x2=x1+length*Math.cos(a);
                var y2=y1+length*Math.sin(a);
                var myText=document.createElement("text");
                mysvg.appendChild(myText);
myText.outerHTML="<text x="+(x1)+" y="+y1+
" style='fill:green;font-size:"+(count*2)+"'>"+str+"</text>";
                var aL=a-Math.PI/4*(0.5+0.5*Math.random());
                var aR=a+Math.PI/4*(0.5+0.5*Math.random());
                if(count>0){
                    show(x2,y2,length*rate,rate,aL,count-1);
                    show(x2,y2,length*rate,rate,aR,count-1);
                }
            }
            show(x0,y0,length,rate,-Math.PI/2,count);
        </script>
</body>
</html>
```

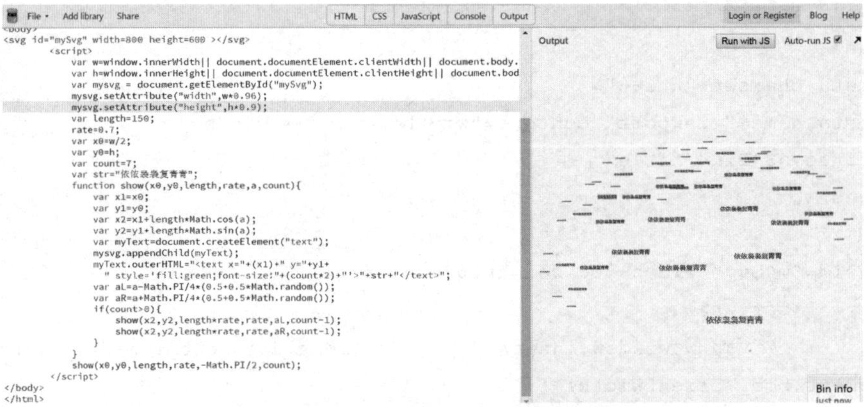

图 2-20 二叉树修改为文字树（线段改文字）

二、文字旋转

接下来，进一步旋转文字。旋转文字的参数控制总结在表2-1中。文字旋转的程序见 CH2/TextRotate.htm，各种不同运行结果见表 2–1。

表 2–1　旋转的参数及效果比较

<table>
<tr><th>参　数</th><th>效　果</th></tr>
<tr><td>
<text x=10 y=50 font-size=40> 春江花月夜 </text>

</td><td>不旋转</td></tr>
<tr><td>
<text x=10 y=50 rotate=90 font-size=40> 春江花月夜 </text>

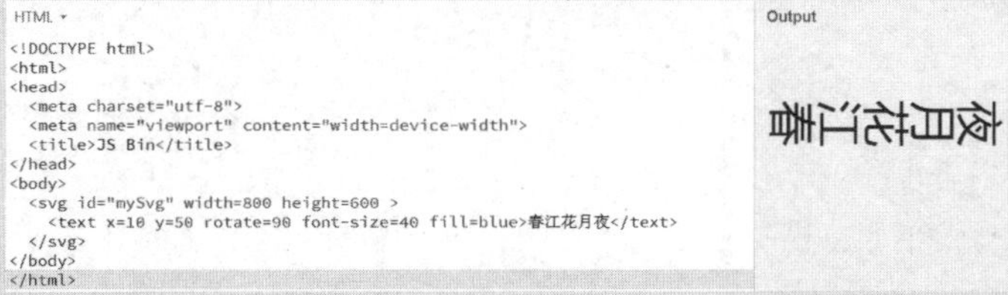

</td><td>逐字旋转</td></tr>
<tr><td>
<text x=10 y=50 transform=’ rotate(90,10,50)’ font-size=40 fill=red> 春江花月夜 </text>

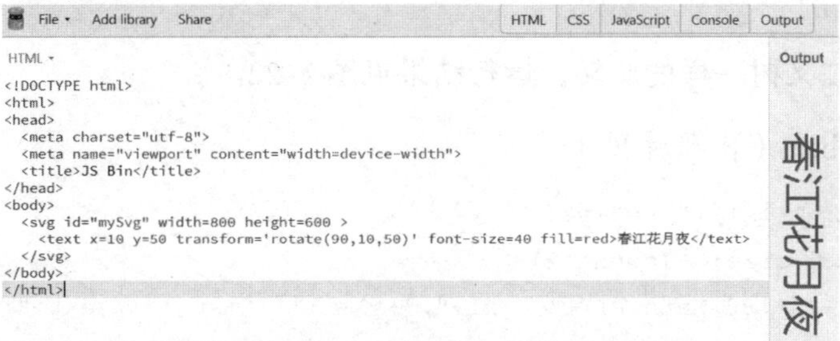

</td><td>以点为中心旋转
rotate(90,10,50)
rotate(R,X,Y)
以（X,Y）为中心旋转 R 度（R 为度数）</td></tr>
<tr><td>
<text x=200 y=200 font-size=40 fill=blue> 春江花月夜 </text>
<text x=200 y=200 rotate=90 font-size=40 fill=green> 春江花月夜 </text>
<text x=200 y=200 transform=’ rotate(90,200,200)’ font-size=40 fill=red> 春江花月夜 </text>
<text x=200 y=200 transform=’ rotate(45,200,200)’ font-size=40 fill=orange> 春江花月夜 </text>
<text x=200 y=200 transform=’ rotate(45,0,0)’ font-size=40 fill=purple> 春江花月夜 </text>

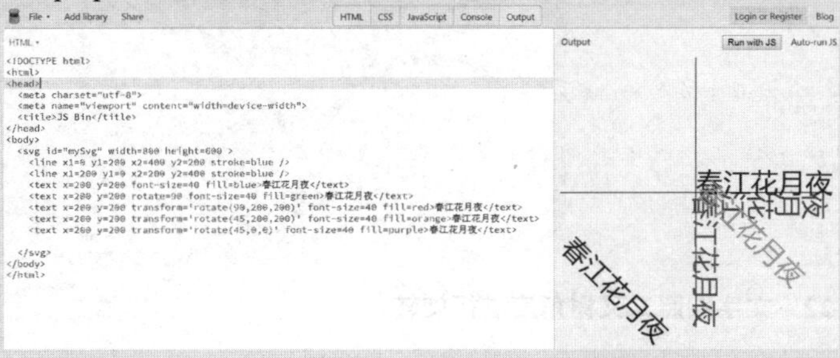

</td><td>旋转比较
不旋转
逐字旋转
围绕点（200,200）旋转 90 度
围绕点（200,200）旋转 45 度
围绕点（0,0）旋转 45 度</td></tr>
</table>

对旋转有了深入了解后，便可轻松实现对文字的旋转了，文字树的文字要以自己的基线坐标（x1,y1）为中心进行旋转。旋转结果见图2–21。

程序编号：CH2/TextTree.htm（代码片段）

```
myText.outerHTML="<text x="+(x1)+" y="+y1+
" style='fill:green;font-size:"+(count*2)+ "'
transform='rotate(90,"+x1+","+y1+")' >"+str+"</text>";
```

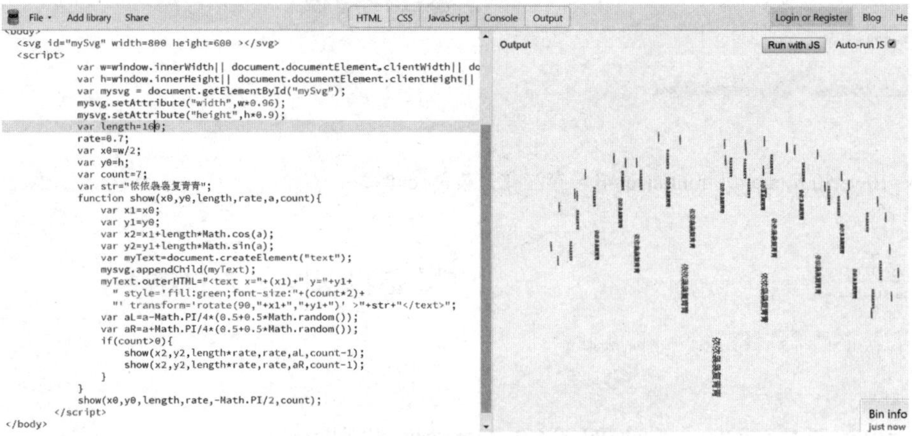

图 2–21　文字旋转 90 度

下面将代码进一步实现像二叉树一样的旋转，运行结果见图2–22。

程序编号：CH2/TextTree.htm（代码片段）

```
myText.outerHTML="<text x="+(x1)+" y="+y1+
  " style='fill:green;font-size:"+(count*2)+
  "' transform='rotate("+(a*180/Math.PI)+","+x1+","+y1+")' >"+str+"</text>";
```

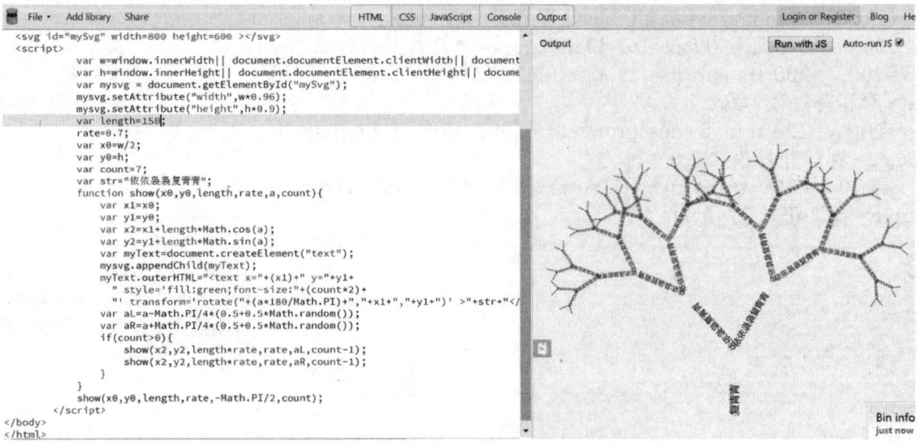

图 2–22　文字按照二叉树角度进行旋转

进一步实现文字首尾相接。本例中，文字的字号设置为fontsize=count*2，文字字符串占用的长度为length=str.length*fontsize。为清楚起见，再次给出完整的代码CH2/TextTreeOK.htm，运行结果见图2-23。

程序编号：CH2/TextTreeOK.htm

```
<html>
<head>
  <title>JS Bin</title>
</head>
<body>
<svg id="mySvg" width=800 height=600 ></svg>
        <script>
            var w=window.innerWidth|| document.documentElement.clientWidth||
document.body.clientWidth;
            var h=window.innerHeight|| document.documentElement.clientHeight||
document.body.clientHeight;
            var mysvg = document.getElementById("mySvg");
            mysvg.setAttribute("width",w*0.96);
            mysvg.setAttribute("height",h*0.99);

            var rate=0.7;
            var x0=w/2;
            var y0=h;
            var count=7;
            var str="依依袅袅复青青";
            var fontsize=30;
            var length=str.length*fontsize;
            function show(x0,y0,length,rate,a,count){
                var x1=x0;
                var y1=y0;
                fontsize=count*2;
                length=str.length*fontsize;
                var x2=x1+length*Math.cos(a);
                var y2=y1+length*Math.sin(a);
                var myText=document.createElement("text");
                mysvg.appendChild(myText);
                myText.outerHTML="<text x="+(x1)+" y="+y1+
                  " style='fill:green;font-size:"+(count*2)+
"' transform='rotate("+(a*180/Math.PI)+","+x1+","+y1+")' >"+str+"</text>";
                var aL=a-Math.PI/4*(0.5+0.5*Math.random());
                var aR=a+Math.PI/4*(0.5+0.5*Math.random());
                if(count>0){
```

```
                show(x2,y2,length*rate,rate,aL,count-1);
                show(x2,y2,length*rate,rate,aR,count-1);
            }
        }
        show(x0,y0,length,rate,-Math.PI/2,count);
    </script>
</body>
</html>
```

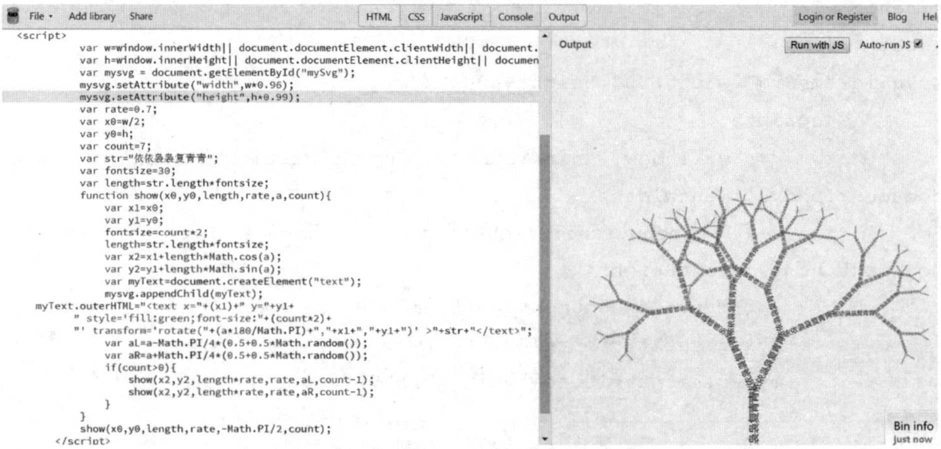

图 2-23　文字对齐、首尾相接的文字树

三、苹果文字树

在上述基础上，通过调整色彩，在最后两次迭代时添加了<circle>元素，绘制出了一棵文字苹果树。修改的代码用底色标出。单株的树过于稀疏，因此多加了两次调用递归函数，向左边倾斜画一棵，向右边倾斜画一棵，程序见CH2/AppleTree.htm，运行结果见图2-24。

程序编号：CH2/AppleTree.htm

```
<!DOCTYPE html>
<html>
<head>
  <meta charset="utf-8">
  <meta name="viewport" content="width=device-width">
  <title>JS Bin</title>
</head>
<body>
<svg id="mySvg" width=800 height=600 ></svg>
        <script>
```

```
            var w=window.innerWidth|| document.documentElement.clientWidth||
document.body.clientWidth;
            var h=window.innerHeight|| document.documentElement.clientHeight||
document.body.clientHeight;
            var mysvg = document.getElementById("mySvg");
            mysvg.setAttribute("width",w*0.96);
            mysvg.setAttribute("height",h*0.99);

            var rate=0.7;
            var x0=w/2;
            var y0=h;
            var count=7;
            var str="依依袅袅复青青";
            var fontsize=40;
            var length=str.length*fontsize;
            var iter=0
            function show(x0,y0,length,rate,a,count){
                iter++;
                var x1=x0;
                var y1=y0;
                fontsize=count*3;
                length=str.length*fontsize;
                var x2=x1+length*Math.cos(a);
                var y2=y1+length*Math.sin(a);
                var myText=document.createElement("text");
                mysvg.appendChild(myText);
        myText.outerHTML="<text id="+iter+" x="+(x1)+" y="+y1+"
 style='fill:rgb(0,"+Math.floor(255*Math.random())+",0);font-size:"+(fontsize)+
 "' transform='rotate("+(a*180/Math.PI)+","+x1+","+y1+")' >"+str+"</text>";
                var aL=a-Math.PI/4*(0.5+0.5*Math.random());
                var aR=a+Math.PI/4*(0.5+0.5*Math.random());
                if (count<=1){
                    var myCircle=document.createElement("circle");
                    mysvg.appendChild(myCircle);
 myCircle.outerHTML="<circle cx="+x1+" cy="+y1+" r="+(6*Math.random())+" fill='red'/>"
                }
                if(count>0){
                    show(x2,y2,length*rate,rate,aL,count-1);
                    show(x2,y2,length*rate,rate,aR,count-1);
                }
            }
            show(x0,y0,length,rate,-Math.PI/2,count);
```

```
            show(x0,y0,length,rate,-Math.PI*7/16,count);
            show(x0,y0,length,rate,-Math.PI*9/16,count);
        </script>
</body>
</html>
```

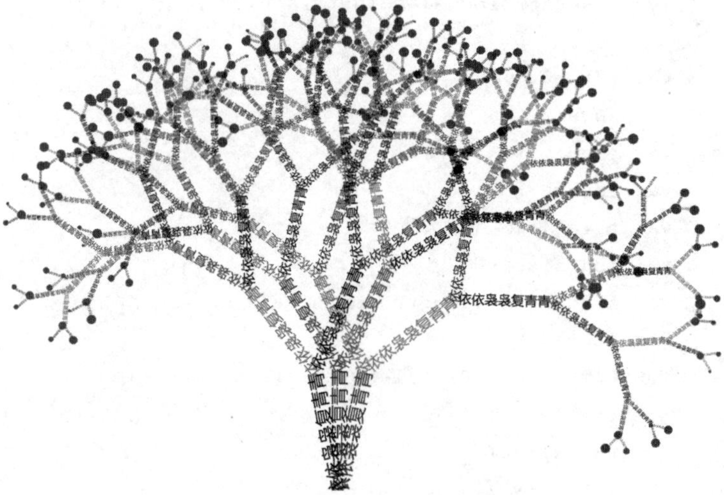

图 2-24　算法生成的文字苹果树

小结

本章用JavaScript和SVG实现绘图。以直方图、二叉树和树状词云3个例子，讲解了SVG基本的绘图元素矩形、线段和文字的使用，以洞悉数据可视化的原理。

作业

绘制一个基于Line的二叉树，在角度和长度上添加一定的随机性。绘制一棵文字树，在角度和长度上添加一定的随机性。

CHAPTER 3

第三章

D3数据可视化基础

D3是当前全球最流行的数据可视化API，设计精巧，功能强大，广泛应用于各种Web开发的可视化系统中。D3将强大的可视化、动态交互和数据驱动的DOM操作方法完美结合，让Web程序员可以充分发挥浏览器的功能，自由地设计绚丽的可视化界面。但需要明确的一点是，D3不是一种语言，而是Java Script的一个封装API。本章概述了D3的基本内容，如数据绑定、与JavaScript绘图的比较、JSON文件格式的使用，输出存储为SVG图形和PNG图像。

第一节　D3可视化API概述

一、D3简介

D3是数据驱动文档（Data-Driven Documents）的简称。D3是一个用来使用Web标准做数据可视化的JavaScript库。D3综合使用SVG、Canvas、CSS和HTML技术，让数据变得生动有趣。

D3起源于ProtoVis，D3的作者为Mike Bostock，他是一个程序员也是一个优秀的架构师，他主页（https://observablehq.com/@mbostock）的介绍是"Building a better computational medium. Founder @observablehq. Creator @d3. Former @nytgraphics. Pronounced BOSS-tock."，说明他是D3.js的创建者，为了重新架构D3，已经从纽约时报图形组辞职。

Web交互可视化通常需要同时使用多项技术，HTML用于显示页面内容，CSS用于设计样式，JavaScript用于交互，SVG用于绘制，DOM以层次结构展现页面内容，并使这些技术能够相互协作。D3是在综合考虑表现多样性、效率和可访问性的基础上设计实现的Web可视化API。

D3并没有引入新的图形化语法，只是解决了一个更小的问题：有效地操作基于数据的文档。D3的核心贡献在于设计了一个可视化的“内核”，类似于jQuery、CSS及XSLT这样的文档转换器（Document Transformer）。D3的文档模型可直接操作图形原语，这一点类似于Processing和Raphaël。此外，D3包含了一系列内核之上的辅助模块，这些模块借鉴了许多可视化系统的优点。

D3使用了Selection这一概念，用谓词“选择器”定位一个元素的集合，然后赋予一系列的操作来改变被选元素的值。这一概念起源于CSS，而jQuery提供了更灵活的控制接口。然而，在实现数据可视化时，通常需要添加或删除一些元素（Element），但jQuery缺乏这种动态改变的机制。基于XML的XSLT虽然允许用户按照定义好的模板填充数据并生成HTML，但是没有高级的可视化抽象，无法灵活地处理繁杂的交互可视化任务。

Protovis和D3都是基于JavaScript的宿主语言，采用声明式语言（DSL）实现描述式可视化设计。开发者告诉DSL需要什么样的计算结果，而不需要知道结果是如何计算的。HTML/CSS以及SQL都是DSL的典型代表。

二、D3的版本

D3JS V1.0版本是由Mike Bostock于2011年2月18日发布的，其后经过多人的不断完善，目前最新的版本是7.3.0，可以到D3官网（http://d3js.org）下载。D3JS主页如图3-1所示。D3JS 在全球范围内不断有人尝试并制作教程，丰富了其可视化布局和应用场景。

D3是目前最流行的数据可视化库，同时是Github上前端API排行第一的可视化库，比Processing这样的底层绘图库更简单，比Echarts这样高度封装的图表库更自由。D3基于开源协议BSD-3-Clause3，可以免费用于商业项目。源码托管在GitHub上，有大量用户二次开发的案例图库和源代码。

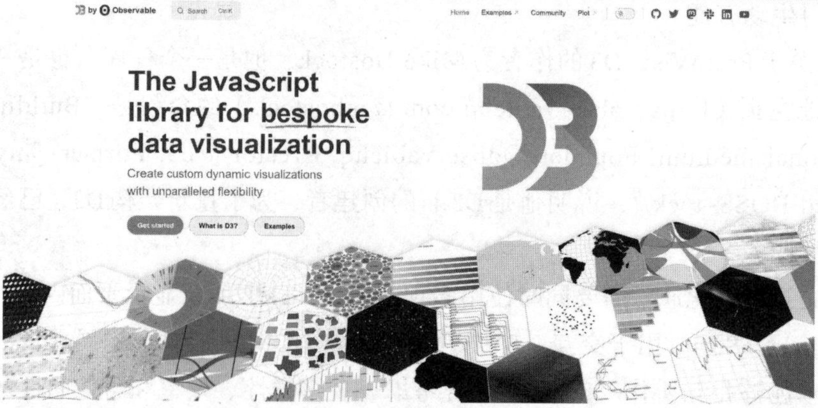

图3-1 D3JS的官网

三、基本功能

D3的功能模块包括核心函数、比例尺、基本矢量图形、时间、布局、地理、几何和交互8个大类。实际上，围绕应用来讲，它们都和布局相关。

在Node.js下安装D3（npm install d3），装完后有30个模块，参见第十五章。

参考自D3官方文档的D3 API概览如下：

核心：包括选择器、过渡、数据处理、本地化、颜色等。

地理：球面坐标、经纬度运算。

几何：提供绘制2D几何图形的实用工具。

布局：推导定位元素的辅助数据。

比例尺：数据编码和视觉编码之间转换。

可缩放矢量图形：提供用于创建可伸缩矢量图形的实用工具。

时间：解析或格式化时间，计算日历的时间间隔等。

行为：可重用交互行为。

D3处理可视化的流程如下：把数据加载到浏览器的内存空间；把数据绑定到DOM文档中的元素上，根据需要创建新元素；解析每个元素的数据范围并设置可视化属性，实现元素的变换（transforming）；响应用户输入实现元素状态的过渡（transitioning）。

使用D3的过程就是描述如何加载数据、绑定数据、变换数据、布局方式和过渡元素的过程。变换指从一个数量空间映射到可视化的可见数值空间。

四、D3图形与布局

D3不是一种独立的语言，能绘制的基本图形都是SVG和Canvas中的基本图形。D3像一个“魔术师”，能绘制出特别复杂绚丽的组合图形，如直方图类（直方图、堆栈图）、饼图类（饼图、环图、玫瑰图）、弦图、折线图、树形图、力导向、词云图、地图等。可以比较概括地说，D3可视化布局形式中除了力导向图和词云图属于比较复杂的，其他的可视化布局形式都是基于基本的初等几何空间计算绘制生成的。

五、D3的设计

D3的原子操作是Selection：从当前文档中提取元素（Element）集合。操作符（Operator）作用于Selection之上，用于修改元素内容。数据联合（Data Joins）输入数据，绑定到元素，使操作符能够操纵相关的数据。这一过程产生了进入（Enter）及退出（Exit）两个子选择，分别用于创建和断开DOM元素与数据之间的对应关系。动画式的转换（Transitions）可以对属性及样式进行插值处理，使运动变化更平滑。事件处理器（Event handlers）则用于响应用户的输入并实现交互。大量的辅助模块（Modules），如布局、缩放简化了一些常用的可视化操作。

D3库所提供的所有API都在D3命名的空间下。D3库使用语义版本命名法（Semantic Versioning）。在Chrome浏览器控制台可以通过D3.version查看当前的版本信息。

六、加载D3的API

使用D3要加载它的API，可以使用在线库，但是强烈建议使用本地库，原因如下：第一，本地库加载速度快；第二，如果是在局域网使用的软件，不允许访问互联网，无法加载官方在线库，软件的可视化功能会失效。在调试状态下建议使用d3.v7.js，在运行环境中使用d3.v7.min.js，后者经过压缩，下载更快。加载官网的D3库，代码如下。其中d3.v7.min.js的代码如图3-2所示，这是一个文本格式的.js文件，可以直接下载到本地。所有在JSBin中运行的程序都必须使用官方在线库。

```
<script src="http://d3js.org/d3.v7.min.js" charset="utf-8"></script>
```

加载下载到本地的D3库，代码如下：

```
<script src="d3.v7.min.js" charset="utf-8"></script>
```

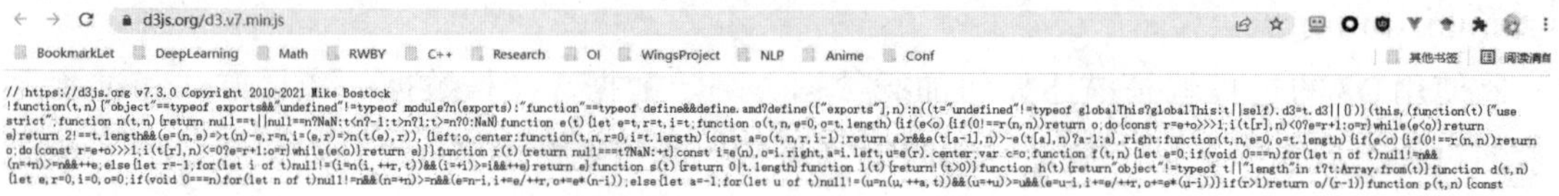

图3-2 d3.v7.min.js的代码

第二节 D3数据绑定

数据是可视化的基础，同时，数据和承载它的元素往往密不可分。D3提供了方便的元素选择器和数据绑定的API，可以便捷地将数据与目标元素绑定在一起，实现数据可视化。

一、元素选择：select与selectAll

D3的API有两个函数选择元素，分别是select和selectAll。

（一）select函数

select以CSS选择器或已经被DOM API选择的元素为参数，选择其中的第一个元素并返回。以下选择语句均合法：

```
d3.select("p");                                    //选择第一个p元素
d3.select("#namei");                               //选择id为namei的元素
d3.select(".namei");                               //选择类为namei的第一个元素

var namei=document.getElementById("namei"); //select也可以把已经被DOM
d3.select(namei);                                  //API 选择的元素作为参数
```

以d3.select("p")为例，一个简单的页面内容见代码selection.htm，程序运行结果见图3-3。

程序编号：CH3/Selection.htm

```
<html>
     <head>
         <script src="http://d3js.org/d3.v7.min.js" charset="utf-8"></script>
     </head>
<body>
    <p>This is a test.</p>
    <p>Hello World</p>
    <script>
        var temp=d3.select("p");
        console.log(temp);
    </script>
</body>
</html>
```

body元素下有两个子元素p，在JSBin中的运行结果如下：

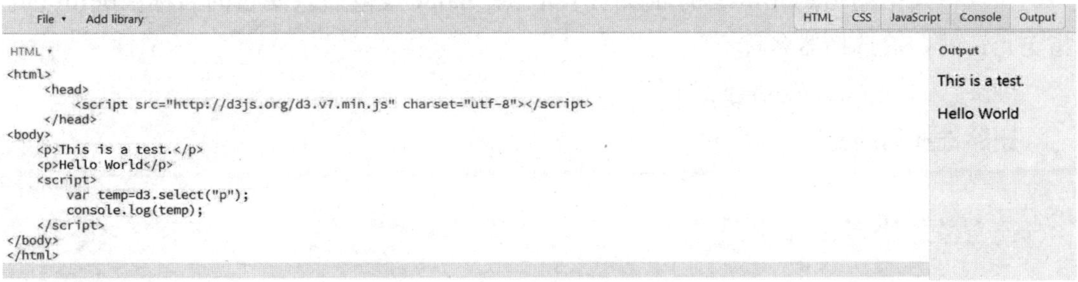

图3-3　d3.select("p") 只选择了第一个 <p> 元素

（二）selectAll 函数

selectAll与select的参数相似，区别是select选取的是一个元素，如果有多个元素满足条件，则选取第一个元素；selectAll选取的是多个元素。

二、选择集

元素选择d3.select，d3.selectAll返回的对象称为选择集，选择的目的是操作这些元素。这类似在Word中选中一段文字后，对它设置各种格式，选中是第一步。

（一）设置和获取选择集属性

语法：selection.attr(name[,value])

设置或获取选择集的属性，name是属性名，value是属性值。如果有属性值，则把对应属性名更改为该属性值；否则返回当前属性值。

语法：selection.classed(name[,value])

设置或获取选择集的CSS类，name是类名，value是布尔值，表示该类是否开启。

语法：selection.style(name[,value[,priority]])

设置或获取选择集的样式，name是样式名，value是样式值，priority是优先级。

语法：selecion.text([value])

设置或获取选择集的文本内容，value是属性值；若省略value则返回当前文本内容。

（二）添加、插入、删除元素

语法：selection.append(name)

在选择集的末尾添加一个元素，name是元素名称。

语法：selection.insert(name[,before])

在选择集中的指定元素之前插入一个元素。name是被插入元素的名称，before是指定元素的CSS选择器名称。

语法：selection.remove()

删除选择集的元素。

三、数据绑定

D3提供了两个数据绑定的函数，分别是datum()和data()。

（一）单个数据绑定

语法：datum([value]) 函数

Value是被绑定的数据。将选择集中的每一个元素都绑定相同的数据。数据的类型没有规定，数值、字符串、布尔类型以及对象都可以作为数据绑定到对应元素上。如果省略参数，则返回当前所绑定的数据。绑定的数据作为一项属性归属于该元素，属性名为__data__，可以从Chrome浏览器上看到结果。

（二）批量数据绑定

语法：data([values[,key]]) 函数

选择集中的每一个元素分别绑定数组values中的每一项。key是一个键函数，用于指定绑定数组时的对应规则。如果省略key，默认按照顺序一对一地将元素与数据对应。如果二者都省略，则返回已经绑定的数据。

四、使用数据

（一）数据与DOM元素个数相同的批量绑定

对于绑定并使用数据的做法，参考以下例子。

程序CH3/DataFunction.htm将修改<p>元素的内容，替换成绑定的数据的内容，程序运行结果见图3–4。

程序编号：CH3/DataFunction.htm

```
<html>
<head>
<script src="../d3.v7.min.js" charset="utf-8"></script>
</head>
<body>
    <p>数据科学与大数据技术</p>
    <p>《数据可视化》</p>
    <script>
        var temp=d3.selectAll("p");        //选择所有的p元素
        dataset=["大数据专业新趋势","大数据与人工智能"];
        temp.data(dataset)                 //绑定数组dataset
            .text(function(d,i){           //修改元素内容，function为自定义函数
                return "No."+i+": "+d;  //返回字符串
            });
        console.log(temp);
    </script>
</body>
```

```
</html>
```

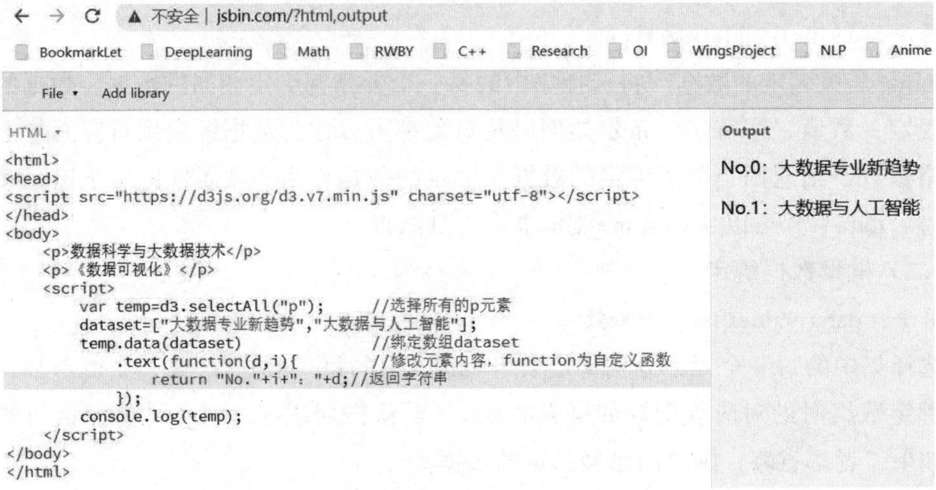

图 3–4 利用数据绑定修改 DOM 元素内容

从结果可以看出，<p> 文本内容已经被改变了。自定义函数 function(d,i) 是无名函数，两个参数 d 和 i 分别代表所绑定的数据以及该数据在数组中的下标，批量绑定 dataset，它的两个字符串分别绑定给选择的两个 <p>。函数返回一个字符串，"No."+i+"："+d，利用 text 函数更改 <p> 元素内容。

（二）数据与 DOM 元素个数不同时批量绑定

当数据数量多于元素数量时，有多余的数据没有可绑定的元素，调用 enter() 函数即可查看多余的数据。上例中如果数据多余，使用 console.log(x.enter()) 可以查看多余的数据。

当数据数量小于元素数量时，可以利用 exit() 函数查看没有数据绑定的 DOM 元素。利用 console.log(x.exit()) 调用 exit() 函数，返回没有对应数据绑定的元素。

（三）通用模板

没有数据的元素是无用的，有数据时添加对应的元素承载该数据。如下归纳出一个简单的通用模板来处理数据数量与元素数量不同时的问题。

```
var dataset=[1,2,3,4,5];                    //定义数据数组
var temp=d3.selectAll("p");                 //选取所有的p元素（数量未知）

var group=temp.data(dataset);               //绑定数据
var enter=group.enter();                    //数据多于元素的部分
var exit=group.exit();                      //元素多于数据的部分
group.text(function(d){
```

```
        return d;
});                                             //根据数据修改原元素内容

enter.append("p")
     .text(function(d){
         return d;
     });                                        //添加新的元素，内容为绑定的数据
exit.remove();                                  //没有数据的元素直接删除
```

有了上面这个模板，数据对应的元素可以得到准确修改；数据数量大于元素数量时，添加元素使其与对应数据绑定；数据小于元素时，多余的元素被删除。

本节详细地讲述了如何选取数据，对选择集的设置、修改和删除以及如何绑定数据和对绑定的数据的使用。数据绑定是数据可视化内容的基础。

第三节　D3直方图

本节先使用D3绘制一组矩形生成直方图，并和第二章的JavaScript与SVG生成的直方图对比，目的是洞悉D3可视化的原理。

一、使用D3绘制矩形以实现直方图绘制

本例中，使用D3绘制矩形并生成直方图与JavaScript绘制直方图略有不同，在准备好数据后，把数据批量绑定到创建的矩形上，此时矩形的属性并没有设置。然后，设置矩形的左上角的基线坐标，即（x,y），设置矩形的宽度（width）和高度（height）属性，以及内部填充的色彩。这是第一个比较完整的D3可视化的例子，对于一个常规的直方图来说，每个矩形的起点坐标（x,y）和高度都是不同的，只是宽度相同。程序代码如下。程序见CH3/D3RectHist.htm，运行结果见图3-5。

程序编号：CH3/D3RectHist.htm

```
<html>
 <body>
   <script src="../d3.v7.min.js" charset="utf-8"></script>
   <script>
       var width=(window.innerWidth||
document.documentElement.clientWidth||document.body.clientWidth)*0.96;
       var height=(window.innerHeight||
document.documentElement.clientHeight||document.body.clientHeight)*0.9;
```

```
            var dataset =new Array(10);
            for (var i=0;i<dataset.length;i++){
                dataset[i]=height*Math.random();
            }
            var svg = d3.select("body")          //选择<body>
                        .append("svg")           //在<body>中添加<svg>
                        .attr("width", width)    //设定<svg>的宽度属性
                        .attr("height", height);//设定<svg>的高度属性
            var rectStep =width/dataset.length;
            var rectWidth =rectStep-10;
            var rect = svg.selectAll("rect")
                            .data(dataset)       //绑定数据
                            .enter()             //获取enter部分
                            .append("rect")      //添加rect元素
                            .attr("x", function(d,i){ //设置矩形的x坐标
                                return i * rectStep;
                            })
                            .attr("y", function(d){    //设置矩形的y坐标
                                return height-d;
                            })
                            .attr("width",rectWidth)          //设置矩形的宽度
                            .attr("height",function(d){ //设置矩形的高度
                                return d;
                            })
                           .attr("fill", "blue");

        </script>
    </body>
</html>
```

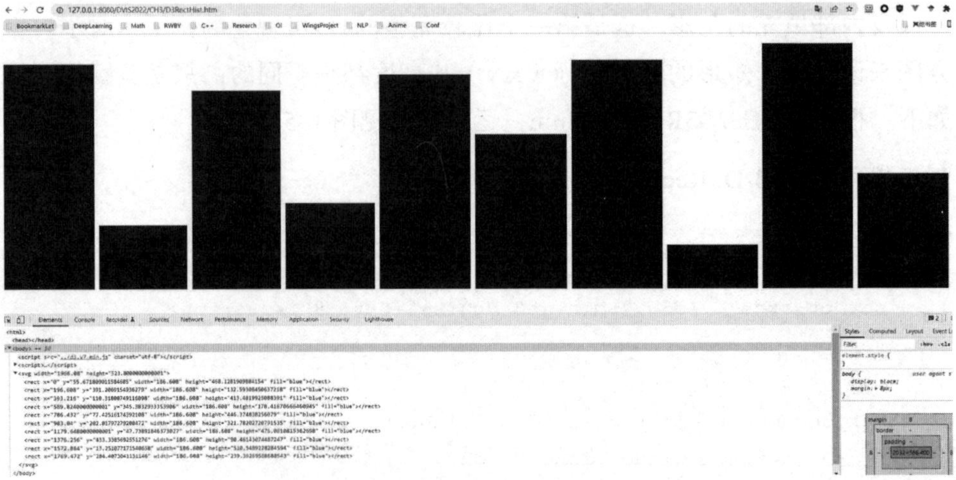

图 3-5　D3 绘制随机数驱动的直方图

图3-5中，到了前端页面后，D3的代码经由d3.v7.min.js的API和JavaScript的计算，解析成SVG的<rect>元素，并且每一个<rect>元素的参数都被计算成具体数值。

在代码D3RectHist.htm中，为直方图中的矩形添加文字，代码如下，并对色彩使用了D3的配色方案。D3的配色还是特别值得推崇的，色调搭配相当考究，关于D3的配色在第五章比例尺中会详细讨论，为了尽早看到较好的可视化效果，本例先直接使用D3配色。与配色相关的两个语句是定义色彩数组变量var color=d3.schemeCategory10，在填充时使用色彩.attr("fill",(d,i)=>color[i%10])，使用取余数的作用在于，防止下标越界。

程序编号：CH3\D3RectHist+.htm（代码片段）

```
var text = svg.selectAll("text")
                .data(dataset)              //绑定数据
                .enter()                    //获取enter部分
                .append("text")             //添加text元素
                .attr("fill","green")
                .attr("font-size","24px")
                .attr("text-anchor","middle")
                .attr("x", function(d,i){
                    return i * rectStep;
                })
                .attr("y", function(d){
                    return height-d-26;
                })
                .attr("dx",rectWidth/2)
                .attr("dy","1em")
                .text(function(d){
                    return Math.floor(d);
                });
```

需要说明的是，这是带有无名函数嵌套的一条语句。这条语句选择了所有的SVG中的<text>，绑定了数据dataset，添加了一组与dataset元素相同的<text>元素，设置以色彩属性、文字字号、文本锚点为中心以及文字的基线坐标（x,y）、文字的偏移量，其中，dx为矩形宽度的一半，dy为文字一个字的高度，文本的内容为dataset的各个数值，并用Math.floor()函数向上取整。

图3-6显示了程序运行的结果，可以看到，到前端页面后，调试显示生成了一个个的SVG的<text>元素。这就印证了，上文特别提示的D3不是一种独立的语言，而是用JavaScript实现的基于SVG或者Canvas的数据可视化API，所有绚丽的图形到了前端，都转换成了SVG或者Canvas的基本图形。

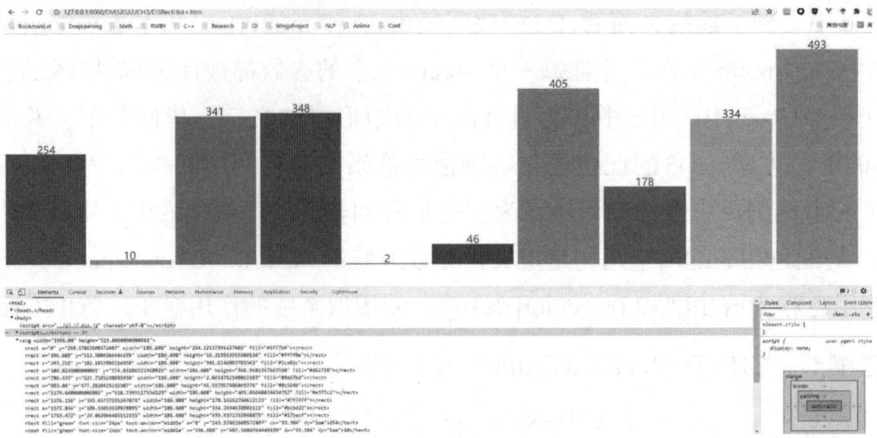

图 3-6 直方图添加文字数据

二、D3的布局和绘制关系

D3的各种布局算法是对数据的准备，转换数据空间。

第一部分中绘制的直方图是已经准备好了矩形的数据，使用D3绘制了一组矩形，计算过程可以用后端的代码计算完成，由JavaScript和D3完成绘制。实际上，许多的数据计算工作，也可以由D3完成。D3能够实现对各种布局算法的支持，D3的布局是准备计算数据，并不绘制，只完成布局绘制前的数据准备，绘制交给SVG的基本图形实现即可，就是前述的基本图形：线段、圆形、矩形、多边形、路径等。

三、D3绘制直方图与JavaScript绘制直方图比较

JavaScript绘制直方图中的矩形需要添加多个矩形节点，并分别给出矩形位置的(x, y)坐标以及矩形的宽和高。

使用D3后，无须一个个地画矩形，只需批量绑定数据。数据的个数决定添加DOM元素SVG的矩形<rect>的个数，这就是D3之所以被称为数据驱动的文档（Data-Driven Documents）的缘故，使得用D3描写的代码更加简洁生动，但不得不说的是这也给初学者留下了D3高门槛的印象。该程序看似没有循环，实际上是通过批量数据绑定实现的。

四、视觉技艺与可视化编码

电影是视觉为主、声音和字幕为辅，声画文协同合一的媒介。数据可视化的一个原则是“Over view first, zoom and filter, details on demand”，这与电影叙事有很多相似之处。反言之，数据可视化也用可视化叙事的概念来约束与用户的交互，按照认知心理学的原则呈现数据和发现的知识。图3-7是从数据到可视化编码的元素。

可视化将数据编码到可视符号，编码的载体包括：色彩、尺寸、位置、纹理、方向、形状以及关系。与电影一样，可视化也常用隐喻（Metaphor）表达数据。

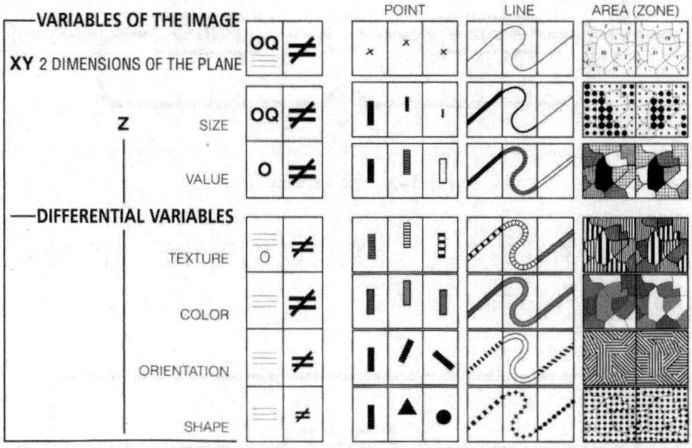

图 3-7　数据到可视化变量的编码

第四节　可视化文件的输入输出

数据可视化的数据一般不写在HTML中，而是保存在服务器的外部文件中，或者从数据库服务器中通过查询获取，因此，需要向服务器端请求数据。当前最流行的数据交换格式是JSON。第十五章专门讨论了软件开发中的数据可视化。

可视化生成的图形可以存储为SVG或者PNG格式，以灵活使用。

一、JSON概述

JSON是JavaScript的对象表示法（JavaScript Object Notation），是一种轻量级的数据交换格式，易于阅读和编写，也易于机器解析和生成。它基于JavaScript语言，是Standard ECMA-262 3rd Edition的一个子集。

JSON具有自我描述性，更易理解。JSON使用JavaScript语法来描述数据对象，但是JSON仍然独立于语言和平台。JSON解析器和JSON库支持许多不同的编程语言。

JSON的文件类型是“.json”，其MIME类型是“application/json”。

二、JSON结构

对象是一个无序的“名称/值”集合。一个对象以“{”开始，“}”结束。每个“名称”后跟一个“:”；“名称/值”之间使用“,”分隔。JSON对象格式见图3-8。

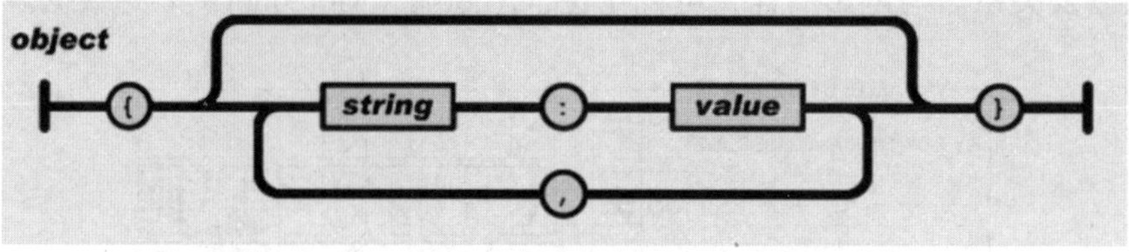

图 3-8　JSON 对象

数组是值（value）的有序集合。一个数组以“[”开始,“]”结束。值之间使用“,”分隔，格式如图3-9所示。

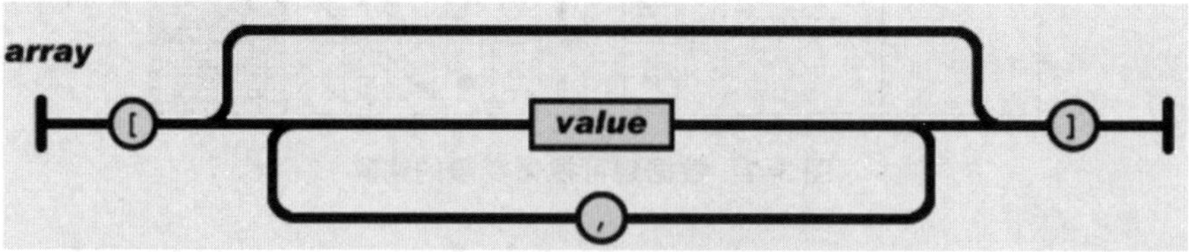

图 3-9　JSON 中的数组

值（value）是以双引号标注的字符串、数值、布尔型、null、对象或者数组，这些结构可以嵌套，见图3-10。

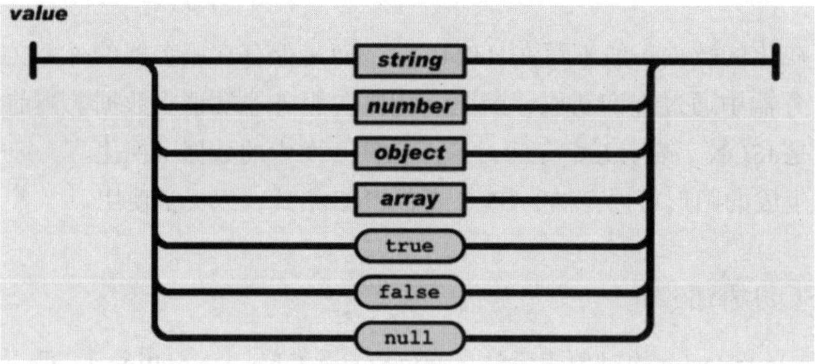

图 3-10　JSON 中的值

JSON 文件示例如下。

数据文件：force.json

```
{"nodes":
    [
        {"name":"@","group":0},
        {"name":"a","group":1},
        {"name":"b","group":2}
    ],
```

```
"links":
    [
        {"source":0,"target":1,"value":1},
        {"source":1,"target":2,"value":1},
        {"source":2,"target":0,"value":1}
    ]
}
```

由于 JSON 语法是 JavaScript 语法的子集，因此，JavaScript 函数 eval() 可用于将 JSON 文本转换为 JavaScript 对象，可在D3的树图类、力导向图中使用JSON文件。

第十五章软件开发中的数据可视化，后端Python+Flask调用了MySQL数据，生成了JSON格式的数据。在前端用Node.js+Vue3用D3实现了可视化。通过JSON数据，实现了前后端分离的软件架构。

三、D3读取并解析JSON

在了解JSON结构的情况下，可使用JSON进行数据传递，写出很实用、美观、可读性强的代码。对于前端开发人员来说，JSON备受关注且被广泛应用。

D3读取JSON格式文件示例如下，由于这个请求是基于AJAX的异步请求，以防止文件没有读完就调用处理函数，即代码中的myFunction()（程序中注释掉了），因而把处理函数放在读取的内部执行，运行结果在Chrome浏览器控制台显示节点信息，见图3-11。

程序编号：CH3/Json.htm

```
<html>
  <head>
        <meta charset="utf-8">
        <title>D3的JSON读取</title>
  </head>
  <body>
    <script src="../d3.v7.min.js" charset="utf-8"></script>
    <p>节点信息</p>
    <script>
        var mydata;
        d3.json("force.json").then(function(data) {
            console.log(data.nodes);
            //myFunction();
        });
    </script>
  </body>
</html>
```

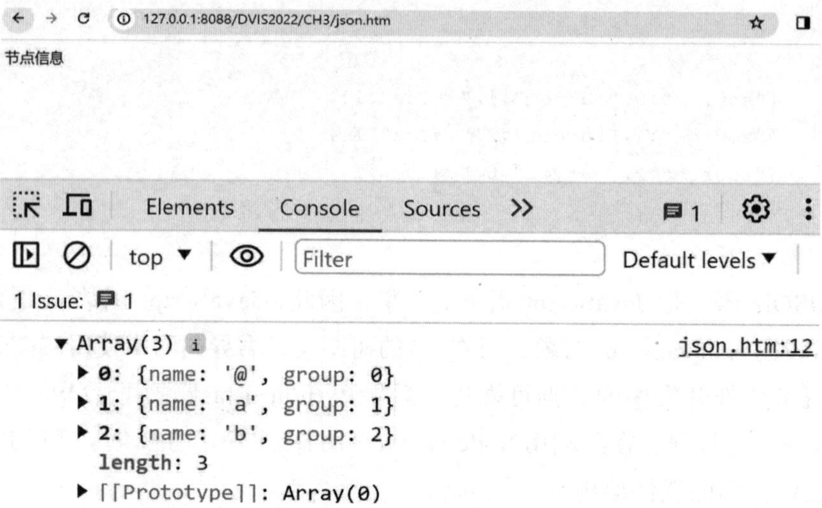

图 3-11　D3 读取 JSON

四、可视化图形存储为SVG图形和PNG图像

以第三节中的直方图为例，生成的图形存储为SVG图形和PNG图像，代码如下。

程序编号：CH3/download.htm

```
<html>
<head>
  <meta charset="utf-8">
  <title>D3直方图下载SVG和PNG</title>
</head>
<body>
  <button onclick="downloadPhoto()">下载svg</button>
  <button onclick="downloadPhoto('png')">下载png</button>
  <!-- 放置svg的区域，里面只有svg画布，给xml根标签 -->
  <div id="svgbox"></div>
  <div id="svgdataurl"></div>
  <canvas style="display:none"></canvas>
  <script src="../d3.v7.js" charset="utf-8"></script>
  <script>
    function drawBarchart() {
      var width = (window.innerWidth || document.documentElement.clientWidth
|| document.body.clientWidth) * 0.98;
      var height = (window.innerHeight || document.documentElement.
clientHeight || document.body.clientHeight) * 0.9;
      var color = d3.schemeCategory10;
```

```
    var dataset = new Array(10);
    for (var i = 0; i < dataset.length; i++) {
      dataset[i] = height * Math.random();
    }
    svg = d3.select("#svgbox") //选择<body>里的svgbox
              .append("svg") //在<body>中添加<svg>
              .attr("width", width)
              .attr("height", height);

    var rectStep = width / dataset.length;
    var rectWidth = rectStep - 10;
    var rect = svg.selectAll("rect")
                  .data(dataset)
                  .enter()
                  .append("rect")
                  .attr("x", (d,i)=>(i * rectStep))
                  .attr("y", d=>(height - d))
                  .attr("fill", (d,i)=>color[i])
                  .attr("width", rectWidth)
                  .attr("height", d=>d);
  }

  function downloadPhoto(form = "svg") {
    // 导出最基础的svg
    var html = d3.select("svg")
                  .attr("version", 1.1)
                  .attr("xmlns", "http://www.w3.org/2000/svg")
                  .attr("id", "svgdemo")
                  .node().parentNode.innerHTML;
    var imgsrc = 'data:image/svg+xml;base64,' + window.btoa(unescape(encod
eURIComponent(html)));
    // 从 String 对象中创建一个 base-64 编码的 ASCII 字符串，其中字符串中的每个字符
都被视为一个二进制数据字节。
    var image = new Image;
    image.src = imgsrc;
    if (form === "png") {
          var svg = d3.select("#svgbox").node()
          var img = '<img src="' + imgsrc + '">';
          d3.select("#svgdataurl").html(img);
          var boxWidth = svg.offsetWidth
          var boxHeight = svg.offsetHeight
          var canvas = document.querySelector("canvas");
```

```
            var context = canvas.getContext("2d");
            canvas.height = boxHeight; //canvas高度变化时清空画布
            canvas.width = boxWidth;
            image.onload = function () {
                  context.drawImage(image, 0, 0);
                  var canvasdata = canvas.toDataURL("image/png");
                  var pngimg = '<img src="' + canvasdata + '">';
                  d3.select("#pngdataurl").html(pngimg);
                  var photo = document.createElement("a");
                  photo.download = "直方图.png";
                  photo.href = canvasdata;
                  document.body.appendChild(photo);
                  photo.click();
            }
      }else{
            console.log(form);
            image.onload = function (){
                var photo = document.createElement("a");
                photo.download = "直方图.svg";
                photo.href = imgsrc;
                document.body.appendChild(photo);
                photo.click();
            }
      }
    }
    drawBarchart()
  </script>
</body>
</html>
```

程序运行结果，见图3-12。

在这个程序中绘制直方图，参数的注入采用了另一种形式，以.attr("y", d=>(height - d))为例，匿名函数的形参是d，传入的是dataset对应的d是(height-d)，以.attr("height", d=>d)为例，匿名函数的形参d，传入的dataset对应的d。

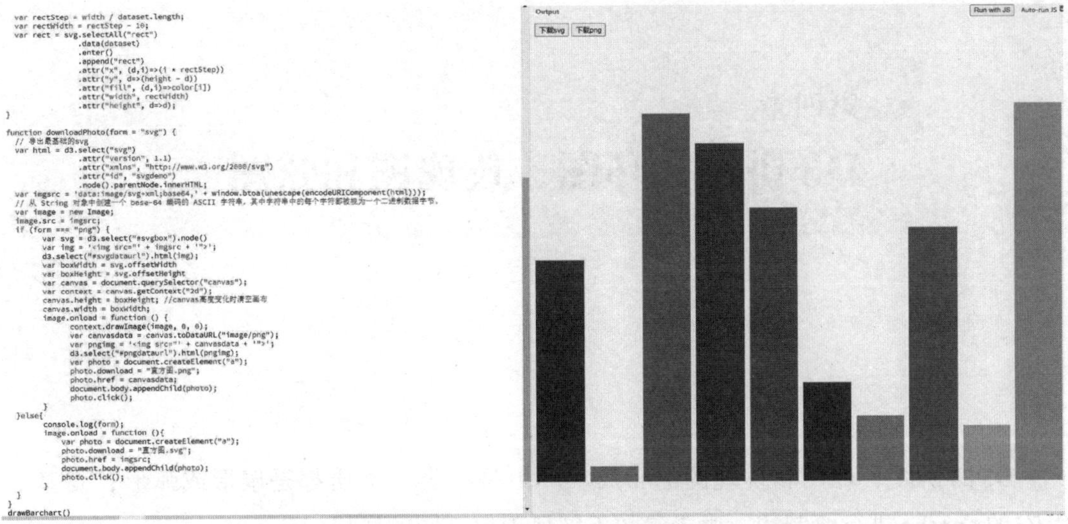

图 3–12　可视化图形下载为 SVG 图形或者 PNG 图像

```
var rect = svg.selectAll("rect")
                   .data(dataset)
                   .enter()
                   .append("rect")
                   .attr("x", (d,i)=>(i * rectStep))
                   .attr("y", d=>(height - d))
                   .attr("fill", (d,i)=>color[i])
                   .attr("width", rectWidth)
                   .attr("height", d=>d);
```

在 download.htm 中下载 SVG，添加了一个超链接元素<a>，超链接的内容为 SVG 中的内容，即描述图形的代码。下载为 PNG 格式的图像需要生成 Image 二进制后存储。

小结

本章讲述了 D3 数据可视化的基本概况，D3 不是新的语言，而是基于 JavaScript 实现的可视化 API，可以批量绑定数据、使用灵活，布局多样、绘制绚丽，解决了用户可视化的诸多难题。

作业

绘制 D3 直方图，纵向和横向的直方图各绘制一个（横向可参考第十一章的动态直方图）。

CHAPTER 4

第四章 D3饼图、环图、玫瑰图和弦图

D3的饼图、环图和玫瑰图的布局实际上是一类，本质都是扇形或弧形，是基于SVG的<path>进行绘制的，由于参数不同呈现出不同的风格。

第一节　D3绘制饼图

一、从SVG的路径到D3饼图绘制

在D3中，饼图、环图和玫瑰图的绘制主要是基于SVG中的<path>标签，<path>通过点、直线或曲线可以绘制任意图形，但是，绘制一个图形的路径是很复杂的。对于饼图类，D3提供了相关的生成器，通过几何计算，得到对应于<path>路径的坐标，绘制扇形或者弧形。

（一）SVG的路径

SVG绘制<path>的参数见第一章第五节。定义路径，也就是从一个坐标点到另一个坐标点，画直线或曲线来自由的绘制图形，提供了极大的灵活性。其中命令均允许小写字母，大写表示绝对定位，小写表示相对定位。本章主要用到的是A，即绘制弧形。

以下代码片段是用<path>绘制一个三角形，它在JSBin中的运行结果见图4-1。

语句<path d="M250 150 L150 350 L350 350 Z"/>表示先移动到坐标（250,150）处，再从此坐标向坐标点（150,350）绘制直线，再从当前点到坐标点（350,350）绘制直线，最后封闭图形，并用蓝色（blue）填充。

```
<svg width="100%" height="100%" version="1.1" xmlns="http://www.w3.org/2000/svg">
```

```
    <path d="M250 150 L150 350 L350 350 Z" fill="blue" />
</svg>
```

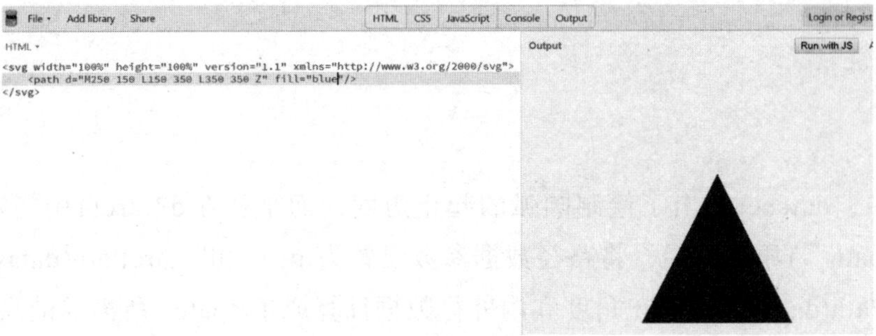

图 4–1　用路径绘制三角形

（二）D3绘制圆弧

D3绘制圆弧，需要起始角度、终止角度、内半径、外半径四个参数。在d3.v7.js中它使用d3.arc()函数创建一个弧生成器。此处通过实例CH4/arcD3.htm程序说明。

程序编号：CH4/arcD3.htm

```
<html>
  <head>
        <meta charset="utf-8">
        <title>D3弧线生成器</title>
  </head>
<body>
    <script src="../d3.v7.min.js" charset="utf-8"></script>
    <script>
        var width  = 500;    //SVG绘制区域的宽度
        var height = 500;    //SVG绘制区域的高度
        var svg = d3.select("body")          //选择<body>
                    .append("svg")           //在<body>中添加<svg>
                    .attr("width", width)    //设定<svg>的宽度属性
                    .attr("height", height);//设定<svg>的高度属性
        var dataset = { startAngle: 0 , endAngle: Math.PI * 1.25 };
        //创建一个弧生成器
        var arcPath =d3.arc()
                        .innerRadius(50)
                        .outerRadius(100);
        //添加路径
        svg.append("path")
            .attr("d",arcPath(dataset))
```

```
                .attr("transform","translate(250,250)")
                .attr("stroke","black")
                .attr("stroke-width","3px")
                .attr("fill","blue");
        </script>
</body>
</html>
```

程序中，dataset给出了绘制圆弧的起止角度，而半径在d3.arc()中指定，用svg.append(“path”)添加路径，将路径数据参数设置为attr(“d”,arcPath(dataset))，也就是说，arcPath(dataset)把起止角度和内外径数据计算成了<path>所需要的具体坐标值。图4–2显示了<path>在页面上经arcPath转换后的参数。

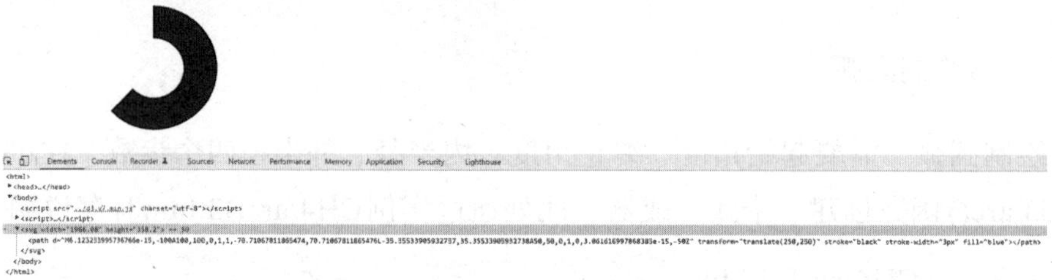

图 4–2 D3 利用路径绘制圆弧的转换过程

（三）D3利用圆弧绘制饼图

基于前面的内容，D3利用圆弧绘制饼图实际上已经非常简单了，只要给出起止连续弧度，并将这些弧连接起来就能构成一个饼图。下面直接给出一个代码再来讨论。程序中的数据为一个数组dataset，内容是一组圆弧，其中每一个圆弧的终止角度是上一个圆弧的起始角度。

程序编号：CH4/arcPie.htm

```
<html>
  <head>
        <meta charset="utf-8">
        <title>利用圆弧绘制饼状图</title>
  </head>
<body>
    <script src="../d3.v7.min.js" charset="utf-8"></script>
        <script>
            var w=window.innerWidth|| document.documentElement.clientWidth||
document.body.clientWidth;
            var h=window.innerHeight|| document.documentElement.clientHeight||
```

```
document.body.clientHeight;
            var width  =w*0.98; //SVG绘制区域的宽度
            var height =h*0.96; //SVG绘制区域的高度
            var svg = d3.select("body")          //选择<body>
                        .append("svg")           //在<body>中添加<svg>
                        .attr("width", width)    //设定<svg>的宽度属性
                        .attr("height", height);//设定<svg>的高度属性
            var dataset = [{ startAngle: 0 , endAngle: Math.PI * 0.3 },
                           { startAngle: Math.PI * 0.3 , endAngle: Math.PI },
                           { startAngle: Math.PI   , endAngle: Math.PI * 1.5 },
                           { startAngle: Math.PI * 1.5, endAngle: Math.PI * 2 }];
            //创建一个弧生成器
            var arcPath = d3.arc()
                            .innerRadius(0)
                            .outerRadius(100);
            var color = d3.scheme Category10;
            //添加路径
            svg.selectAll("path")
                .data(dataset)
                .enter()
                .append("path")
                .attr("d",function(d){ return arcPath(d); })
                .attr("transform","translate("+width/2+","+height/2+")")
                .attr("stroke","black")
                .attr("stroke-width","2px")
                .attr("fill",(d,i)=>color[i9010]);
            //添加文字
            svg.selectAll("text")
                .data(dataset)
                .enter()
                .append("text")
                .attr("transform",function(d){
                    return "translate("+width/2+","+height/2+")" +
                           "translate(" + arcPath.centroid(d) + ")";
                })
                .attr("text-anchor","middle")
                .attr("fill","white")
                .attr("font-size","18px")
                .text(function(d){ return Math.floor((d.endAngle -
d.startAngle)*180/Math.PI) + "°"; });
            </script>
    </body>
</html>
```

在绘制扇形之后，再添加文字。先将坐标原点平移至屏幕中央，即(width/2,height/2)处，然后利用不规则图形取其中心点的函数arcPath.centroid(d)，找到每个扇形的中心，再次平移到该中心点，绘制文字，此处绘制的文字为扇形的度数。

如果修改arcPath = d3.arc().innerRadius(40)的半径，可以绘制环图。近年来，中空灵动的环图比饼图更流行。从视觉上看，饼图像一个关闭的门，把用户挡在门外，环图像打开的门，环图的用户体验更好。

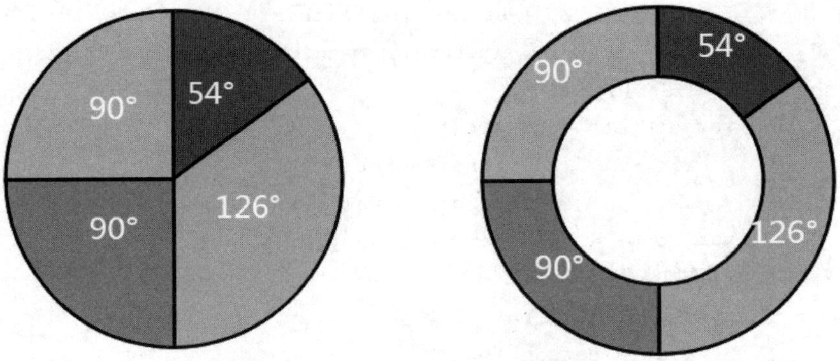

图 4-3　基于起止角度绘制饼图和环图

第二节　从原生数据到绘制 D3 饼图、环图、玫瑰图

一、从原生数据到绘制饼图的扇形数据

生产环境的原生数据往往不是起止角度，而是实数。以2016年各大浏览器市场份额占比数据为例，原生数据为百分比，D3的饼图布局提供了从原生数据到起止角度的变换，数据见表4-1。

表 4-1　原生数据到绘制饼图的参数转换

ID	名称	数值	扇形的起始角度	扇形的终止角度
1	Chrome	39.49	0	2.48
2	IE	29.06	2.48	4.30
3	QQ	4.84	5.31	5.61
4	2345	4.28	5.61	5.88

续表

ID	名称	数值	扇形的起始角度	扇形的终止角度
5	搜狗高速	4.19	5.88	6.14
6	猎豹	2.24	6.14	6.28
7	其他	15.91	4.30	5.31

综合上一节的内容，D3绘制饼图的实际流程如图4–4所示，即原生数据先经D3.pie转为起止角度，再经D3.arc转为SVG的基本绘图元素<path>的坐标。实际上，D3的所有的布局，如直方图、饼图类、力导向和弦图等都是将转换数据的过程称为布局，让程序员误以为这就是绘制了，实际上这还没有绘制，只是转换数据，绘制要用SVG的基本图形组合实现。

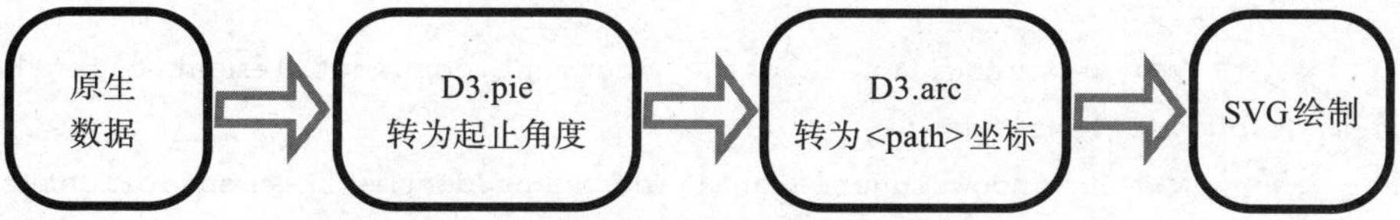

图 4–4　原生数据绘制 D3 饼图的数据转换过程

二、D3饼图布局API

D3饼图布局重要的API如下。

d3.pie()：使用默认设置创建一个饼图生成器。

pie(data,[,arguments…])：转换数据，返回一个对象数组。

pie.value([value])：设定或获取值访问器。

pie.sort([compare])：设定或获取比较器。compare为一个比较函数；如果省略，则返回当前比较器。

pie.sortValues([compare])：设定或获取比较器。compare为一个比较函数；如果省略，则返回当前比较器，默认为下降值。

pie.startAngle([angle])：设定或获取饼图整体的起始角度，默认为0（弧度）。

pie.endAngle([angle])：设定或获取饼图整体的终止角度，默认为2π（弧度）。

pie.padAngle([angle])：设定或获取饼图间隔角度，默认为0（弧度）。

三、D3饼图实例

（一）饼图的程序

数据为前面提到的浏览器份额数据，变量为dataset，见代码中D3Pie.htm，本例中使用了d3.v7.min.js。

程序编号：CH4/D3Pie.htm

```
<html>
    <head>
        <title>饼状图</title>
    </head>
    <body>
        <script src="../d3.v7.min.js" charset="utf-8"></script>
        <script>
            var w=window.innerWidth|| document.documentElement.clientWidth||
document.body.clientWidth;
            var h=window.innerHeight|| document.documentElement.clientHeight||
document.body.clientHeight;
            var width = w*0.98;
            var height =h*0.96;
var dataset = [["Chrome",39.49],["IE",29.06],["QQ",4.84],["2345",4.28],["搜狗高速
",4.19],["猎豹",2.24],["其他",15.91]];
            var svg = d3.select("body")
                        .append("svg")
                        .attr("width", width)
                        .attr("height", height);
            var pie = d3.pie()
                        .value(function(d){return d[1];});
            var piedata = pie(dataset);
            var outerRadius = 150;  //外半径
            var innerRadius = 0;    //内半径
            var arc = d3.arc()  //弧生成器
                        .innerRadius(innerRadius)   //设置内半径
                        .outerRadius(outerRadius);  //设置外半径
            var color = d3.schemeCategory10;
            var arcs = svg.selectAll("g")
                          .data(piedata)
                          .enter()
                          .append("g")
                          .attr("transform","translate("+ (width/2) +","+
                           (height/2)+")");
```

```
            arcs.append("path")//每个g元素添加path元素，用g的数据d生成路径
                .attr("fill",function(d,i){
                    return color[i9010];
                })
                .attr("d",function(d){
                    return arc(d);//将角度转为弧度（d3使用弧度绘制）
                });
        </script>
    </body>
</html>
```

其中，d3.pie()创建了一个饼图布局，其变量名为pie，具有布局的所有属性与方法。其中，值访问器value()从传入的数组中提取需要转换的数据。程序中使用了.append(“g”)元素，是分组的意思，或者可看作Photoshop里的图层。

（二）原生数据转换为起止角度

实际上，var piedata = pie(dataset)语句将数组dataset作为pie()的参数，返回值给piedata，在控制台输出piedata，如图4-5所示。

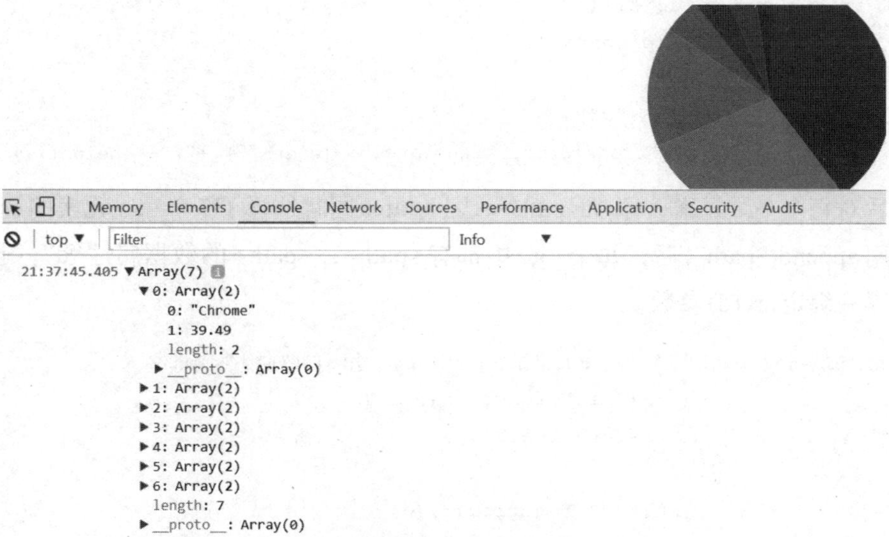

图4-5　经D3.pie转换后的数据

从图4-5中可见，转换后每个对象数组都具有下列属性：

data：输入数据，输入数据数组中的对应元素。

value：弧的数值。

index：基于零的弧线分类指数。

startAngle：弧的起始角。

endAngle：弧的终止角。

padAngle：弧之间的间距角度。

（三）起止角度转换为SVG的路径参数

绘制采用弧生成器，前面已经讨论过，弧生成器仍然不是绘制，而是转换数据。指定弧的内径和外径，将弧生成器arc = d3.arc()返回的结果赋值给arc，它具有弧的属性和方法，把piedata作为参数传入，即得到<path>的路径参数。

此例中，使用了D3的有10种色彩的主题配色color = d3.schemeCategory10，为饼图添加绚丽的色彩，返回的color是一个数组。

（四）绘制图形

在SVG中添加图形元素<path>，真正的绘制才算开始。先在<svg>里添加与数据相同的组元素<g>，每一个<g>用于存放一段弧的相关元素，本例中转换后的数据piedata生成7个数据对象，因此生成7个具有相同属性的<g>元素，即如下的代码片段：

```
var arcs = svg.selectAll("g")
              .data(piedata)
              .enter()
              .append("g")
              .attr("transform","translate("+ (width/2) +","+ (height/2) +")");
```

然后对每个<g>元素，添加<path>。因为arcs同时选择了7个<g>元素的选择集，所以调用append(“path”)后，每个<g>中都有<path>，<path>的数据属性“d”，通过无名函数逐一绑定arc(d)参数。

```
arcs.append("path")//每个g元素添加path元素，用g的数据d生成路径
              .attr("fill",function(d,i){
                  return color[i];
              })
              .attr("d",function(d){
                  return arc(d);//将角度转为弧度（d3使用弧度绘制）
              });
```

（五）添加文字和修饰

在每一个弧线中心添加相应数值。这部分代码片段如下：

```
        arcs.append("text")
            .attr("transform",function(d){
```

```
            var x = arc.centroid(d)[0] * 1.1;
            var y = arc.centroid(d)[1] * 1.1;
            return "translate(" + x + "," + y + ")";
        })
        .attr("text-anchor","middle")
        .attr("font-size",function(d) {
            return d.data[1] + "px";
        })
        .text(function(d){
            return d.value + "%";
        })
        .on("mouseover",function(d,i){
                d3.select(this)
                .attr("font-size",24);
        })
        .on("mouseout",function(d,i){
                d3.select(this)
                .attr("font-size",function(d) {
                    return d.value + "px";
                });
        });
    //添加连接弧外文字的直线元素
    arcs.append("line")
        .attr("stroke","black")
        .attr("x1",function(d){ return arc.centroid(d)[0] * 2; })
        .attr("y1",function(d){ return arc.centroid(d)[1] * 2; })
        .attr("x2",function(d){ return arc.centroid(d)[0] * 2.2; })
        .attr("y2",function(d){ return arc.centroid(d)[1] * 2.2; });
    //添加弧外的文字元素
    arcs.append("text")
            .attr("transform",function(d){
                var x = arc.centroid(d)[0] * 2.5;
                var y = arc.centroid(d)[1] * 2.5;
                return "translate("+ x + "," + y + ")";
            })
            .attr("text-anchor","middle")
            .attr("font-size",12)
            .text(function(d){
             return d.data[0];
            });
```

注意在写程序的过程中务必循序渐进地去修饰，不要复制粘贴代码，而是从最基本的添加文字开始，逐步修饰调整。

其中，arc.centroid(d) 能计算弧线的中心，该方法返回一个数组 [x,y]，分别表示弧区域中心的x和y坐标。要注意，弧的中心是相对于圆心的。使用"arc.centroid(d) * a"可以得到圆心和弧中心所在直线上的任意点，a为一个系数，最大取值为2，表示弧边缘的中心坐标。

本例的弧区域字体大小与数据相关，并添加了鼠标交互事件，在鼠标移动到较小字体上时，会相应地放大该字体，如图4-6所示。其中text()返回的是d.value，而不是d。被绑定的数据是对象，包含d.startAngle、d.endAngle、d.value等，其中d.value才是值访问器获取到的值，当然，也可以使用d.data[1]获得数值。

最后，为每一段弧添加对应的浏览器名称，程序运行结果见图4-6。本例完整代码见CH4/D3PieOK.htm。

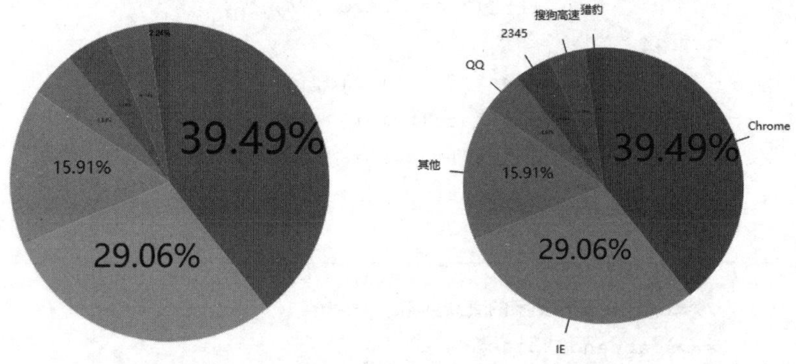

图 4-6　添加鼠标交互后的饼图和最后的饼图效果

在JSBin上运行图4-7所示的结果。

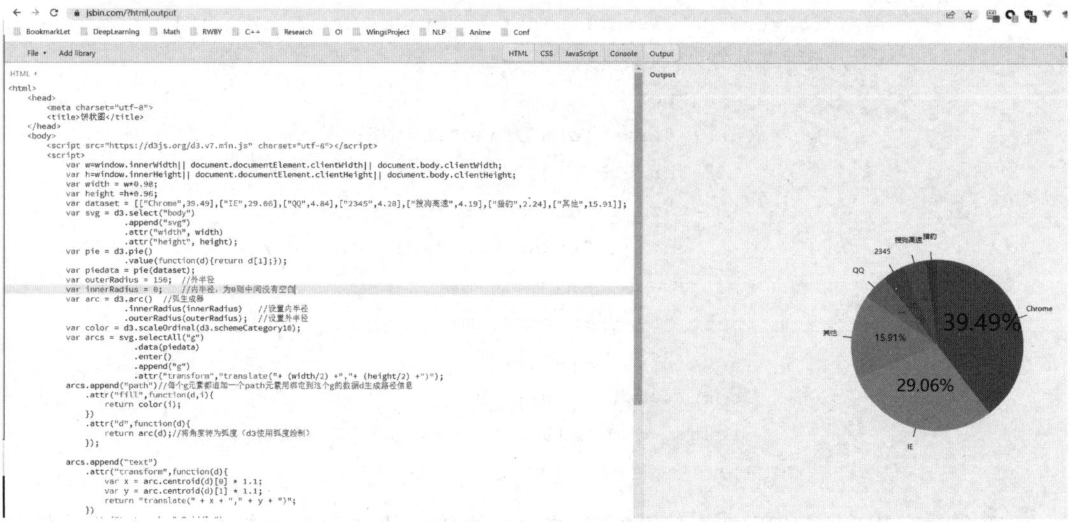

图 4-7　JSBin 上饼图的运行结果

四、D3环图

D3绘制环图比较简单，在饼图上增加内半径即可。在上节绘制饼图的代码中，更改内半径即可绘制出环图，如图4-8所示。

```
var outerRadius = 150;      //外半径
var innerRadius = 100;      //内半径
```

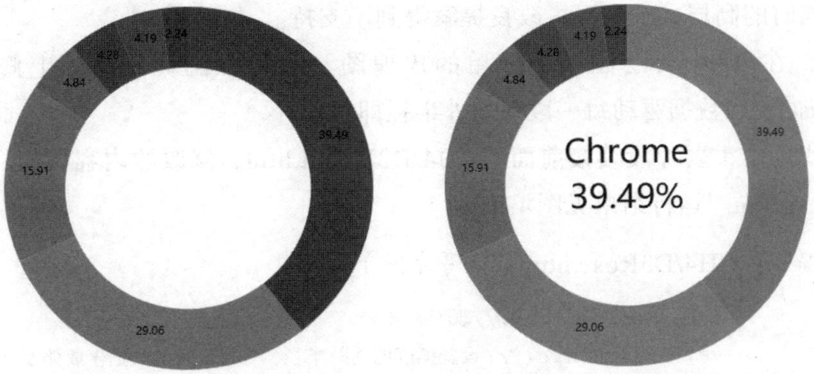

图4-8　D3环图

字体显示添加鼠标交互事件，利用中间空白区显示数据信息，如图4-8右图所示，参见附书代码CH4/D3Donut.htm。

五、D3玫瑰图

玫瑰图，也称南丁格尔玫瑰图，如图4-9所示。南丁格尔玫瑰图，有着一段敬畏生命且意义深远的历史。

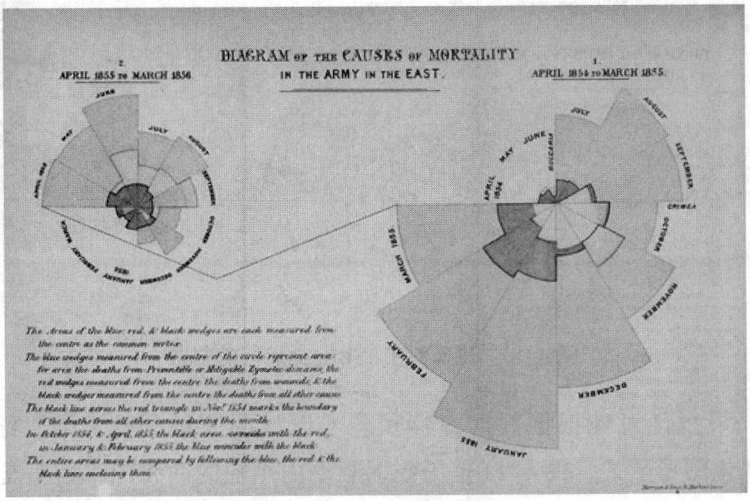

图4-9　南丁格尔玫瑰图

19世纪50年代，英国、法国、土耳其和俄国之间爆发了克里米亚战争，英国的战地战士死亡率高达42%。护士弗罗伦斯·南丁格尔主动申请，率领38名护士抵达前线，在战地医院服务。在她和护士们认真负责的护理下，仅半年时间，伤病员的死亡率就下降到2.2%。战争结束后，南丁格尔回到英国，被人们推崇为民族英雄。由于担心资料统计的结果可能会不受人重视，她发明了一种色彩缤纷、层次不一的图表形式，让数据能够更好地给人们留下深刻的印象，这种图表被称作“南丁格尔的玫瑰”。她的方法打动了当时的高层，于是医事改良提案得到了支持。

其实，在D3中要绘制一个简单的玫瑰图，可以在圆环的基础上修改外半径outerRadius()，用数据驱动每一段弧的外半径即可。

示例代码中重要片段续接前面的CH4/D3Donut.htm，修改的内容见如下代码片段CH4/D3Rose.htm。运行结果见图4–10。

程序编号：CH4/D3Rose.htm（代码片段）

```
innerRadius = 50;//圆环内半径
var arc=d3.arc()//设置弧度的内外半径，等待传入的数据生成弧度
    .innerRadius(innerRadius)
    .outerRadius(function (d) {
        var value=d.value;
        return value*5+ innerRadius;
    });
```

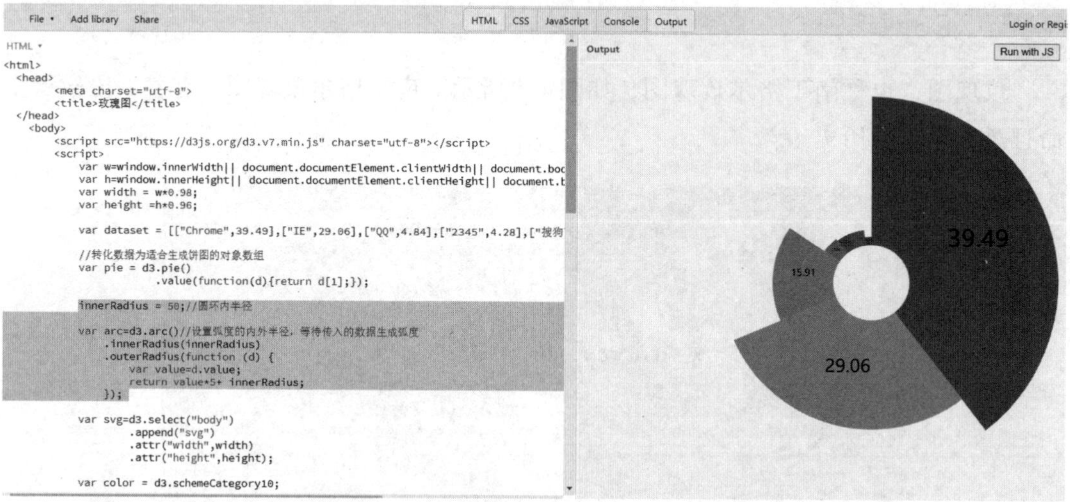

图4–10 玫瑰图在JSBin上运行的结果

实际上，可以随意地根据数据内容和艺术设计的原理调整参数，绘制一些变换的、新的可视化图形形式。图4–11是用数据驱动内半径的两张图，这正是D3的灵活性所在。

程序编号：CH4/D3Rose+.htm（代码片段）

```
innerRadius = 50;//圆环内半径
            outerRadius=200
            var arc=d3.arc()//设置弧度的内外半径，等待传入的数据生成弧度
                .innerRadius(function (d) {
                    var value=d.value;
                    return value*4;
                })
                .outerRadius(outerRadius);
innerRadius = 50;//圆环内半径
            outerRadius=200
            var arc=d3.arc()//设置弧度的内外半径，等待传入的数据生成弧度
                .innerRadius(function (d) {
                    var value=d.value;
                    return 200-value*4;
                })
                .outerRadius(outerRadius);
```

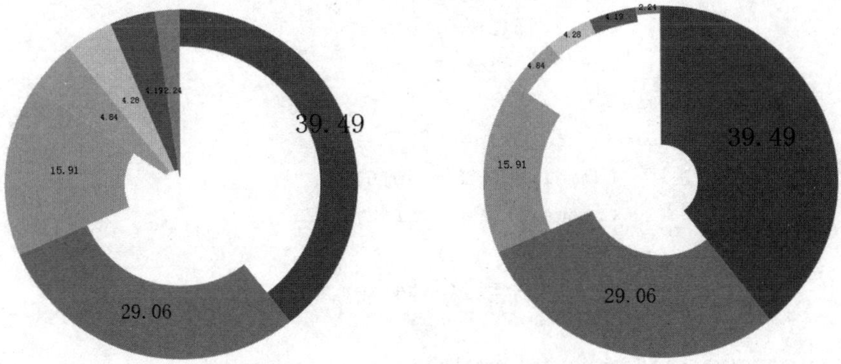

图 4-11　内径参数不同的变形玫瑰图

从美观角度来看，默认饼图与认知一致，先不排序，但可以交互后排序。实际上如果不用d3.pie()计算起止角度，那么可以用如下的程序计算起止角度，即先计算各个部分的百分比，折换成占用360度中占多少度，得到起止角度。当然绘制还是用了d3.arc()，将角度换算成path的值。

程序编号：CH4/ruyiPie.htm（代码片段）

```
  <body>
    <script src="..\d3.v7.js" charset="utf-8"></script>
    <script>
       var
w=(window.innerWidth||document.documentElement.clientWidth||document.
```

```
body.clientWidth)*0.98;
        var
h=(window.innerHeight||document.documentElement.clientHeight||document.body.
clientHeight)*0.9;
          var color = d3.schemeCategory10;
          var data =
[["Chrome",39.49],["IE",29.06],["QQ",4.84],["2345",4.28],["搜狗高速",4.19],["猎豹",2.24],
["其他",15.91]];
        var degree=new Array(data.length);
        for (var i=0;i<data.length ;i++)
        {
        degree[i]=data[i][1];
        if (i>0)
        {
            degree[i]=degree[i-1]+degree[i];
        }
        }
        var svg = d3.select("body")
                        .append("svg")
                        .attr("width", w)
                        .attr("height", h);
          //如艺原始Pie算法
          var arcdata=d3.scaleLinear()
                        .domain([0,degree[6]])
                        .range([0,Math.PI*2]);

          var datadegree=new Array(data.length);

          for(var i=0;i<data.length;i++){
             if (i==0)
             {
      datadegree[i]={startAngle:0,endAngle:arcdata(degree[i])}
             }
             else{
      datadegree[i]={startAngle:arcdata(degree[i-1]),endAngle:arcdata
(degree[i])}
             }
          }
          var arcsdata=d3.arc()
                        .innerRadius(100)
                        .outerRadius(300);
          var arc=svg.selectAll("path")
```

```
                    .data(datadegree)
                    .enter()
                    .append("path")
                    .attr("d",function(d){
                        return arcsdata(d);
                     })
                    .attr("fill",function(d,i){
                        return color[i%10];
                     })
                    .attr("stroke","black")
                    .attr("transform","translate("+w/2+","+h/2+")");

</script>
</body>
```

运行结果仍是一个饼图。

第三节　弦图

一、弦生成器

弦是根据两段弧生成的一种可视化的基本图形。实际上，D3的弦生成器类似于前面的弧生成器，要求的数据为两段弧。

先看绘制一段弦的例子，代码BasicChord.htm中的数据dataset是两段弧的数据。为了清楚地显示它是两段弧，程序中特意也绘制了弧的整个圆形。用弦生成器创建一个对象chord = ribbon()，这个chord具有弦的属性和方法，把dataset传入，对应与弧数据dataset的一组<path>的参数，用于绘图。同样的道理，d3.ribbon()只是把描述弦的两个弧的数据生成了弦的坐标数据。

程序编号：CH4/BasicChord.htm

```
<html>
  <head>
        <title>弦生成器</title>
  </head>
  <body>
    <script src="d3.v7.min.js" charset="utf-8"></script>
    <script>
        var w=window.innerWidth|| document.documentElement.clientWidth||
```

```
document.body.clientWidth;
        var h=window.innerHeight|| document.documentElement.clientHeight||
document.body.clientHeight;
        var width = w*0.98;
        var height =h*0.96;
        var svg = d3.select("body")          //选择<body>
                    .append("svg")           //在<body>中添加<svg>
                    .attr("width", width)    //设定<svg>的宽度属性
                    .attr("height", height);//设定<svg>的高度属性
        var dataset = { source:{ startAngle: 0.2 , endAngle: Math.PI * 0.3 , radius:
200 },target:{ startAngle: Math.PI * 1.0 , endAngle: Math.PI * 1.6 , radius:100 }};
        //创建一个弦生成器
        var chord = d3.ribbon();
        //添加路径
        svg.append("path")
            .attr("d",chord(dataset)  )
            .attr("transform","translate("+width/2+","+height/2+")")
            .attr("fill","yellow")
            .attr("stroke","black")
            .attr("stroke-width",3);
        svg.append("circle")
            .attr("r",100)
            .attr("transform","translate("+width/2+","+height/2+")")
            .attr("fill","none")
            .attr("stroke","blue")
            .attr("stroke-width",1);
        svg.append("circle")
            .attr("r",200)
            .attr("transform","translate("+width/2+","+height/2+")")
            .attr("fill","none")
            .attr("stroke","blue")
            .attr("stroke-width",1);
    </script>
  </body>
</html>
```

为了清楚起见，下面列出了dataset的值和经过d3.ribbon()转换后的<path>的值。

```
dataset = { source:{ startAngle: 0.2 , endAngle: Math.PI * 0.3 , radius:
200 },target:{ startAngle: Math.PI * 1.0 , endAngle: Math.PI * 1.6 , radius:100 }};
<path d="M39.73386615901225,-196.01331556824832A200,200 0 0,1
161.80339887498948,-117.55705045849463Q 0,0 6.123233995736766e-15,100A100,100 0 0,1
```

```
-95.10565162951536,-30.901699437494727Q 0,0
39.73386615901225,-196.01331556824832Z"
transform="translate(940.8,444.47999999999996)" fill="yellow" stroke="black"
stroke-width="3"></path>
```

程序在JSBin中的运行结果如图4-12所示。

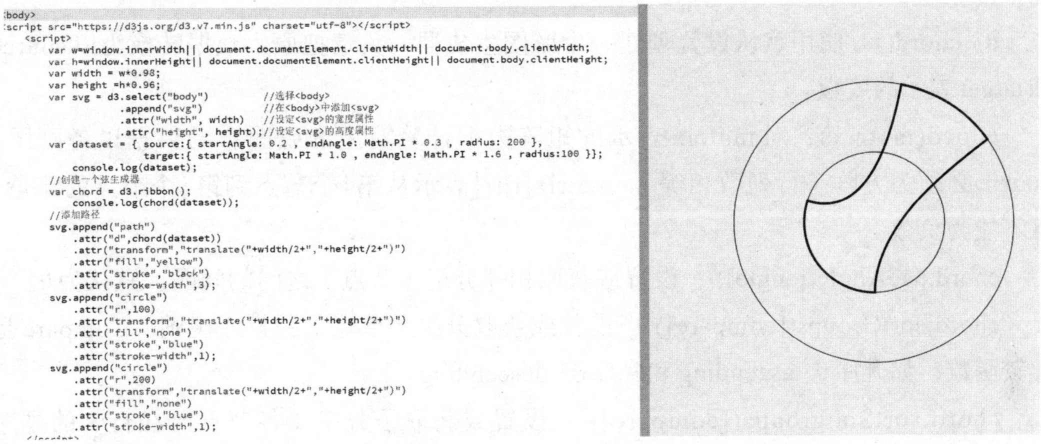

图 4-12　D3弦生成器

二、弦图概述

弦图主要用于表达数据之间的交叉数量关系，如图4-13所示。其源数据为一个方阵（行列数相等，N*N），弦图由两部分组成：外部的节点和内部的弦。弦图表达一组数据之间的相互占比关系，如五大洲人口中来自其他洲的人口分布、一组上市公司之间的相互持股比例关系、影视公司之间的合作投资关系等。

弦图中各部分的含义如图4-13所示。元素自身的弦，即矩阵中(C,C)在弦图中的表示如右图所示。关于弦图的更多内容可以访问http://circos.ca/guide/tables/网站。

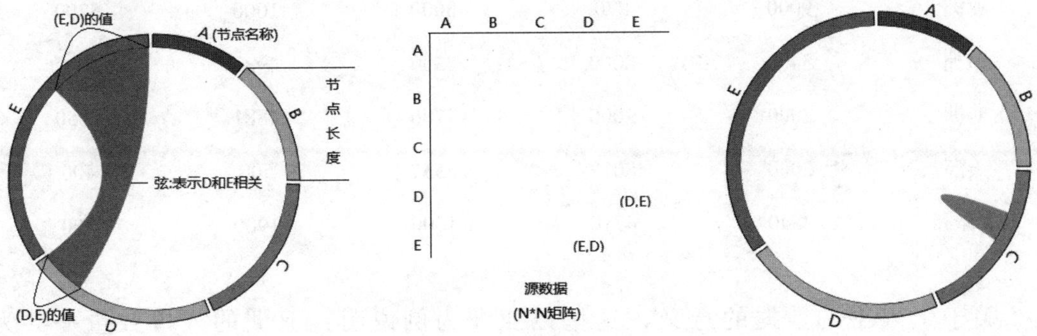

图 4-13　弦图各部分含义

从图4–13的分解可以看出，完整的弦图=一组弦（d3.ribbon）+一组弧（d3.arc）。

三、D3的弦图API

D3中弦图的绘制同样是基于SVG中的<path>路径标签。弦图（chord）的API如下：

d3.chord()：使用默认设置创建一个弦图生成器。负责把原生数据转换为以source和target表示的度数。

chord(matrix)：对matrix表示的矩阵数据计算对应的弦图布局数据以备画图，matrix必须为方阵（行列数相等）。matrix[i][j]表示从第i个节点到第j个节点的流量，且不能为负数。

chord.padAngle([angle])：设置或获取相邻分组（节点）之间的间隔，默认为0。

chord.sortGroups([compare])：设置或获取分组（节点）的排序规则。Compare是比较函数，如升序d3.ascending和降序d3.descending。

chord.sortSubgroups([compare])：设置或获取子分组（各节点所在行）的排序规则。

chord.sortChords([compare])：设置或获取弦的排序规则。

四、弦图的实例

通过一个具体的弦图可视化来说明d3弦图的绘制。

（一）数据准备

表4–2 五大洲人口组成表

	亚洲	欧洲	非洲	美洲	大洋洲
亚洲	9000	870	3000	1000	5200
欧洲	3400	8000	2300	4922	374
非洲	2000	2000	7700	4881	1050
美洲	3000	8012	5531	500	400
大洋洲	3540	4310	1500	1900	300

关于上表中的数据的意义，这里以亚洲为例说明：亚洲的人口数量一共为（9000+870+3000+1000+5200）人，其中，9000指本地人，870人来自欧洲，3000人来自非洲，1000人来自美洲，5200人来自大洋洲。

整理数据后，设置一个洲名变量和一个人口二维数组。

```
var continent = [ "亚洲" , "欧洲" , "非洲" , "美洲" , "大洋洲"  ];
var population = [
  [ 9000,  870   , 3000  , 1000 , 5200 ],
  [ 3400,  8000  , 2300  , 4922 , 374  ],
  [ 2000,  2000  , 7700  , 4881 , 1050 ],
  [ 3000,  8012  , 5531  , 500  , 400  ],
  [ 3540,  4310  , 1500  , 1900 , 300 ]
];
```

（二）创建弦生成器

创建弦图生成器。各节点之间间隔设为0.03，节点所在行数据按升序排序。

```
var chord = d3.chord()
              .padAngle(0.03)
              .sortSubgroups(d3.ascending);
```

（三）绘制并绑定数据

在SVG中添加分组元素<g>，分别用来装节点和弦，绑定计算后的弦图布局数据以备画图。

datum([value])：对选择集中每一个元素都绑定相同的数据value。在这里，对每一个分组元素<g>（共两个，一个用来装节点，一个用来装弦）绑定转换后的弦图布局数据。

弦图的所有节点添加在gOuter里，所有弦添加在gInner里。

```
//弦图的<g>元素
          var gChord = svg.append("g")
                .attr("transform","translate(" + width/2 + "," + height/2 + ")")
                .datum(chord(population));
//节点的<g>元素
          var gOuter = gChord.append("g");
//弦的<g>元素
          var gInner = gChord.append("g");
```

（四）绘制节点元素

需要创建一个弧生成器，并为其设定内半径和外半径。

（五）添加路径，绘制代表节点的弧

在gOuter里添加路径元素path，绑定节点数组，路径值使用弧生成器arcOuter计算。代码如下：

```
gOuter.selectAll(".outerPath")
                .data(function(chords) {
                    console.log(chords.groups);
                    return chords.groups;      //绑定节点数组
                })
                .enter()
                .append("path")
                .attr("class","outerPath")
                .style("fill", function(d) { return color20(d.index); })
                .attr("d", arcOuter );
```

对绑定的节点数据输出，如图4-14所示，可以看到每个节点包含如下属性：

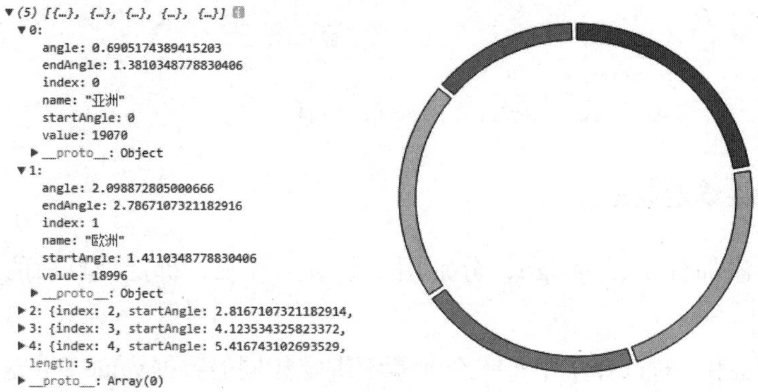

图4-14　节点数组与绘制节点

startAngle：起始角度。

endAngle：终止角度。

value：从节点i出去的总量。

index：节点索引i。

只有节点绘制的圆环看起来信息不足，需要为每段弧添加文字。代码如下：

```
gOuter.selectAll(".outerText")
                .data(function(chords) {
                    return chords.groups;
                })
                .enter()
                .append("text")
                .each( function(d,i) {      //为被绑定的数据添加变量
                    d.angle = (d.startAngle + d.endAngle)/2;      //弧的中心角度
                    d.name = continent[i];      //节点名称
                })
```

```
.attr("class","outerText")
.attr("dy",".35em")
.attr("transform", function(d){     //设定平移属性的值

    //先旋转d.angle(将该值转换为角度)
    var result = "rotate(" + ( d.angle * 180 / Math.PI ) + ")";

    //平移到外半径之外
    result += "translate(0,"+ -1.0 * ( outerRadius + 10 ) +")" ;

    //对于弦图下方的文字，翻转180度(防止其是倒着的)
    if( d.angle > Math.PI * 3 / 4 &&  d.angle < Math.PI * 5 / 4 )
        result += "rotate(180)";

        return result;
})
.text(function(d){
    return d.name;
});
```

其中，each()对选择集中的元素都调用其参数的function(d,i)函数，给被绑定的数据添加两个变量(d.angle和d.name)。

(六)绘制内部的弦

创建一个弦生成器，并设置半径。在gInner的分组元素中添加路径元素<path>，再使用弦生成器计算弦的路径。

```
var arcInner =  d3.ribbon()
                .radius(innerRadius);
        gInner.selectAll(".innerPath")
            .data(function(chords) {
                console.log(chords);
                return chords;
            })
            .enter()
            .append("path")
            .attr("class","innerPath")
            .attr("d", arcInner )
            .style("fill", function(d) { return color[d.source.index%10]; });
```

输出绑定的弦数组，每一段弦都有source和target对象，如图4-15所示，分别包含以下属性：

startAngle：起始角度。

endAngle：终止角度。

value：matrix[i][j] 的值。

index：索引 i。

subindex：索引 j。

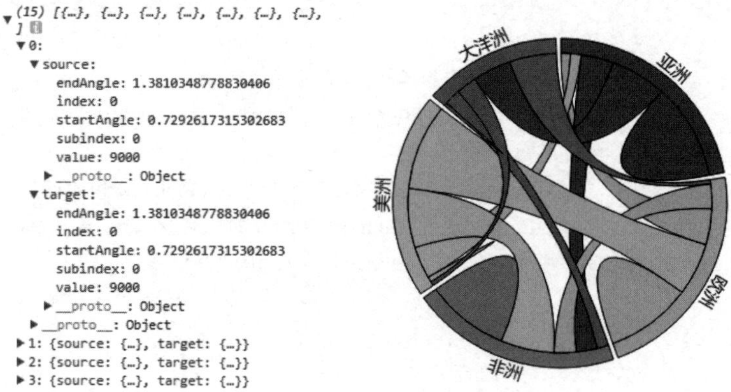

图 4–15　弦的数组和完成的弦图

（七）添加交互

最终的弦图如4–15所示，其内部的弦错综复杂，不能明显地呈现出两个节点之间的联系，下面添加交互，当鼠标移动到节点对应弧上时，显示与此节点相关的弦，其余的弦都“隐身”。代码如下：

```
gOuter.selectAll(".outerPath")
                .on("mouseover",fade(0.0))          //鼠标放到节点上
                .on("mouseout",fade(1.0));          //鼠标从节点上移开

            function fade(opacity){
                //返回一个function(g, i)
                return function(g,i){
                        gInner.selectAll(".innerPath")  //选择所有的弦
                            .filter( function(d)  {   //过滤器
                              //没有连接到鼠标所在节点的弦才能通过
                              return d.source.index != i && d.target.index != i;
                            })
                            .transition()    //过渡
                            .style("opacity", opacity); //透明度
                }
            }
```

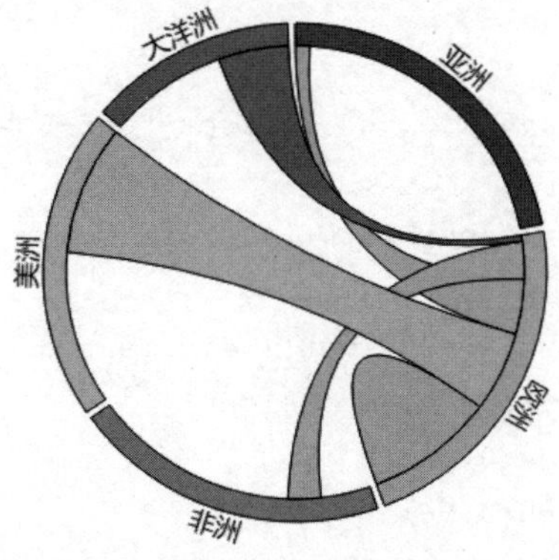

图 4–16　添加鼠标事件的弦图效果

完整的代码见 D3Chord.htm，JSBin 中的运行结果见图 4–17。

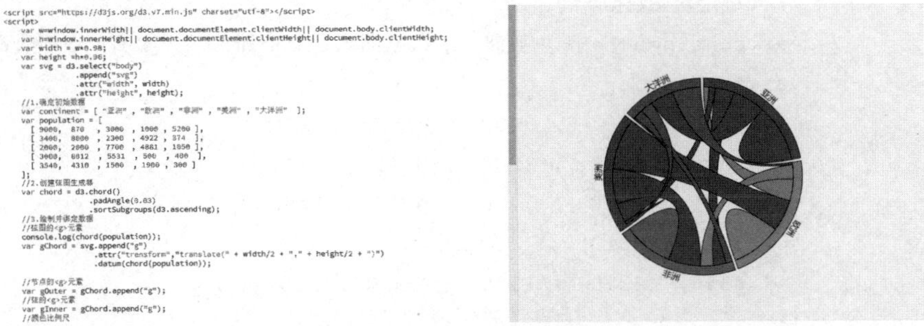

图 4–17　弦图在 JSbin 中的完成效果

程序编号：CH4/D3Chord.htm

```
<html>
  <head>
      <meta charset="utf-8">
      <title>交互式弦图</title>
      <style>
          .outerPath{
            stroke: black;
          }
          .outerText{
            text-anchor: middle;
            font-size: 16;
          }
          .innerPath{
            stroke: black;
          }
      </style>
```

```
</head>
<body>
    <script src="d3.v7.min.js" charset="utf-8"></script>
    <script>
        var w=window.innerWidth|| document.documentElement.clientWidth||
document.body.clientWidth;
        var h=window.innerHeight|| document.documentElement.
clientHeight|| document.body.clientHeight;
        var width = w*0.98;
        var height =h*0.96;
        var svg = d3.select("body")
                    .append("svg")
                    .attr("width", width)
                    .attr("height", height);
        //1.确定初始数据
        var continent = [ "亚洲" , "欧洲" , "非洲" , "美洲" , "大洋洲"  ];
        var population = [
          [ 9000,  870   , 3000  , 1000 , 5200 ],
          [ 3400,  8000  , 2300  , 4922 , 374  ],
          [ 2000,  2000  , 7700  , 4881 , 1050 ],
          [ 3000,  8012  , 5531  , 500  , 400  ],
          [ 3540,  4310  , 1500  , 1900 , 300 ]
        ];
        //2.创建弦图生成器
        var chord = d3.chord()
                      .padAngle(0.03)
                      .sortSubgroups(d3.ascending);
        //3.绘制并绑定数据
        //弦图的<g>元素
        var gChord = svg.append("g")
                      .attr("transform","translate(" + width/2 + "," +
height/2 + ")")
                      .datum(chord(population));

        //节点的<g>元素
        var gOuter = gChord.append("g");
        //弦的<g>元素
        var gInner = gChord.append("g");
        //颜色比例尺
        var color = d3.schemeCategory10;
```

```
var innerRadius = width/2 * 0.7;
var outerRadius = innerRadius * 1.1;

//弧生成器
var arcOuter =  d3.arc()
            .innerRadius(innerRadius)
            .outerRadius(outerRadius);

gOuter.selectAll(".outerPath")
    .data(function(chords) {
        console.log(chords.groups);
        return chords.groups;    //绑定节点数组
    })
    .enter()
    .append("path")
    .attr("class","outerPath")
    .style("fill", function(d) { return color[d.index%10]; })
    .attr("d", arcOuter );

gOuter.selectAll(".outerText")
    .data(function(chords) {
        return chords.groups;
    })
    .enter()
    .append("text")
    .each( function(d,i) {     //为被绑定的数据添加变量
        d.angle = (d.startAngle + d.endAngle)/2;     //弧的中心角度
        d.name = continent[i];     //节点名称
    })
    .attr("class","outerText")
    .attr("dy",".35em")
    .attr("transform", function(d){     //设定平移属性的值

        //先旋转d.angle(将该值转换为角度)
        var result = "rotate(" + ( d.angle * 180 / Math.PI ) + ")";

        //平移到外半径之外
        result += "translate(0,"+ -1.0 * ( outerRadius + 10 ) +")" ;

        //对于弦图下方的文字，翻转180度(防止其是倒着的)
        if( d.angle > Math.PI * 3 / 4 &&  d.angle < Math.PI * 5 / 4 )
            result += "rotate(180)";
```

```
                    return result;
                })
                .text(function(d){
                    return d.name;
                });
            //绘制弦
            var arcInner =  d3.ribbon()
                    .radius(innerRadius);
            gInner.selectAll(".innerPath")
                .data(function(chords) {
                    console.log(chords);
                    return chords;
                })
                .enter()
                .append("path")
                .attr("class","innerPath")
                .attr("d", arcInner )
                .style("fill", function(d) { return color[d.source.index]; });
            //添加鼠标交互
            gOuter.selectAll(".outerPath")
                .on("mouseover",fade(0.0))        //鼠标放到节点上
                .on("mouseout",fade(1.0));        //鼠标从节点上移开

            function fade(opacity){
                //返回一个function(g, i)
                return function(g,i){

                    gInner.selectAll(".innerPath")  //选择所有的弦
                            .filter( function(d) {  //过滤器
                                //没有连接到鼠标所在节点的弦才能通过
                                return d.source.index != i && d.target.index != i;
                            })
                            .transition()   //过渡
                            .style("opacity", opacity); //透明度
                }
            }
        </script>
    </body>
</html>
```

小结

本章将本质上区别不大的饼图、环图和玫瑰图放在一起讨论，它们都是基于SVG的<path>实现的，只是参数不同。弦图是一种弦生成器和弧混合应用的图形，表达数据之间的交叉数量关系。本章重点为理解D3的布局只是数据准备，绘制是基于SVG实现的。

作业

找一组某年的占有率(具有百分比特点)的原生数据,绘制一个饼图、环图和玫瑰图。

CHAPTER 5

第五章 D3比例尺及动画与交互

可视化的原生数据是多维度实数范围数据，而能够实现可视化的区间非常有限，只限于屏幕可见的范围，即便绘图区可以比屏幕大，可以拖动，但最好的视域仍然是无须拖动的全屏时的范围。比例尺将某一区域的值映射到另一区域，而其大小关系不变，展示数据的尺度和关系特征。D3的动画和交互本质上是由CSS和JavaScript完成的，不仅能改善用户体验，而且可以从多维度展示数据，特别是交互，扩展了数据可视化的信息量。本章将讲解D3的d三种比例尺、配色方案、动画和交互。

第一节　D3比例尺

一、比例尺概述

连续比例尺包括：线性比例尺、对数比例尺和指数比例尺。连续比例尺将一个连续的区间映射到另一个区间，输入域为连续区间，映射函数不同。

在比例尺中，输入，即定义域，通常是各种生产系统的原生数据，如中国各省人口数、人均GDP、出生人数等。输出，即值域，通常是可视化坐标区间。

二、线性比例尺

在D3.V7中，d3.scaleLinear()返回一个线性比例尺。domain()和range()分别设定比例尺的定义域和值域，如果没有定义domain()和range()，会得到一个默认比例尺，domain为[0, 1]，range为[0, 1]。

如下代码定义了一个线性比例尺，从图5-1可以看到在JSbin中的运行结果。

程序编号：CH5/ScaleLinear.htm

```
<html>
  <head>
        <title>线性比例尺</title>
  </head>
  <body>
    <script src="../d3.v7.min.js" charset="utf-8"></script>
    <script>
        var x = d3.scaleLinear()
                  .domain([10, 130])
                  .range([0, 960]);
        console.log(x(10));
        console.log(x(100));
        console.log(x(130));
    </script>
   </body>
</html>
```

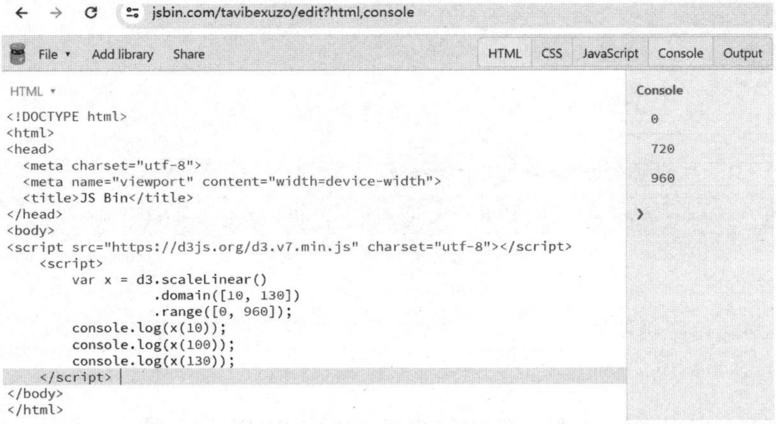

图 5–1　D3.V7 线性比例尺

此例中，x(10) 的结果为 0，x(100) 的结果为 720。

相当于把一个 [10,130] 范围内的数据，映射到 [0,960] 区间。根据（10,0）和（130,960）这两点得出该比例尺的线性函数 y=8*x−80，domain 中的数据都可以得到在 range 中对应的值。

三、对数比例尺

对数比例尺和线性比例尺很类似，其输出范围的 y 值可以表示为 y=m*log(x) +b。对数比例尺中 domain 的值有限制，不能是 0，且必须是严格的正递增或负递减。用

d3.scaleLog()方法构建一个默认域为[1,10]的对数比例尺，默认范围为[0,1]，底数是10。也可以使用base([base])方法来指定底数。

如下代码定义了一个对数比例尺，运行结果见图5–2。

程序编号：CH2/ScaleLog.htm

```
<html>
  <head>
        <title>对数比例尺</title>
  </head>
  <body>
    <script src="../d3.v7.min.js" charset="utf-8"></script>
    <script>
        var x = d3.scaleLog()
                     .domain([1,10000])
                     .range([0,4]);
        console.log(x(10));
        console.log(x(100));
        console.log(x(100));
    </script>
   </body>
</html>
```

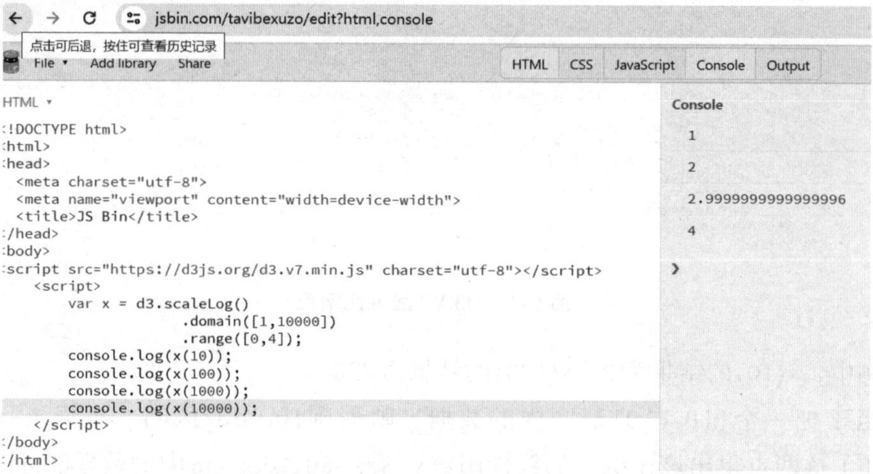

图5–2 D3.V7对数比例尺

其中，x(100)的值经对数比例尺映射为2。

四、指数比例尺

指数比例尺的映射函数为y=m*x^k+b。

在D3中可以用d3.scalePow()方法创建一个默认指数比例尺，默认的domain为[0,1]，range为[0,1]，默认指数为1，可以用exponent(k)指定指数。

```
<html>
  <head>
       <title>指数比例尺</title>
  </head>
  <body>
    <script src="../d3.v7.min.js" charset="utf-8"></script>
    <script>
        var x = d3.scalePow()
                   .exponent(2)    //指数为2
                   .domain([1,5]) //定义域
                   .range([1,25]);//值域
        console.log(x(1));
        console.log(x(3));
        console.log(x(5));
    </script>
   </body>
</html>
```

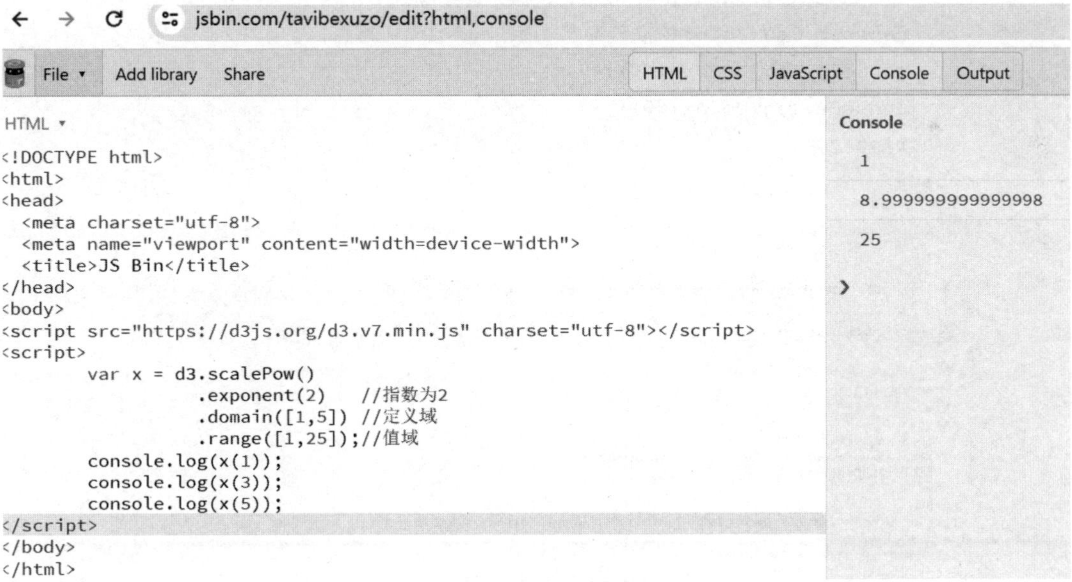

图 5-3　指数比例尺

程序中指定了指数为2，定义域为[1,5]，值域为[1,25]，运行结果即x(3)=9。

第二节　比例尺 API

一、比例尺值域类型

D3输出范围可以是任何类型，例如颜色、字符串或者其他任意对象。

D3中有许多插值器，会自动判断值域的类型，然后调用。如下代码显示了颜色类型的线性比例尺和插值器。

程序编号：CH5/interScale.htm

```
<html>
  <head>
        <title>线性色彩比例尺</title>
  </head>
  <body>
    <script src="../d3.v7.min.js" charset="utf-8"></script>
    <script>
    var color = d3.scaleLinear()
                  .domain([0, 100])
                  .range(["black", "white"]);
        console.log(color(0));
        console.log(color(100);
        console.log(color(50));
    </script>
   </body>
</html>
```

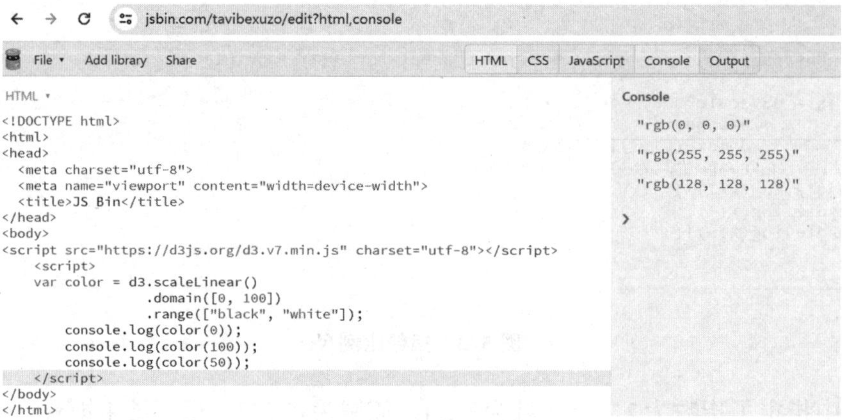

图 5-4　线性色彩比例尺

根据插值和线性比例尺，color(50)的返回结果是rgb(128,128,128)。

二、逆运算

逆运算 invert()方法可根据值域 range 中的值得到对应的定义域 domain 中的值。在 CH5/ScaleLinear.htm 中，x.invert(960)返回值为 130。运行结果见图 5–5。

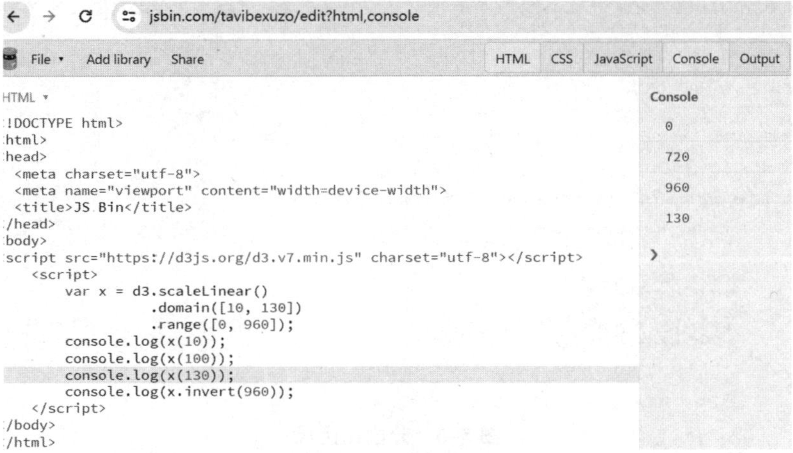

图 5–5　比例尺逆运算

三、分段比例尺

一般来说，domain 和 range 会给两个值来表示起始范围，也可以用多个值来创建一个分段的比例尺，即分段线性、分段指数、分段对数比例尺。下面的程序创建分段线性比例尺，运行结果见图 5–6。

程序编号：CH5/ParaScale.htm

```
<html>
  <head>
      <title>分段线性色彩比例尺</title>
  </head>
  <body>
    <script src="../d3.v7.min.js" charset="utf-8"></script>
    <script>
        var color = d3.scaleLinear()
                      .domain([-1, 0, 1])
                      .range(["red", "white", "green"]);
        console.log(color (-1));
        console.log(color (0));
        console.log(color (1));
        console.log(color (-0.5));
        console.log(color (0.5));
```

```
    </script>
  </body>
</html>
```

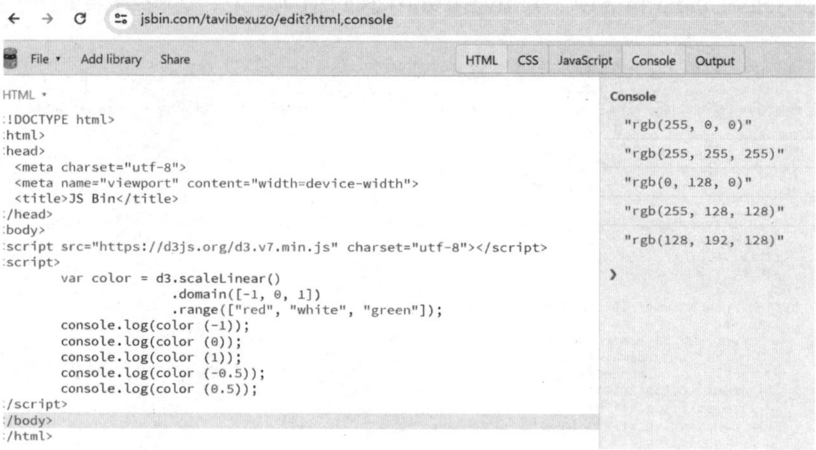

图 5-6　分段比例尺

此处color(-0.5)返回值RGB(255, 128, 128)，color(0.5)返回值RGB(128, 192, 128)，其中，green为RGB(0,128,0)。

四、边界处理

边界控制函数：clamp(bool)。它规定当输入数据超出domain范围或range时如何计算，默认为false，表示根据线性函数输出一个range范围外的值；若设置为true，则返回domain或者range的左值。

优化比例尺定义域函数：nice(count)。此方法返回一个最接近原定义域的且范围为整数或精度较小的浮点数。

刻度指定函数：ticks(n)。它指定了除了最大值和最小值以外最多有多少个刻度，默认为10。

第三节　序数比例尺与D3配色

一、序数比例尺

序数比例尺的输入域是离散的，如一组名称或类别。

构造比例尺函数：d3.scaleOrdinal()。如果指定了输入参数values，设置输入域为指定的values数组，按照顺序一一映射。序数比例尺的输入域是否指定是可选的，但是输出范围必须明确指定。序数比例尺是从定义域到值域逐个映射，当定义域数据个数比值域数据个数多的时候，定义域数据个数对值域数据个数取余后，再次逐个映射。如图5-7所示，因此不难理解o(3)=0，o(4)=100。

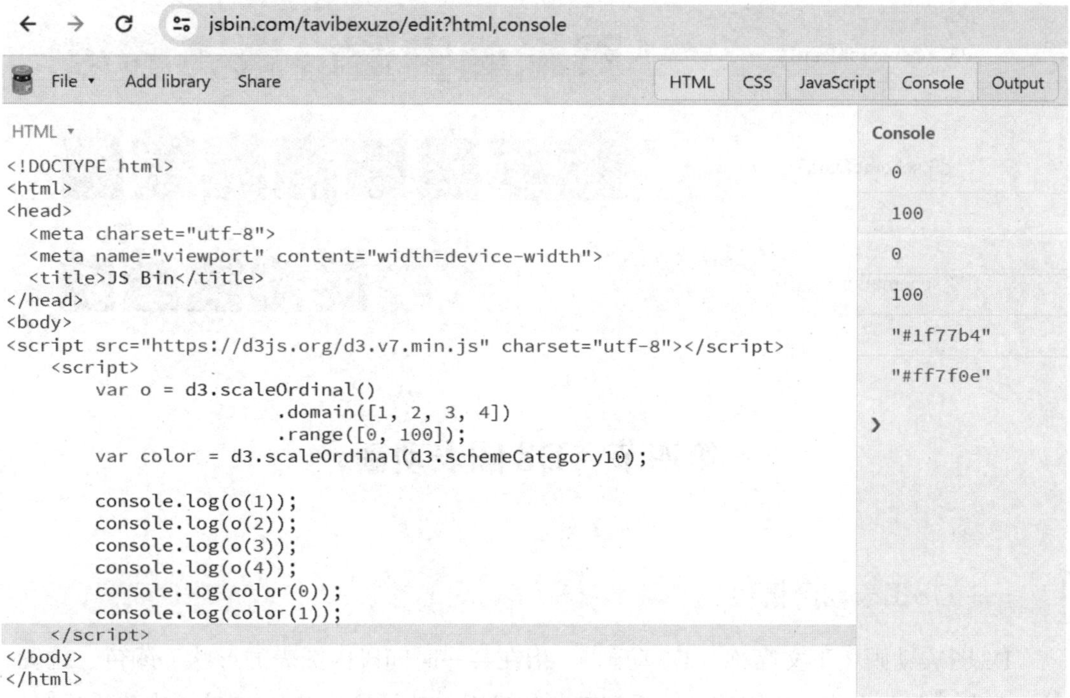

图5-7　序数比例尺

二、D3配色方案

D3的配色采用了序数比例尺。根据序数比例尺的映射规则，如果数据对象多于配色的色彩值，即从第一个色彩开始使用。

由于D3配色的考究，其在一些场合被广泛使用，在前面第三章直方图的绘制中就使用了D3配色。

D3自带的配色方案是经常在实际中使用的方法。作为D3最大的优势和特色之一，D3配色方案不仅省去了调色的时间，还让所有D3的作品色系和风格得到了一定程度的统一。

D3配色构造函数和色彩对应情况见表5-1所示。d3.schemeCategory10返回一个数组，使用表5-1中的10种类型的颜色。此外，d3.schemeTableau10采用了Tableau的配色板。而d3.schemePurples[9]提供了9种渐变的紫色。

表 5-1　D3 配色方案

构造函数	色　彩
d3.schemeCategory10	#1f77b4 #ff7f0e #2ca02c #d62728 #9467bd #8c564b #e377c2 #7f7f7f #bcbd22 #17becf
d3.schemeTableau10	#4e79a7 #f28e2c #e15759 #76b7b2 #59a14f #edc949 #af7aa1 #ff9da7 #9c755f #bab0ab
d3.schemeDark2	#1b9e77 #d95f02 #7570b3 #e7298a #66a61e #e6ab02 #a6761d #666666
d3.schemePurples[9]	#fcfbfd #efedf5 #dadaeb #bcbddc #9e9ac8 #807dba #6a51a3 #54278f #3f007d

第四节　D3 图表动画

一、D3图表动画概述

D3图表动画（下文简称为D3动画），指在某一时间段内图表的形状、颜色、位置、尺寸等发生某种变化，让用户可以看到变化的过程。动画的效果在D3动画中称为过渡。

二、D3动画 API

D3提供了4个方法用于控制、实现图形的过渡：即从状态A变为状态B。

（一）Transition() 方法

它用于启动过渡的效果，需要给出过渡变化前后不同的样式，如形状、位置、颜色、尺寸等。

```
.attr("fill","red")  //初始色彩"red"
.transition()        //过渡
.attr("fill","blue") //终止色彩"blue"
```

D3自动对两种颜色（红色和蓝色）之间的颜色值（RGB值）计算插值，得到过渡颜色值。

（二）Duration()方法

它指定过渡的持续时间，单位为毫秒。如duration(2000)，指持续2000毫秒，即2秒。

（三）Ease()方法

它用于指定的方式，其参数即过渡样式，常用的过渡方式有：
d3.easeLinear：线性变化。
d3.easeCircle：缓慢变换到最终状态。
d3.easeElastic：弹跳变化到最终状态。
d3.easeBounce：在最终状态处弹跳几次。
调用格式：ease(d3.easeBounce)。

（四）Delay()方法

它指定延迟的时间，表示一定时间后才开始变化，单位为毫秒。它可以对整体指定延迟，也可以对个别指定延迟。

三、动画效果实例

下面这个程序即对一个直方图生成的动画效果。程序见CH57/TransitionHist.htm。

程序编号：CH5/TransitionHist.htm

```
<html>
  <head>
        <meta charset="utf-8">
        <title>D3../d3.v7.min.js</title>
  </head>
  <body>
    <script src="../d3.v7.min.js" charset="utf-8"></script>
    <script>
        var
width=(window.innerWidth||document.documentElement.clientWidth||document.
body.clientWidth)*0.98;
        var
height=(window.innerHeight||document.documentElement.clientHeight||document.
body.clientHeight)*0.9;
        var color = d3.schemeCategory10;

        var dataset =new Array(10);
        for (var i=0;i<dataset.length;i++){
```

```
            dataset[i]=height*Math.random();
        }
        var svg = d3.select("body")              //选择<body>
                    .append("svg")               //在<body>中添加<svg>
                    .attr("width", width)        //设定<svg>的宽度属性
                    .attr("height", height);//设定<svg>的高度属性
        //矩形所占的宽度(包括空白),单位为像素
        var rectStep =width/dataset.length;
        //矩形所占的宽度(不包括空白),单位为像素
        var rectWidth =rectStep-10;
        var rect = svg.selectAll("rect")
                        .data(dataset)           //绑定数据
                        .enter()                 //获取enter部分
                        .append("rect") //添加rect元素,使其与绑定数组的长度一致
                        .attr("x", function(d,i){          //设置矩形的x坐标
                           return i * rectStep;
                        })
                        .attr("y", height)
                        .attr("fill",(d,i)=>color[i%10])
                        .attr("width",rectWidth)           //设置矩形的宽度
                        .attr("height",0)
                        .transition()
                        .duration(2000)
                        .ease(d3.easeBounce)
                        .attr("height",d=>d)
                        .attr("y", d=>height-d);
    </script>
  </body>
</html>
```

程序的运行结果见图5-8所示。

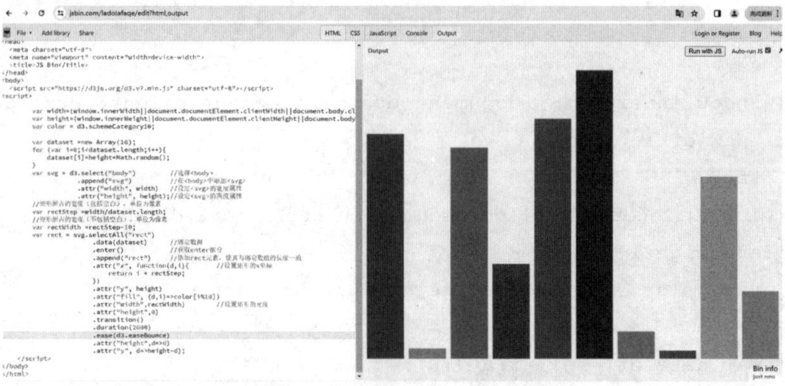

图 5-8　带有生长动画的直方图

第五节 鼠标交互

一、D3图形交互

用户与图表的交互，指在图形元素上设置一个或多个监听器，当事件发生时，做出相应的反应。

对数据可视化来说，交互能使图表更加生动，表现更多内容。例如，拖动某些图形元素、鼠标滑到图形上出现提示框、用触屏放大或缩小图形等。

目前用户交互工具有三种：鼠标、键盘、触屏。

二、响应DOM事件

响应DOM事件是D3.js可视化交互的本质，下面先来介绍DOM事件。

（一）selection.on事件监听操作符

它可以添加或移除选择集中每个DOM元素的事件监听函数：selection.on(type[,listener[,capture]])。

参数type是一个DOM事件类型字符串，指明要监听的事件，如："click" "mouseover""submit"等，可以使用浏览器支持的任何事件类型。

参数capture和listener是可选的。

（二）d3.event：DOM事件对象

D3的事件监听函数在触发时，为简单起见，传入的参数中没有DOM事件对象。但是，在很多应用场景下，需要DOM事件对象，比如，当鼠标点击时，想获取(x,y)坐标，或者判断用户点击的是左键还是右键。D3使用一个全局变量来提供DOM事件对象d3.event。

d3.event仅在监听函数中有效。当事件触发时，D3就将DOM事件对象赋给d3.event，并在监听器处理完之后将其清理。

常用的事件（event）如下：

Click：鼠标单击某元素时，相当于 mousedown 和 mouseup 组合在一起。

Mouseover：鼠标移到某元素上。

Mouseout：鼠标从某元素移开。

Mousemove：鼠标被移动。

Mousedown：鼠标按钮被按下。

Mouseup：鼠标按钮被松开。

Dblclick：鼠标双击。

三、实例操作：鼠标交互直方图动画

通过为直方图添加对话操作和为饼图制作提示框来介绍鼠标交互的实现。

程序编号：CH5/MouseHist.htm

```
<html>
<head>
<meta charset="utf-8">
<title>D3动画-直方图</title>
</head>
<body>
<script src="../d3.v7.min.js" charset="utf-8"></script>
<script>
var width=(window.innerWidth||document.documentElement.clientWidth||document.
body.clientWidth)*0.98;
var height=(window.innerHeight||document.documentElement.clientHeight||document.
body.clientHeight)*0.9;
var color = d3.schemeCategory10;

var dataset =new Array(10);
for (var i=0;i<dataset.length;i++){
dataset[i]=height*Math.random();
}
var svg = d3.select("body")          //选择<body>
            .append("svg")           //在<body>中添加<svg>
            .attr("width", width)    //设定<svg>的宽度属性
            .attr("height", height);//设定<svg>的高度属性
//矩形所占的宽度(包括空白)，单位为像素
var rectStep =width/dataset.length;
//矩形所占的宽度(不包括空白)，单位为像素
var rectWidth =rectStep-10;
var rect = svg.selectAll("rect")
              .data(dataset)        //绑定数据
              .enter()              //获取enter部分
              .append("rect")       //添加rect元素，使其与绑定数组的长度一致
              .attr("x", (d,i)=>(i * rectStep))
.attr("y", (d)=>height-d)
.attr("fill", (d,i)=>color[i%10])
```

```
    .attr("width",rectWidth)          //设置矩形的宽度
    .attr("height",d=>d)
                .on("click",function(d,i){
                        d3.select(this)
                          .attr("fill","green");
                 })
                .on("mouseover",function(d,i){
                        d3.select(this)
                          .attr("fill","yellow");
                 })
                .on("mouseout",function(d,i){
                        d3.select(this)
                          .transition()
                          .duration(500)
                          .attr("fill","red");
                });
    </script>
    </body>
    </html>
```

上面的代码添加了鼠标点击（click）、鼠标移入（mouseover）、鼠标移出（mouseout）三个操作。函数中都调用了 d3.select(this)，表示选择当前的元素，即交互只是对选择的元素进行操作。

为了使鼠标移出元素时产生渐变效果，使用了 transition() 和 duration() 方法。程序运行结果见图 5-9 所示。

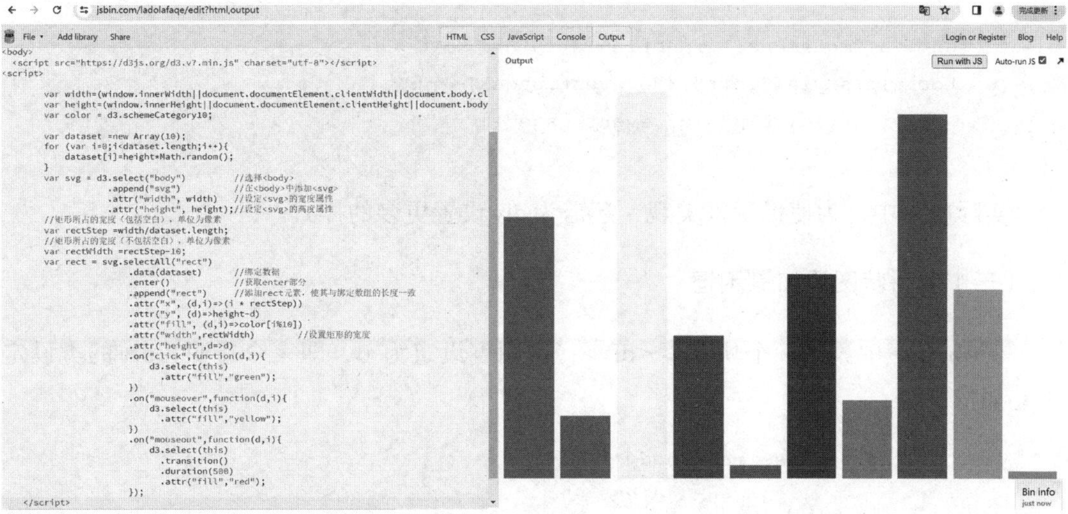

图 5-9　鼠标交互直方图

四、实例操作：鼠标交互提示框

一般来说，图表中不宜存在过多文字。在可视化环境中，常用提示框提供文字描述。当用户鼠标移入某图形元素时，弹出提示框。

（一）提示框分析

提示框，采用SVG的“文字”加“边框”构造。有时字符串过长，<text>元素不能自动换行，虽然可以通过<text>的子元素<tspan>来模拟自动换行的功能，但是比较麻烦。

<text>是SVG的元素。也就是说，<text>是“图形”而非“文字”，与SVG中的<circle>、<line>、<path>等元素本质上是一样的，当输出SVG图形时，<text>也会作为图形的一部分输出。因此，SVG的<text>元素不适合制作提示框。

（二）Div提示框

制作提示框的另一种方法可采用div和CSS。div是HTML的元素，在样式中设定其定位的方法为绝对定位，代码片段如下：

```
.tooltip{
    position: absolute;
    width: 120;
    height: auto;
}
```

当监听到鼠标事件时，用鼠标的坐标为提示框定位即可，代码片段如下：

```
element.on("mouseover",function(d){
    tooltip.style("left",(d3.event.pageX)+"px")
        .style("top",(d3.event.pageY)+"px");
}
```

实际应用中，为使提示框美观，还需为div设置更多的样式。

（三）为饼状图添加提示框

在<body>中添加一个块元素<div>，透明度设定为0，即完全透明，div的类设定为tooltip。

```
var tooltip = d3.select("body")
                .append("div")
                .attr("class","tooltip")
                .style("opacity",0.0);
```

本例完整代码为CH5/TipMousePie.htm。

程序编号：CH5/TipMousePie.htm

```
<html>
   <head>
      <meta charset="utf-8">
      <title>饼状图</title>
      <style>
           .tooltip{
              font-family: simsun;
              font-size: 14px;
              width: 120;
              height: auto;
              position: absolute;
              text-align: center;
              border-style: solid;
              border-width: 1px;
              background-color: white;
              border-radius: 5px;
           }
      </style>
   </head>
   <body>
      <script src="../d3.v7.min.js" charset="utf-8"></script>
      <script>
         var w=window.innerWidth||
document.documentElement.clientWidth||
document.body.clientWidth;
          var h=window.innerHeight||
document.documentElement.clientHeight||
document.body.clientHeight;
          var width = w*0.98;
          var height =h*0.96;
          var dataset =
[["Chrome",39.49],["IE",29.06],["QQ",4.84],["2345",4.28],["搜狗高速",4.19],["猎豹",2.24],
["其他",15.91]];
          var svg = d3.select("body")
                   .append("svg")
                   .attr("width", width)
                   .attr("height", height);
          var pie = d3.pie()
                   .value(function(d){return d[1];});
```

```
        var piedata = pie(dataset);
        var outerRadius = 150;  //外半径
        var innerRadius = 50;   //内半径，为0则中间没有空白
        var arc = d3.arc()  //弧生成器
                  .innerRadius(innerRadius)   //设置内半径
                  .outerRadius(outerRadius);  //设置外半径
        var color = d3.schemeCategory10;
        var arcs = svg.selectAll("g")
                  .data(piedata)
                  .enter()
                  .append("g")
                  .attr("transform","translate("+ (width/2)
+","+ (height/2) +")");
        arcs.append("path")//每个g元素都追加一个path元素用绑定到这个g的数据d生成
路径信息
              .attr("fill",(d,i)=>color[i%10])
              .attr("d",(d)=>arc(d));

          arcs.append("text")
              .attr("transform",function(d){
                 var x = arc.centroid(d)[0] * 1.1;
                 var y = arc.centroid(d)[1] * 1.1;
                 return "translate(" + x + "," + y + ")";
              })
              .attr("text-anchor","middle")
              .attr("font-size",14)
              .text(function(d){
                  return d.value + "%";
              })
              .on("mouseover",function(event,d){
                  if(d.data[1]<10){
                     d3.select(this)
                     .attr("font-size",24);
                  }
              })
              .on("mouseout",function(event,d){
                 if(d.data[1]<10){
                     d3.select(this)
                     .attr("font-size",function(d) {
                        return d.value + "px";
                     });
                 }
```

```
        });
        //添加一个提示框
        var tooltip = d3.select("body")
                        .append("div")
                        .attr("class","tooltip")
                        .style("opacity",0.0);
        arcs.on("mouseover",function(event,d){
         tooltip.html(d.data[0] + "浏览器市场份额" + "<br />" + d.data[1]+"%")
                  .style("left", (event.pageX) + "px")
                  .style("top", (event.pageY + 20) + "px")
                  .style("opacity",1.0);
              d3.select(this)
                .style("cursor","move");
           })
           .on("mousemove",function(event,d){
              tooltip.style("left", (event.pageX) + "px")
                     .style("top", (event.pageY + 20) + "px");
         })
         .on("mouseout",function(d){
            tooltip.style("opacity",0.0);
         });
    </script>
  </body>
</html>
```

在CSS的<style>中定义tooltip样式，并将其定位方式设置为绝对定位，这个非常重要。

为饼状图的各图形元素定制鼠标事件的监听器，其中包括：mouseover、mousemove和mouseout。

在on事件中，第一个参数是事件event，第二个参数是绑定的数据d。event.pageX和 event.pageY 是当前鼠标相对于浏览器页面的坐标，对于绝对定位的<div>元素，其样式left和top也是相对于浏览器页面来说的。赋值的时候，令top的值为d3.event.pageY+20，使提示框显示在鼠标位置下方，以防止鼠标在提示框上移动，不能触发事件。

程序运行在JSBin中的运行结果见图5-10。

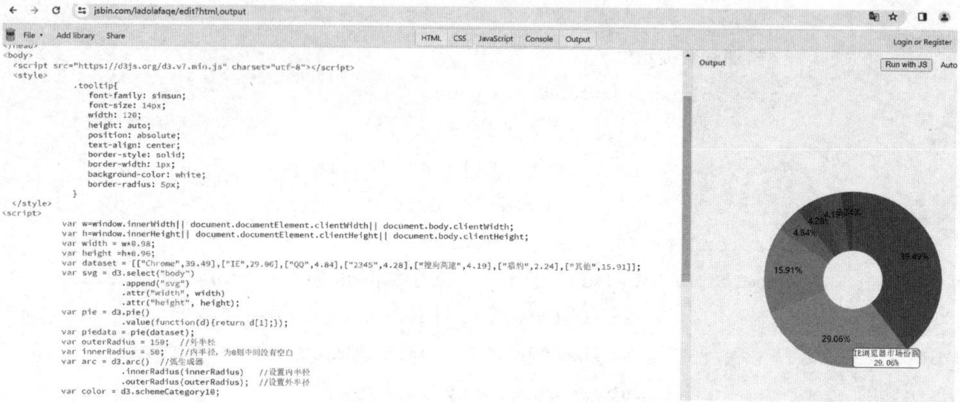

图 5-10　带有提示框的饼图

第六节　键盘交互

鼠标只有三个基本部件：左键，右键以及滚轮。而键盘是由几十个不同的按键组成的一个复杂的输入设备，此外，还有内置的系统按键或者组合按键，比较复杂，然而在数据可视化中，键盘交互不如鼠标交互使用频繁，但键盘交互在游戏中格外重要。

一、键盘事件

在JavaScript中，用户在键盘输入的不同字符对应内部不同的keyCode，程序中使用keyCode实现键盘交互。

键盘常用的事件有三个：

Keydown：当用户按下任意键时触发，按住不放会重复触发此事件。该事件不会区分字母的大小写，例如“A”和“a”被视为一致。

Keypress：当用户按下字符键（大小写字母、数字、加号、等号、回车等）时触发，按住不放会重复触发此事件。该事件区分字母的大小写。

Keyup：当用户释放键时触发，不区分字母的大小写。

二、JavaScript的键盘交互实例

下面给出一个实例说明键盘交互，程序代码CH5/KeyCode.htm，运行结果见图6-4。

程序代码：CH5/KeyCode.htm

```
<html>
<head>
<script src="../d3.v7.min.js" charset="utf-8"></script>
</head>
   <body>
   <h4>请按一下ESC、Enter和Space试试键盘交互……</h4>
      <script type="text/javascript" language=JavaScript charset="UTF-8">
          var width = 500, height = 500;
          var svg = d3.select("body")
                    .append("svg")
                    .attr("width",width)
                    .attr("height",height);
         var circle = svg.append("circle")
                      .attr("cx", 100)
                      .attr("cy", 100)
                      .attr("r", 45)
                      .style("fill","green");
         document.onkeydown=function(event){
 var e=event||window.event||arguments.callee.caller.arguments[0];
                 if(e && e.keyCode==27){ // 按 Esc
                    //todo
                    alert('KeyCode=27（ESC）');
                    circle.style("fill","yellow")
                      }
                     if(e && e.keyCode==32){ // 按 F2
                        //todo
                       alert('KeyCode=32（Space）');
                      }
                     if(e && e.keyCode==13){ // enter 键
                       //todo
                       alert('KeyCode=13（Enter）');
                   }
               };
        </script>
    </body>
</html>
```

程序监听了键盘事件。通过检测用户的输入并获取事件对象，也就是e，然后通过e本身的keyCode属性，根据用户的不同输入执行不同的函数。Esc按键对应的keyCode是27，F2按键对应的keyCode是113，Enter按键对应的keyCode是13。运行结果见图5-11。

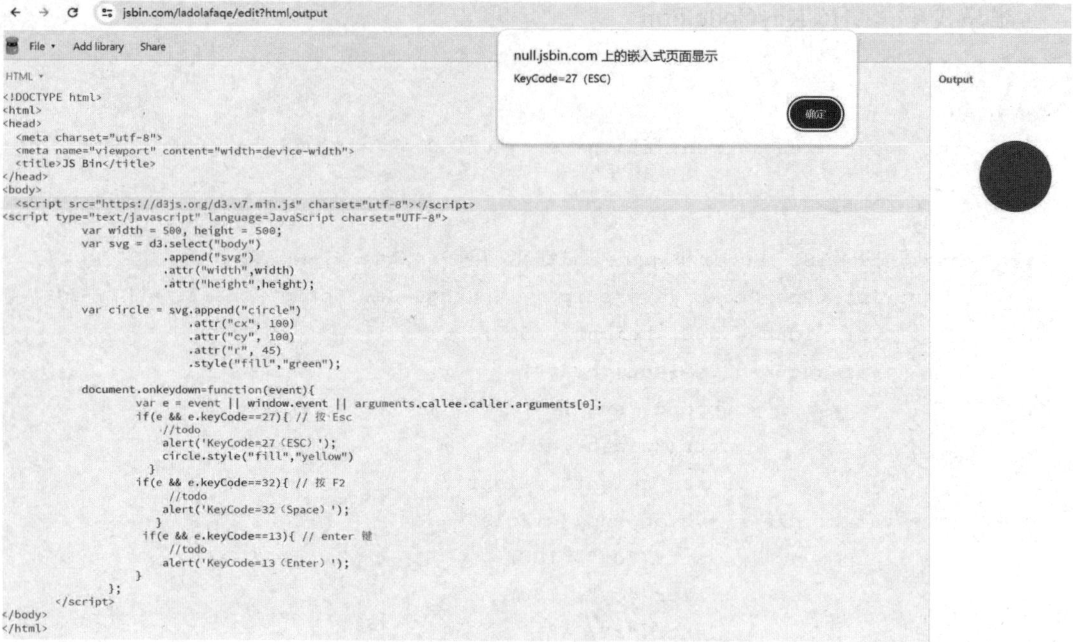

图 5-11　键盘事件在 JSBin 中运行结果

三、直方图键盘交互动画

利用本章第二节的直方图鼠标交互的程序CH5/TransitionHist.htm，修改实现，整个直方图在用户按下任意键时变为黄色，松开时颜色变为蓝色。

选择整个html里面的body标签，定义键盘事件，当用户按下键盘的时候触发keydown事件，当用户松开键盘时触发keyup事件，触发事件后执行svg.selectAll("rect").attr("fill","yellow")语句，更改颜色。

程序代码：CH5/KeyHist.htm(代码片段)

```
d3.select("body").on("keydown",function(){
                        svg.selectAll("rect").attr("fill","yellow");
                 })
                .on("keyup",function(){
                        svg.selectAll("rect").attr("fill","blue");
                });
```

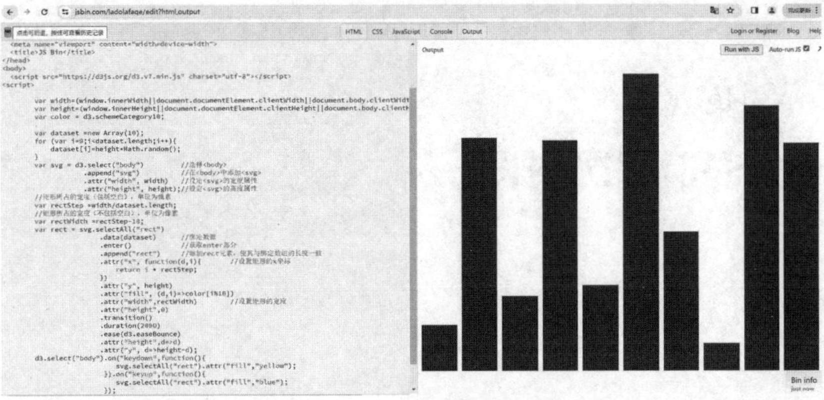

图 5–12　直方图键盘交互动画

小结

本章单独讲解了D3的比例尺和配色，这组API对于开发新的可视化算法很有益，帮助开发者做了很多基本的数据空间转换和调色工作，使其可以更专注于设计图形的布局和信息表达。D3的动画、鼠标交互和键盘交互，可以与后续内容搭配，特别是交互，使可视化传达的信息量增加，对于改善用户体验非常有效。

提示-->>

根据一个超过屏幕尺寸的数组数据，绘制直方图，10—20 条数据，最小的值控制在屏幕高度的 1/10，最大值控制在屏幕高度的 9/10。提示框显示原始数据，添加一个鼠标事件，显示数据的描述。

CHAPTER 6

第六章 D3层次树图

树图类布局用于可视化层次结构数据，比如目录树、行政组织机构树、分类目录等，D3的层次树图依赖于层次数据结构（d3.hierarchy），可视化的形式包括横向树（直角坐标）、纵向树（直角坐标）、圆形树（极坐标），对齐方式分别有叶节点对齐（d3.cluster）和层次对齐（d3.tree）。此外，还有面积矩形表示的TreeMap（d3.treemap）、嵌套圆形表示BubbleTree（d3.pack）、面积弧表示的SunBurst（d3.partition）布局。

第一节　D3直角坐标层次树图

一、D3层次树图概述

树图也可以用第七章的力导向图实现，树图在数据结构上具有连通性，有一个根节点，一共有N个节点的情况下，有N －1条边。

层次树图的网站（treevis.net）总结了300多种树图的布局风格，并列出了相关的文献，参见图6-1，弹框显示2023年最新的空间划分主题的规则螺旋树图Spiral Treemaps。

图6-2是D3官网上层次树图可视化部分，包括面积矩形TreeMap、面积圆形Circle Packing（又称Bubble TreeMap）、基于直角坐标系的Tide Tree和Cluster Dendrogram、基于极坐标的Radial Tide Tree、Radial Dendrogram、Sunburst等。

图 6–1　层次树图网站 TreeVis.net

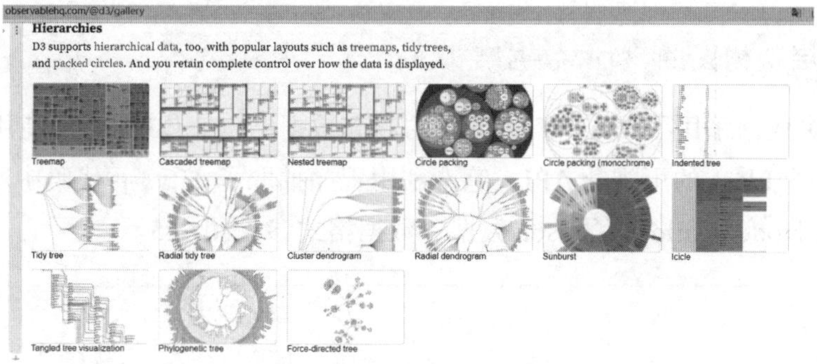

图 6–2　D3 的层次树图布局

图 6-3 和图 6-4 是基于 D3 的一个低代码可视化工具 Vega-Lite，出自华盛顿大学 IDL（Interactive Data Lab）实验室（Jeffery Heer 负责人），从其树图可视化可以明显看出，同一数据通过调参，随意变换布局风格。Vega-Lite 的作者定义它为一个交互图形的高级语法，简洁的声明式 Json 语法，创建用于数据分析和展示的富有表现力的可视化效果。对于写程序的我们来说，还是用 D3 比较方便和灵活。

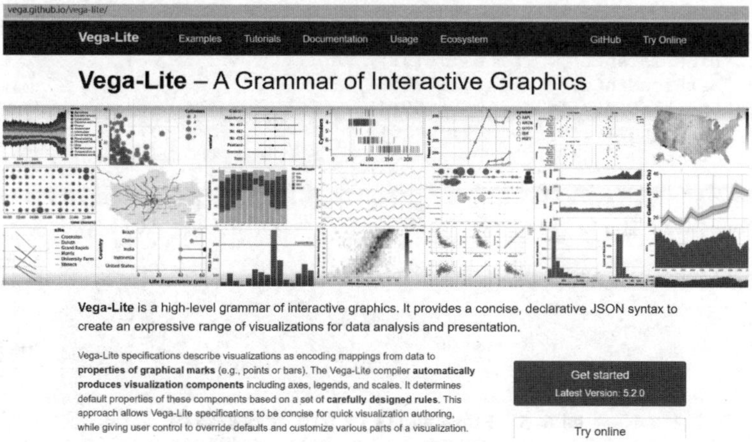

图 6–3　Vega–Lite 的主页

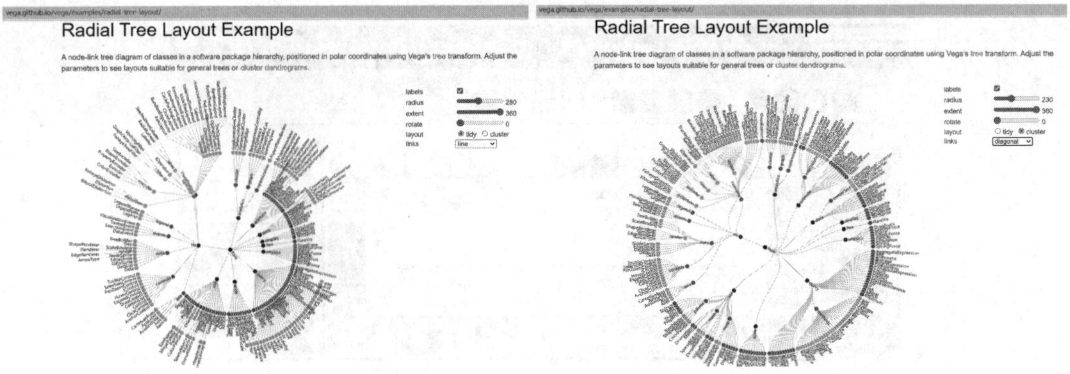

图 6-4　Vega-Lite 中的极坐标层次树图

二、D3层次树图的Json数据结构

D3的层次数据采用了Node-Children的嵌套数据结构。D3的官网使用了flare.json的数据，是一个Flash的可视化API。笔者利用程序抽取了d3.v3.js代码中所有的属性和方法，构造了Node-Children的Json数据。数据格式参见图6-5。

```
{
 "name": "flare",
 "children": [
  {
   "name": "analytics",
   "children": [
    {
     "name": "cluster",
     "children": [
      {"name": "AgglomerativeCluster", "value": 3938},
      {"name": "CommunityStructure", "value": 3812},
      {"name": "HierarchicalCluster", "value": 6714},
      {"name": "MergeEdge", "value": 743}
     ]
    },
    {
     "name": "graph",
     "children": [
      {"name": "BetweennessCentrality", "value": 3534},
      {"name": "LinkDistance", "value": 5731},
      {"name": "MaxFlowMinCut", "value": 7840},
      {"name": "ShortestPaths", "value": 5914},
      {"name": "SpanningTree", "value": 3416}
     ]
    },
    {
     "name": "optimization",
     "children": [
      {"name": "AspectRatioBanker", "value": 7074}
     ]
    }
   ]
  },
```

```
{
  "name": "d3",
  "children": [
    {
      "name": "3.5.17",
      "type": "string",
      "index": "version",
      "value": "3.5.17"
    },
    {
      "name": "ascending",
      "type": "function"
    },
    {
      "name": "descending",
      "type": "function"
    },
    {
      "name": "min",
      "type": "function"
    },
    {
      "name": "max",
      "type": "function"
    },
    {
      "name": "extent",
      "type": "function"
    },
    {
      "name": "sum",
      "type": "function"
    },
    {
      "name": "mean",
      "type": "function"
```

图 6-5　Flare 和 D3.V3 的层次数据结构

三、基于直角坐标系的D3层次树图

下面对d3v3tree.json实现层次树形布局。程序见CH6/TreeVis.htm。

程序编号：CH6/TreeVis.htm

```
<html>
<head>
<meta charset="utf-8">
</head>
<body>
<script src="../d3.v7.js"></script>
<script>
            var
width=(window.innerWidth||document.documentElement.clientWidth||document.
body.clientWidth)*0.96;
        var
height=(window.innerHeight||document.documentElement.clientHeight||document.
body.clientHeight)*0.98;
        var color = d3.schemeCategory10;
        var svg = d3.select("body")             //选择<body>
                 .append("svg")             //在<body>中添加<svg>
                 .attr("width", width)    //设定<svg>的宽度属性
                 .attr("height", height);//设定<svg>的高度属性


        var tree=d3.tree()
                 .size([height,width]);
        d3.json("d3v3tree.json").then(function(data) {

          console.log(data);
          var hi=d3.hierarchy(data);
          console.log(hi);
          var root=tree(hi);
          links=root.links();
          console.log(links);
          nodes=root.descendants();
          console.log(nodes);

         var gc=svg.append("g")
                  .attr("transform","translate(" + (width/20) + "," +
(height/100) + ")");
         var lines=gc.selectAll("path")
                   .data(links)
```

```
                    .enter()
                    .append("path")
                    .attr("fill","none")
                    .attr("stroke","#00f")
                    .attr("d",d3.linkHorizontal()
                              .x(d=>d.y)
                              .y(d=>d.x)
                         );

            })
</script>
</body>
</html>
```

程序中用d3.json("d3v3tree.json").then(function(data){})加载层次数据d3v3tree.json，传递给data变量，打印出来参见表6-1，经过hi=d3.hierarchy(data)生成的数据见表6-1中第二行，对data计算了树结构的深度（depth）和高度（height）；再经过tree=d3.tree()，root=tree(hi)，生成的root数据结构里包含x,y坐标信息，从root里提取出以数组形式存储的links和nodes，以备后续绘制。

表6-1　层次树图的绘制前的数据转换过程

<table>
<tr><td>data</td><td>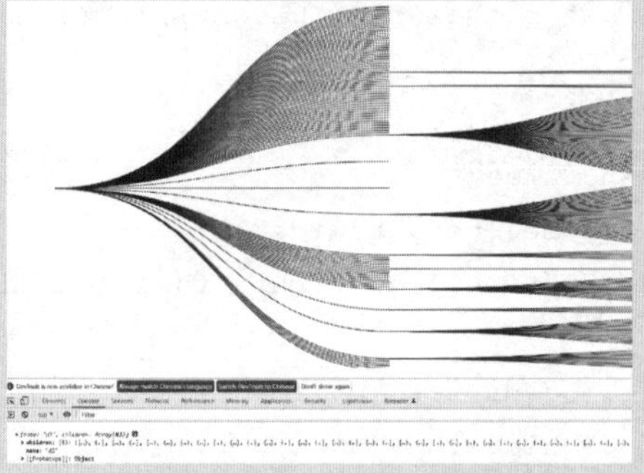</td></tr>
<tr><td>hi</td><td>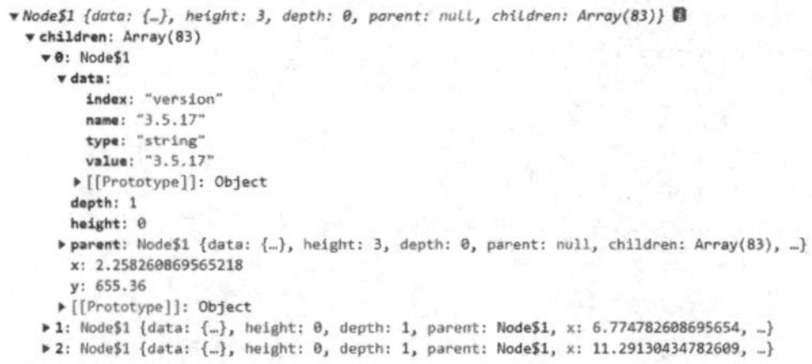
▾Node$1 {data: {…}, height: 3, depth: 0, parent: null, children: Array(83)}
▾children: Array(83)
▾0: Node$1
▾data:
index: "version"
name: "3.5.17"
type: "string"
value: "3.5.17"
▸[[Prototype]]: Object
depth: 1
height: 0
▸parent: Node$1 {data: {…}, height: 3, depth: 0, parent: null, children: Array(83), …}
x: 2.258260869565218
y: 655.36
▸[[Prototype]]: Object
▸1: Node$1 {data: {…}, height: 0, depth: 1, parent: Node$1, x: 6.774782608695654, …}
▸2: Node$1 {data: {…}, height: 0, depth: 1, parent: Node$1, x: 11.29130434782609, …}</td></tr>
<tr><td>root</td><td>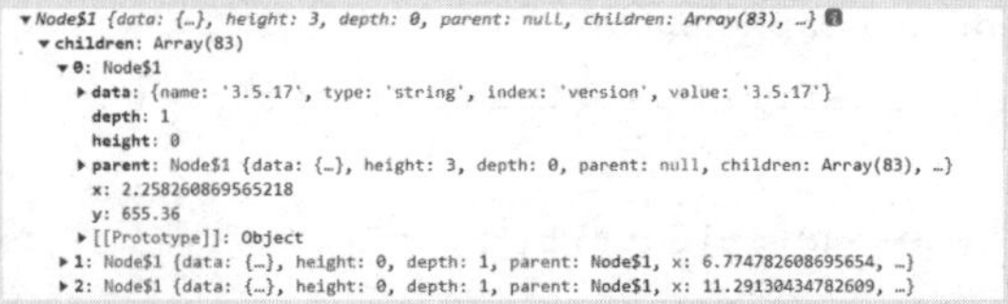
▾Node$1 {data: {…}, height: 3, depth: 0, parent: null, children: Array(83), …}
▾children: Array(83)
▾0: Node$1
▸data: {name: '3.5.17', type: 'string', index: 'version', value: '3.5.17'}
depth: 1
height: 0
▸parent: Node$1 {data: {…}, height: 3, depth: 0, parent: null, children: Array(83), …}
x: 2.258260869565218
y: 655.36
▸[[Prototype]]: Object
▸1: Node$1 {data: {…}, height: 0, depth: 1, parent: Node$1, x: 6.774782608695654, …}
▸2: Node$1 {data: {…}, height: 0, depth: 1, parent: Node$1, x: 11.29130434782609, …}</td></tr>
</table>

links

```
▼(210) [{…}, {…}, {…}, {…}, {…}, {…}, {…}, {…}, {…}, {…}, {…}, {…}, {…}, {…}, {…}, {…}, {…}, {…}, {…
 {…}, {…}, {…}, {…}, {…}, {…}, {…}, {…}, {…}, {…}, {…}, {…}, {…}, {…}, {…}, {…}, {…}, {…}, {…}, {…},
 ▼[0 … 99]
   ▼0:
     ▼source: Node$1
       ▶children: (83) [Node$1, Node$1, Node$1, Node$1, Node$1, Node$1, Node$1, Node$1, Node$1, Node
       ▶data: {name: 'd3', children: Array(83)}
        depth: 0
        height: 3
        parent: null
        x: 363.58
        y: 0
       ▶[[Prototype]]: Object
     ▼target: Node$1
       ▶data: {name: '3.5.17', type: 'string', index: 'version', value: '3.5.17'}
        depth: 1
        height: 0
       ▶parent: Node$1 {data: {…}, height: 3, depth: 0, parent: null, children: Array(83), …}
        x: 2.258260869565218
        y: 655.36
       ▶[[Prototype]]: Object
     ▶[[Prototype]]: Object
   ▶1: {source: Node$1, target: Node$1}
   ▶2: {source: Node$1, target: Node$1}
```

nodes

```
 (211) [Node$1, Node$1, Node$1, Node$1, Node$1, Node$1, Node$1, Node$1, Node$1, Node$1, Node$1, Node$1
▼$1, Node$1, Node$1, Node$1, Node$1, Node$1, Node$1, Node$1, Node$1, Node$1, Node$1, Node$1, N
 Node$1, Node$1, Node$1, Node$1, Node$1, Node$1, Node$1, Node$1, Node$1, Node$1, Node$1, Node$
 ▼[0 … 99]
   ▼0: Node$1
     ▶children: (83) [Node$1, Node$1, Node$1, Node$1, Node$1, Node$1, Node$1, Node$1, Node$1,
     ▶data: {name: 'd3', children: Array(83)}
      depth: 0
      height: 3
      parent: null
      x: 363.58
      y: 0
     ▶[[Prototype]]: Object
   ▶1: Node$1 {data: {…}, height: 0, depth: 1, parent: Node$1, x: 2.258260869565218, …}
   ▶2: Node$1 {data: {…}, height: 0, depth: 1, parent: Node$1, x: 6.774782608695654, …}
```

绘制采用了Path路径，绑定的数据为links，其中采用了d3. linkHorizontal()，它的x坐标和y坐标分别是d.y和d.x，这是一个横向的层次树图。

如果对程序做一些修改，分别修改的代码和对应图形列在表6-2中。

表6-2　TreeVis中代码和图形的对应关系

关键代码	图形
var tree=d3.tree() .size([height,width]); d3.linkHorizontal() .x(d=>d.y) .y(d=>d.x);	横向潮汐树图 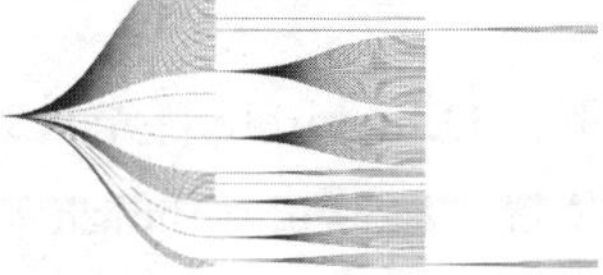
var tree=d3.tree() .size([width,height]); d3.linkVertical() .x(d=>d.x) .y(d=>d.y);	纵向潮汐树图 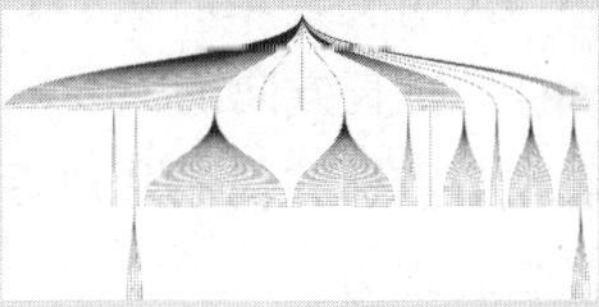

续表

关键代码	图形

var tree=d3.cluster()
        .size([height,width]);
 	
d3.linkHorizontal()
  .x(d=>d.y)
  .y(d=>d.x);
	横向叶节点对齐的层次树图
	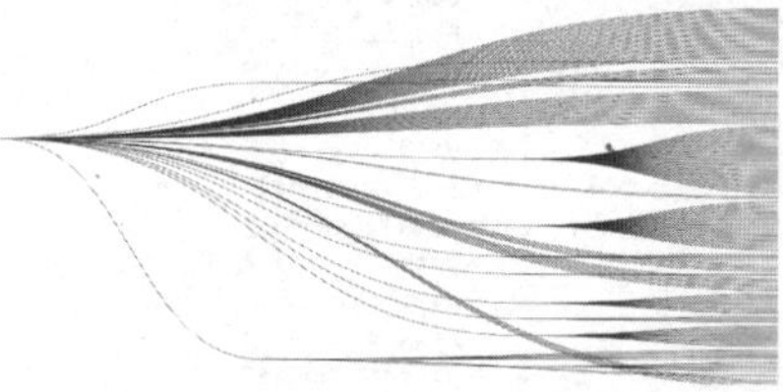

var tree=d3.cluster()
        .size([width,height]);
 	
d3.linkVertical()
  .x(d=>d.x)
  .y(d=>d.y);
	纵向叶节点对齐的层次树图

var mynode=gc.selectAll("circle")
        .data(nodes)
        .join("circle")
        .attr("cx",d=>d.y)
        .attr("cy",d=>d.x)
    .attr("r",d=>(d.height+2)*2)
        .attr("fill","none")
        .attr("stroke","red");
 	
var nodetxt=gc.selectAll("text")
        .data(nodes)
        .join("text")
        .attr("x",d=>d.y)
        .attr("y",d=>d.x)
        .attr("dx","1em")
        .attr("dy","0.5em")
    .attr("text-anchor","start")
        .attr("font-size","8")
        .attr("fill","green")
        .text(d=>d.data.name);
	添加节点和标签
	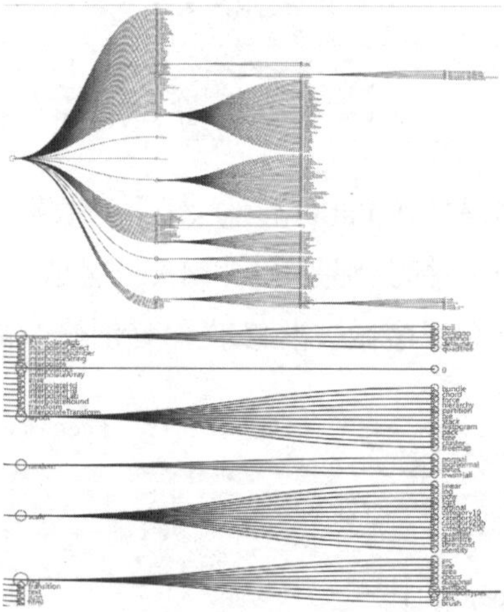

小结如下：d3.hierarchy()先对Json数据做分层次处理，计算深度和高度；随后计算节点坐标位置，以[width, height]指定布局的直角坐标区域尺寸，d3.tree()计算Tide Tree（潮汐树）布局坐标，d3.cluster()计算Cluster Dendrogram布局坐标，得到每个节点的直角坐标(d.x, d.y)；最后绘制links，其中，d3.linkHorizontal()是水平方向的弧线，d3.linkVertical()是垂直方向的弧线。

添加节点和节点标签代码片段后，可视化效果参见表6-2最后一行，树图布局整齐且有较好的视觉表现力。

第二节　D3极坐标层次树图

一、D3极坐标树图

直角坐标的层次树图对可视化区域的利用率不充分，而极坐标层次树图可以更好地利用空间。极坐标层次树图的基本代码如下。

程序编号：CH6/TreeVisC0.htm

```
<html>
<head>
        <meta charset="utf-8">
</head>
<body>
<script src="../d3.v7.js"></script>
<script>
         var
width=(window.innerWidth||document.documentElement.clientWidth||document.
body.clientWidth)*0.96;
         var
height=(window.innerHeight||document.documentElement.clientHeight||document.
body.clientHeight)*0.98;
         var color = d3.schemeCategory10;
         var svg = d3.select("body")          //选择<body>
               .append("svg")           //在<body>中添加<svg>
               .attr("width", width)    //设定<svg>的宽度属性
               .attr("height", height);//设定<svg>的高度属性

         var radius=width/2;
         var color=d3.schemeCategory10;
         var tree=d3.tree()
                  .size([2*Math.PI, radius - 500]);
         d3.json("d3v3tree.json").then(function(data) {

            console.log(data);
            var hi=d3.hierarchy(data);
            console.log(hi);
            var root=tree(hi);
            links=root.links();
            console.log(links);
            nodes=root.descendants();
```

```
            console.log(nodes);

        var gc=svg.append("g")
                .attr("transform","translate("+ (width/2) + "," +
(height/1.7) + ")");
        var lines=gc.selectAll("path")
                .data(links)
                .enter()
                .append("path")
                .attr("fill","none")
                .attr("stroke",color[2])
                .attr("d",d3.linkRadial()
                        .angle(d => d.x)
                        .radius(d => d.y)
                );
        var mynode=gc.selectAll("circle")
                .data(nodes)
                .join("circle")
                .attr("cx",d=>Math.cos(d.x-Math.PI/2)*d.y)
                .attr("cy",d=>Math.sin(d.x-Math.PI/2)*d.y)
                .attr("r",d=>(d.height+2)*2)
                .attr("fill",(d,i)=>color[d.height%10])
                .attr("stroke","black");

        var nodetxt=gc.selectAll("text")
                .data(nodes)
                .join("text")
                .attr("x",d=>Math.cos(d.x-Math.PI/2)*d.y)
                .attr("y",d=>Math.sin(d.x-Math.PI/2)*d.y)
                .attr("dx","1em")
                .attr("font-size","12")
                .attr("fill",color[0])
    .attr("transform",d=>`rotate(${d.x*180/Math.PI-90},${Math.cos(d.
x-Math.PI/2)*d.y},${Math.sin(d.x-Math.PI/2)*d.y})`)
                .attr("text-anchor",d => !d.children?"start":"end")
                .text(d=>d.data.name);


            })
</script>
</body>
</html>
```

绘图结果参见图6-6所示。

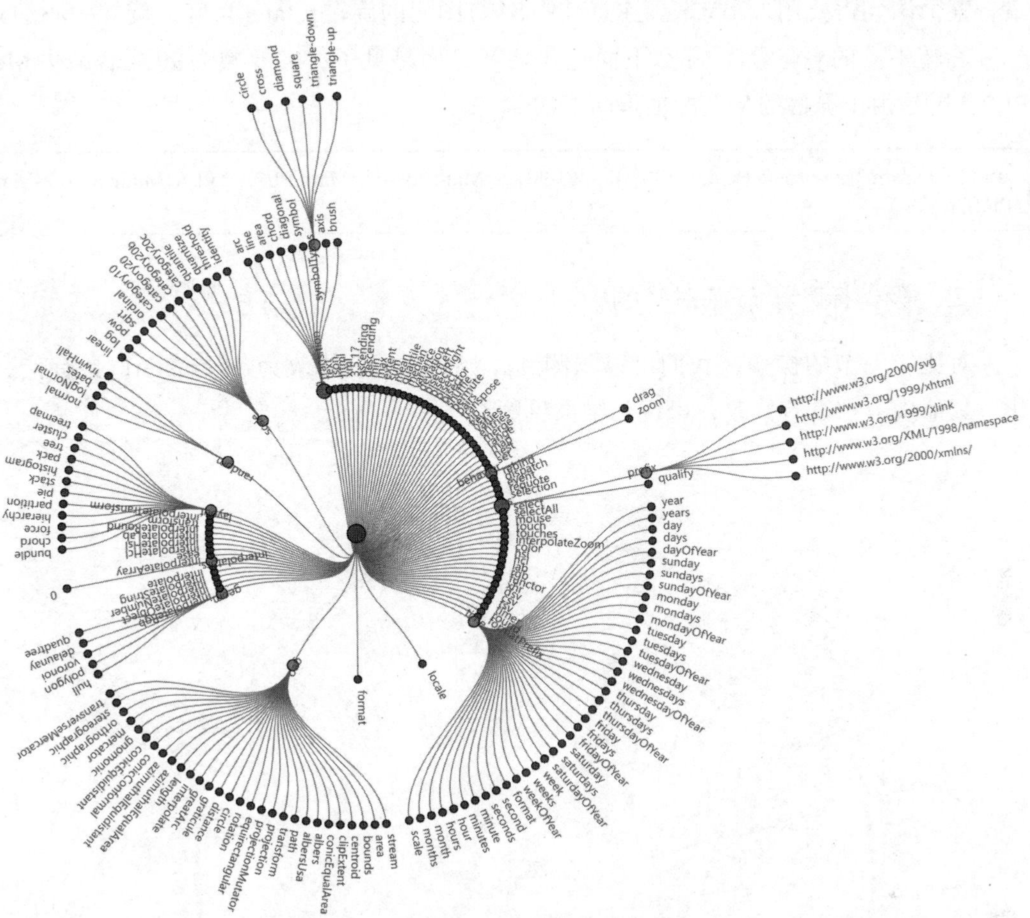

图6-6 极坐标下的Tide Tree可视化布局

对比第一节的直角坐标树图，极坐标层次树图的主要变化在于绘图区域以角度和半径的形式给出，即d3.tree().size([2*Math.PI, radius - 400])，其中，d3.tree()根据参数去选择的布局形式是极坐标，计算出的节点位置信息也是极坐标的角度和半径形式(d.x, d.y)，d.x为角度，d.y为半径。

绘制树图连线使用d3.linkRadial().angle(d => d.x).radius(d => d.y)，这个连线形式是专门为d3.tree()的极坐标形式而设计的。

节点坐标。按照极坐标转换为直角坐标计算出(cx, cy)的圆心即可，半径用d.height做了编码r=(d.height+2)*2，层数高的节点更大。

节点标签。节点标签的(x,y)坐标类似节点的圆心坐标。标签文字的锚点属性设置为.attr("text-anchor",d => !d.children?"start" : "end")，即如果有孩子节点，则开头对齐，否则尾部对齐。

节点标签文字的旋转，采用了一种字符串语法，字符串中可以拼接${}包起来变量，整个语句需要用"括起来。注意其中SVG图元的旋转rotate(角度，旋转中心的x坐标，旋转中心的y坐标)，那么下面这句话就显而易见了，需要减去90或者减去Math.PI/2，这是由于屏幕的Y坐标轴是向下的。

```
.attr("transform",d=>`rotate(${d.x*180/Math.PI-90},${Math.cos(d.x-Math.PI/2)*d.y},${Math.sin(d.x-Math.PI/2)*d.y})`)
```

二、极坐标叶子节点对齐的树图

对比第一节的操作，我们可以预测到，将d3.tree()修改为d3.cluster()会有什么变化？其他地方都没有修改，可视化结果见图6-7。

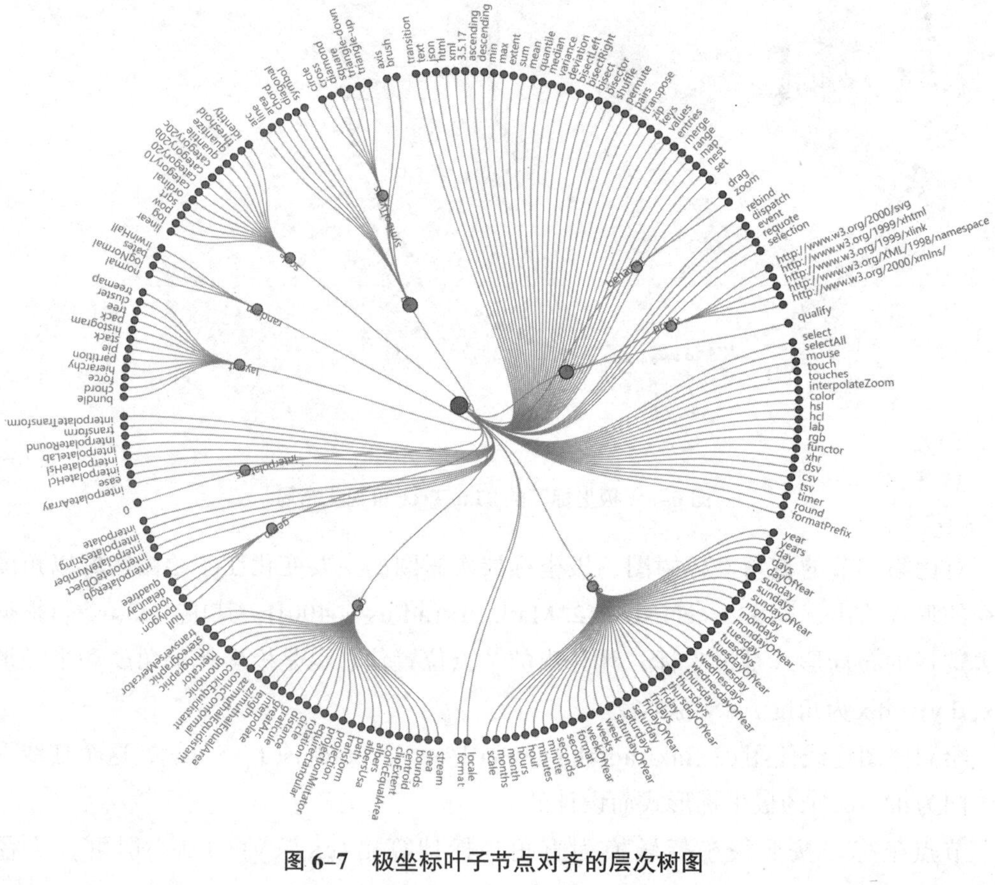

图 6-7　极坐标叶子节点对齐的层次树图

三、参数调整

修改d3.tree或d3.cluster的布局区域参数，绘制呈现为扇形的图，参数和可视化结果见表6-3。

表 6–3　不同参数下的极坐标层次树图布局

关键代码	布局
var tree=d3.cluster() 　.size([-Math.PI, radius - 600]);	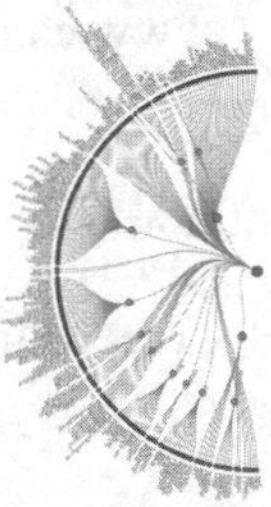
var tree=d3.cluster() 　.size([Math.PI, radius - 600]);	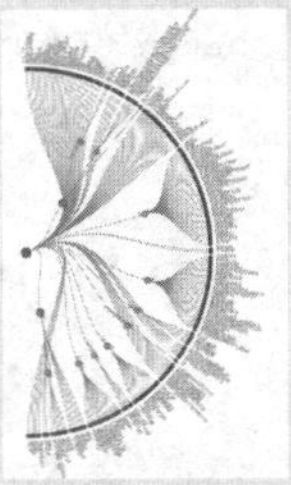
var tree=d3.tree() 　.size([Math.PI, radius - 600]);	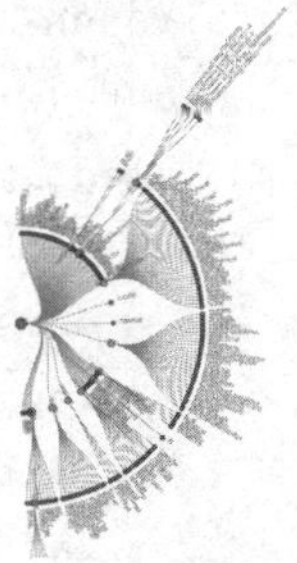
var tree=d3.tree() 　.size([-Math.PI/2, radius - 600]);	

第三节　基于面积的层次树图

基于面积的层次树图，包括基于矩形面积的 TreeMap、基于圆面积的树图 Bubble TreeMap、基于弧面积的树图 SunBurst 等。

一、基于矩形面积的树图TreeMap

TreeMap的布局算法是由马里兰大学的可视化教授Ben Shneiderman在1992年提出，他建立了网页（www.cs.umd.edu/hcil/treemap-history/）专门介绍树图TreeMap的可视化及其变种布局。

以下TreeMap.htm是基于D3.V7的实现。

程序代码：CH6/TreeMap.htm

```
<html>
<head>
       <meta charset="utf-8">
</head>
<body>
<script src="../d3.v7.js"></script>
<script>
          var
width=(window.innerWidth||document.documentElement.clientWidth||document.
body.clientWidth)*0.96;
          var height=(window.innerHeight||document.documentElement.
clientHeight||document.body.clientHeight)*0.96;
          var color = d3.scaleOrdinal(d3.schemeCategory10);
          var svg = d3.select("body")
                    .append("svg")
                    .attr("width", width)
                    .attr("height", height);
          var treemap= d3.treemap()
                      .size([width, height]);

          d3.json("flare.json").then(function(data) {
             console.log(data);
             var hidata=d3.hierarchy(data)
                         .sum(d=>d.value)
                         .sort((a, b) => b.value - a.value);
             console.log(hidata);
             var treedata=treemap(hidata);
             console.log(treedata);
             nodes=treedata.leaves()          //Flare.json有252个节点
             console.log(nodes);

             var gc=svg.selectAll("g")
                     .data(nodes)
                     .enter()
```

```
                    .append("g")
                    .attr("transform", function(d) { return "translate(" +
d.x0 + "," +d.y0 + ")"; })
                    .attr("id",function(d,i){return i;});

            var rect = gc.append("rect")
                        .attr("width",d=>d.x1-d.x0)
                        .attr("height",d=>d.y1-d.y0)
                        .attr("fill",function(d){
                            while(d.depth>1) d=d.parent;
                            return color(d.data.name);})
                        .attr("opacity",0.7)
                        .attr("stroke","white");

            var text = gc.append("text")
                        .attr("font-size","12")
                        .attr("text-anchor","middle")
                        .attr("x",d=>(d.x1-d.x0)/2)
                        .attr("y",d=>(d.y1-d.y0)/2)
                        .attr("class","txt")
                        .attr("fill","white")
                        .text(d=>(d.data.name+"-"+d.data.value));
})
</script>
</body>
```

</html>基于面积的层次树图需要节点有Value的值，本节使用了flare.json数据。

TreeMap可视化的布局计算是由d3.treemap()完成的。flare.json数据经d3.hierarchy()计算了层级结构，完成了排序（sort）和求和（sum），经过d3.treemap()计算了所有叶子（leaves）节点的坐标信息，包括(x0, x1, y0, y1)，对应于矩形的(x, width, y, height)数据。参见图6-8。

然后用SVG的矩形元素<rect>绘制叶子节点即可，并绘制了叶子节点的标签文字<text>，为方便计算给每个叶节点添加了一个<g>元素，绑定一次数据即可，把每个<g>元素平移到(d.x0,d.y0)位置。

关键代码是色彩。使用color=d3.scaleOrdinal(d3.schemeCategory10)产生了一个色彩函数。对矩形区域填充色彩时，如果它有父节点，即while (d.depth>1) d=d.parent一直上溯到父节点，父节点名称相同时，color(d.data.name) 则填充为相同色彩，运行结果参见图6-9。如果想返回叶节点色彩，用.fill(d=>color(d.data.name))，运行结果见图6-10所示，色彩显示显得稍微有点乱，不如隶属于一个父节点的一种色彩看起来整齐。

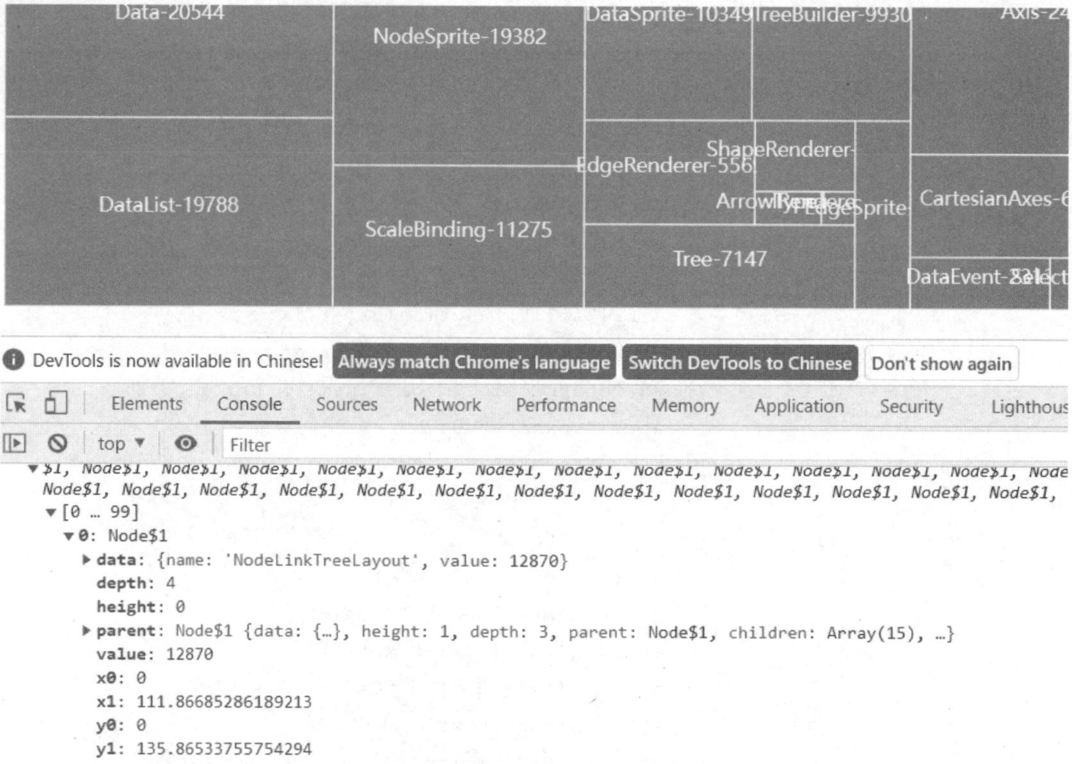

图 6-8 D3.treemap() 计算的叶子节点坐标信息

图 6-9 TreeMap 布局结果

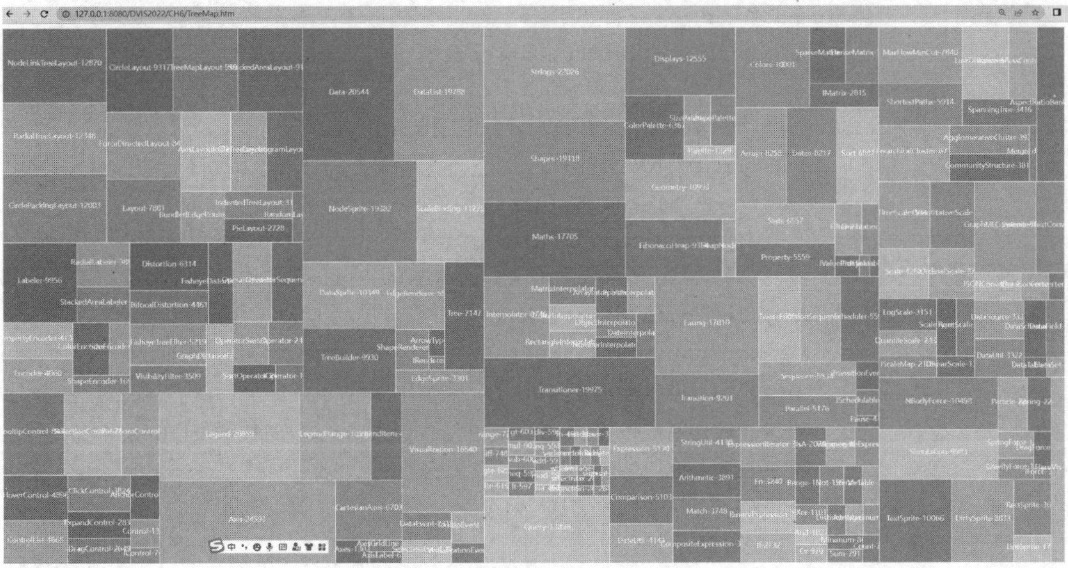

图 6–10　叶子节点填充不同色彩

二、基于圆面积的树图 Bubble TreeMap

BubbleTree 的程序代码参见 CH6/BubbleTree.htm。

程序代码：CH6/BubbleTree.htm

```
<html>
<head>
      <meta charset="utf-8">
</head>
<body>
<script src="../d3.v7.js"></script>
<script>
        var
width=(window.innerWidth||document.documentElement.clientWidth||document.
body.clientWidth)*0.96;
           var
height=(window.innerHeight||document.documentElement.clientHeight||document.
body.clientHeight)*0.98;
           var color = d3.schemeTableau10;
           var svg = d3.select("body")            //选择<body>
                  .append("svg")            //在<body>中添加<svg>
                  .attr("width", width)     //设定<svg>的宽度属性
                  .attr("height", height);//设<svg>的高度属性
```

```
            var pack= d3.pack()
                      .size([width, height]);

            d3.json("flare.json").then(function(data) {
               console.log(data);
           var hidata=d3.hierarchy(data)
                        .sum(d=>d.value})
                        .sort((a, b) => b.value - a.value);
               console.log(hidata);
               var packdata=pack(hidata);
               console.log(packdata);
               nodes=packdata.descendants()// Flare.json有252个节点
               console.log(nodes);
           var gc=svg.selectAll("g")
                    .data(nodes)
                    .enter()
                    .append("g")
                    .attr( “transform” , d=>`translate(${d.x},${d.y})`);

            var circles = gc.append("circle")
                         .attr("cx",0)
                         .attr("cy",0)
                         .attr("r",d=>d.r)
                         .attr("fill",d=>color[d.height]);

            var text = gc.append("text")
                         .attr("font-size","12")
                         .attr("text-anchor","middle")
                         .attr("dy","0.5em")
                         .attr("fill","white")
                         .text(d=>d.r>20?d.data.name:"");
})
</script>
</body>
```

</html>BubbleTree的布局计算采用d3.pack()函数，参数为直角坐标，同样对数据data，利用d3.hierarchy()计算层次信息，求和、排序，提取树的节点数组nodes，计算的节点坐标信息参见图6-11。

代码中色彩使用了D3预置的调色板d3.schemeTableau10，它是Tableau的一个配色，10种色彩，返回的也是一个数组。

图6-12是BubbleTree的运行结果，节点的半径>20个像素时，显示标签，否则不显示。这样做，使布局文字不会太多，减少重叠，满足可视化“好看”的原则。

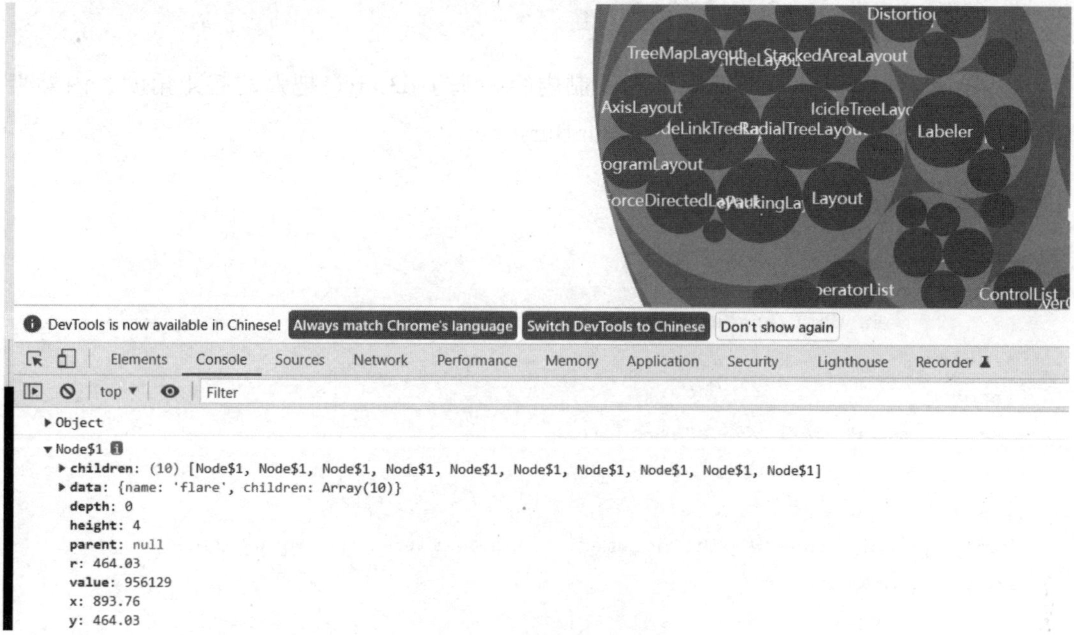

图 6–11　D3.pack() 计算的节点坐标和半径信息

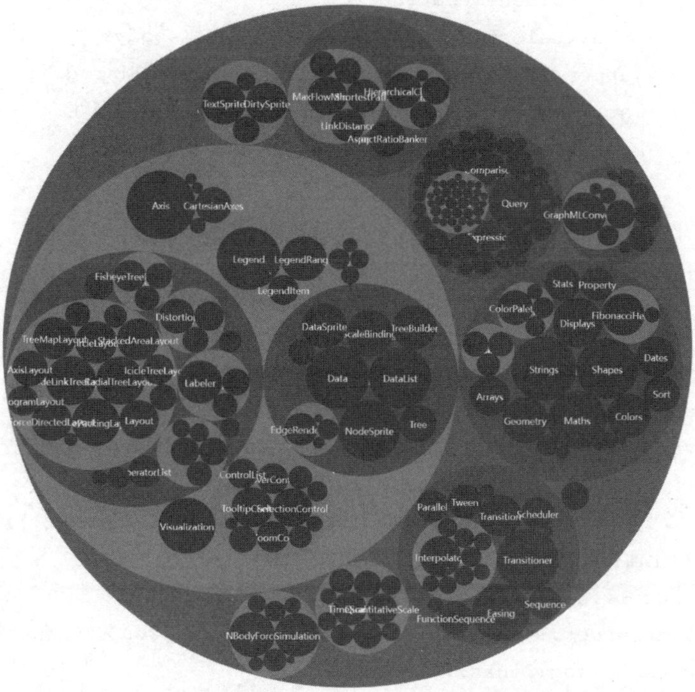

图 6–12　BubbleTree 的运行结果

三、基于弧面积的树图SunBurst

SunBurst绘制可利用第四章环图绘制内容，基于d3.arc()把弧的起止角度、内外半径计算出Path的d参数。程序见CH6/SunBurst.htm。

程序代码：CH6/SunBurst.htm

```
<html>
<head>
       <meta charset="utf-8">
</head>
<body>
<script src="../d3.v7.js"></script>
<script>
          var
width=(window.innerWidth||document.documentElement.clientWidth||document.
body.clientWidth)*0.96;
          var
height=(window.innerHeight||document.documentElement.clientHeight||document.
body.clientHeight)*1.8;
          var color = d3.schemeCategory10;
          var svg = d3.select("body")          //选择<body>
                 .append("svg")              //在<body>中添加<svg>
                 .attr("width", width)    //设定<svg>的宽度属性
                 .attr("height", height);//设<svg>的高度属性

          radius=width/4;
          var partition= d3.partition()
                          .size([2*Math.PI, radius]);

          d3.json("flare.json").then(function(data) {
             console.log(data);
             var root=partition(d3.hierarchy(data)
                              .sum(d => d.value)
                              .sort((a, b) => b.value - a.value));
             //上面在极坐标系里计算了各个的位置信息
             console.log(root);
             links=root.links();             //以Flare.json为例，有251条边
             console.log(links);
             nodes=root.descendants()      //以Flare.json为例，有252个节点
             console.log(nodes);

         var arcPath=d3.arc()
```

```
                    .startAngle(d => d.x0)
                    .endAngle(d => d.x1)
                    .innerRadius(d => d.y0)
                    .outerRadius(d => d.y1 - 1);
        var gc=svg.append("g")
        .attr("transform", "translate("+width/2+","+height/3+")");

        var sunb=gc.selectAll("path")
                  .data(root.descendants())
                  .join("path")
                  .attr("fill-opacity","0.5")
                  .attr("fill",d=>color[d.depth%10])
                  .attr("stroke","#fff")
                  .attr("stroke-width","1")
                  .attr("d", function(d){ return arcPath(d); })

        var txt=gc.selectAll("text")
.data(root.descendants().filter(d =>  (d.y0 + d.y1) / 2 * (d.x1 - d.x0) > 10))
                  .join("text")
                  .attr("text-anchor","middle")
                  .attr("font-size",d=>(24-d.depth*4))
                  .attr("fill","black")
                  .attr("transform",function(d) {
                    const x = (d.x0 + d.x1) / 2 * 180 / Math.PI;
                    const y = (d.y0 + d.y1) / 2;
                    return `rotate(${x - 90}) translate(${y},0)
rotate(${x < 180 ? 0 : 180})`;
                    })
                    .text(d=>d.data.name);

})
</script>
</body>
</html>
```

SunBurst与基于极坐标的层次树图差别不大，采用d3.partition().size([2*Math.PI, radius]) 计算SunBurst的布局，即计算节点的坐标信息(x0, x1, y0, y1)，对应起始角度startAngle、终止角度endAngle、内半径innerRadius、外半径outerRadius，见图6-13所示。在计算层次的时候，非叶子节点没有value，它的value为children节点的总和，d3.hierarchy(data).sum(d => d.value).sort((a, b) => b.value - a.value)，并对数据排序。

绘制弧使用了path，其中的代码跟第四章相关，不难理解。

在绘制弧上的文字时，过滤掉了比例非常小的弧，root.descendants().filter(d => (d.y0 + d.y1) / 2 * (d.x1 – d.x0) > 10)。

SurBurst布局结果参见图6–14。

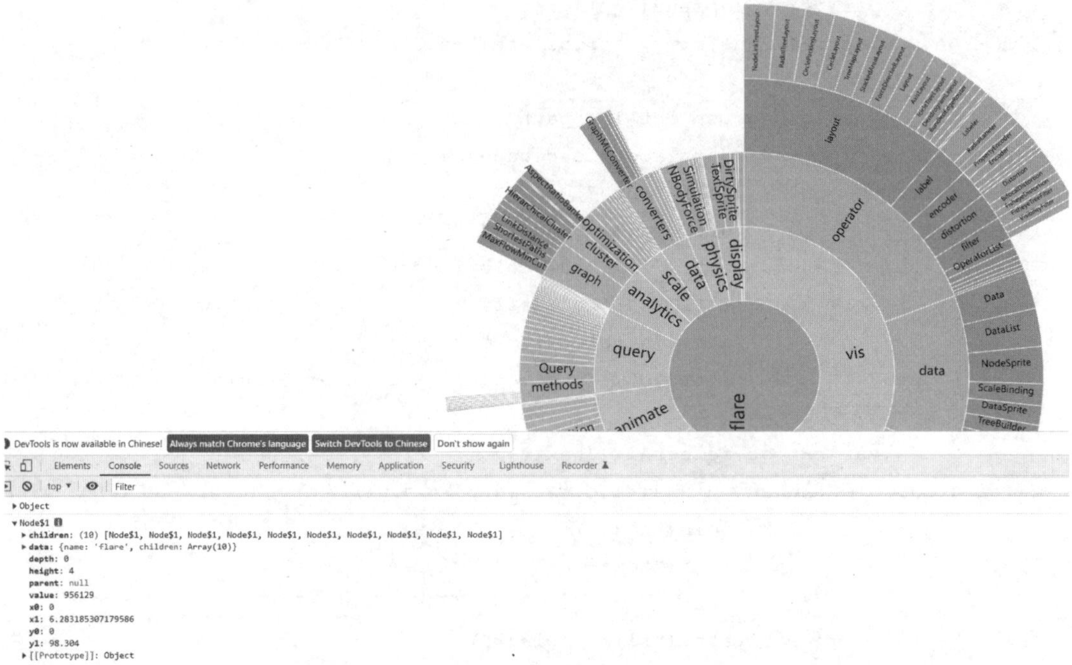

图 6–13　SunBurst 中 d3.partition() 计算起止角度和内外半径

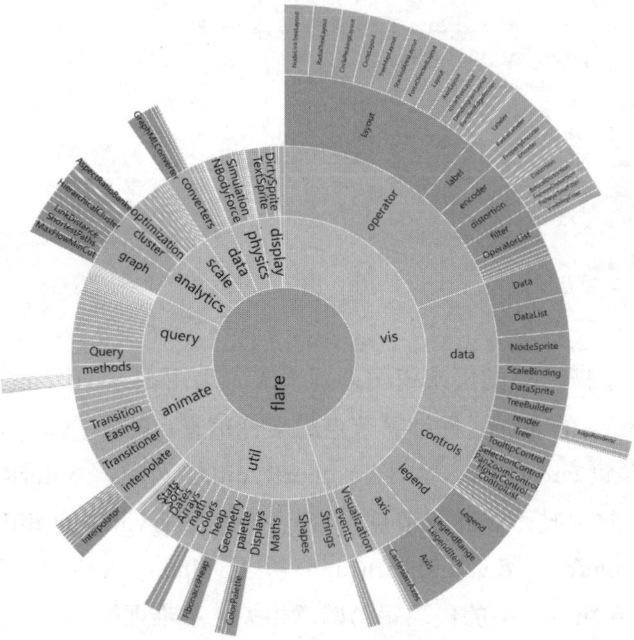

图 6–14　SunBurst 图表示的层次树图

第四节　D3.V3 版和 D3.V7 版的对象树图

一、D3.V3 版的对象树图

为全面掌握 d3.v3 版提供的属性和方法，本书递归抽取了它的对象层次结构，结果参见图 6–15 所示。由于 D3.V3 版采用了三层的命名结构，也就是单独将布局放在了一起。实际上，D3 的作者可能也意识到，D3 都是计算，从来没有给用户画过什么，画还是要用户借助 SVG 来完成的。于是，后续的版本中采用了两层结构。

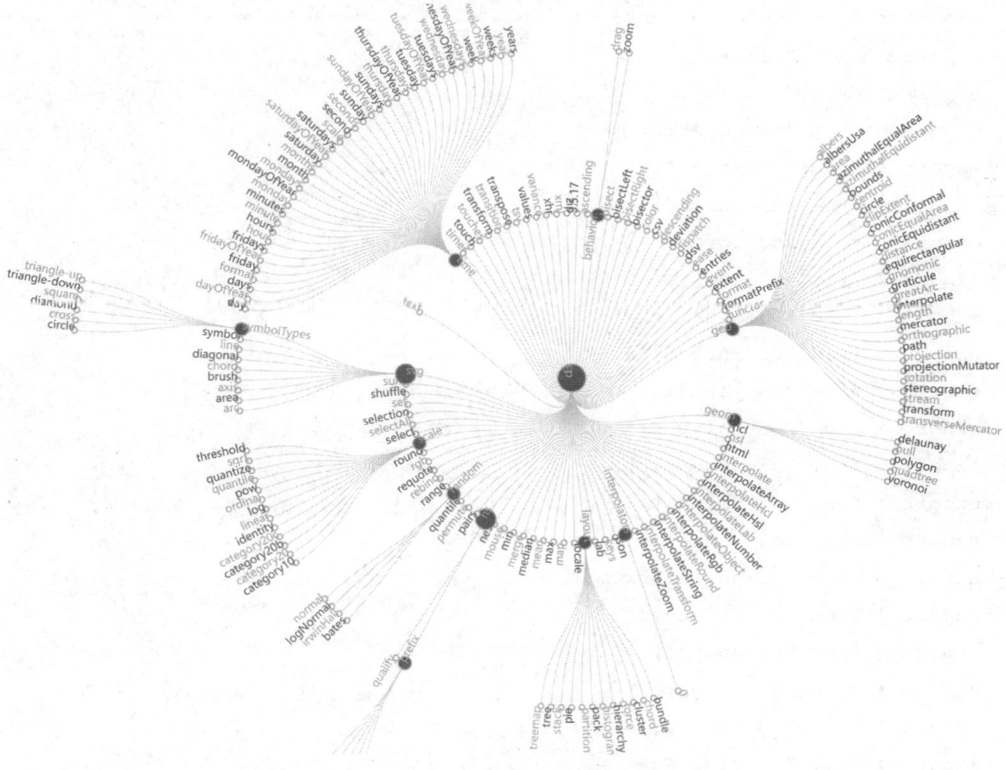

图 6–15　D3.V3 版的对象树图

以布局 layout 为例，提供了布局，如 bundle、chord、cluster、force、hierarchy、histogram、pack、partition、pie、stack、tree、treemap。此外，d3.geo 提供了一组地理相关的布局和计算，d3.time 提供了时间处理的一组函数，d3.random 提供了一组随机数函数，d3.scale 提供了一组比例变换函数。

二、D3.V7 版的对象树图

d3.v7 版本采用了两层结构，是打包后的一个 .js 文件。实际上，在 Node.js 生态中

（参考第十五章），D3.V7有30个子模块。如下所示。

程序名称：node_modules/d3/index.js

```
export {version} from "./dist/package.js";
export * from "d3-array";
export * from "d3-axis";
export * from "d3-brush";
export * from "d3-chord";
export * from "d3-color";
export * from "d3-contour";
export * from "d3-delaunay";
export * from "d3-dispatch";
export * from "d3-drag";
export * from "d3-dsv";
export * from "d3-ease";
export * from "d3-fetch";
export * from "d3-force";
export * from "d3-format";
export * from "d3-geo";
export * from "d3-hierarchy";
export * from "d3-interpolate";
export * from "d3-path";
export * from "d3-polygon";
export * from "d3-quadtree";
export * from "d3-random";
export * from "d3-scale";
export * from "d3-scale-chromatic";
export * from "d3-selection";
export * from "d3-shape";
export * from "d3-time";
export * from "d3-time-format";
export * from "d3-timer";
export * from "d3-transition";
export * from "d3-zoom"
```

为了清楚表示，本书采用了三次结构组织，可视化d3.v7.js提供的属性和方法。图6-16中折叠了d3-scale-chromatic中的内容，对其他的叶节点显示了一半节点名称。其中包括选择器d3-selection模块，数组模块d3-array，数据解析d3-dsv模块，d3-random模块，d3-shape模块，d3-color色彩模块，d3-contour等高线模块，d3-hierarchy层次计算和布局。https://cuc.yingshinet.com在线的图表可以交互，探索更多细节。代码在使用时是两层结构的语法，如d3.schemeCategory10。

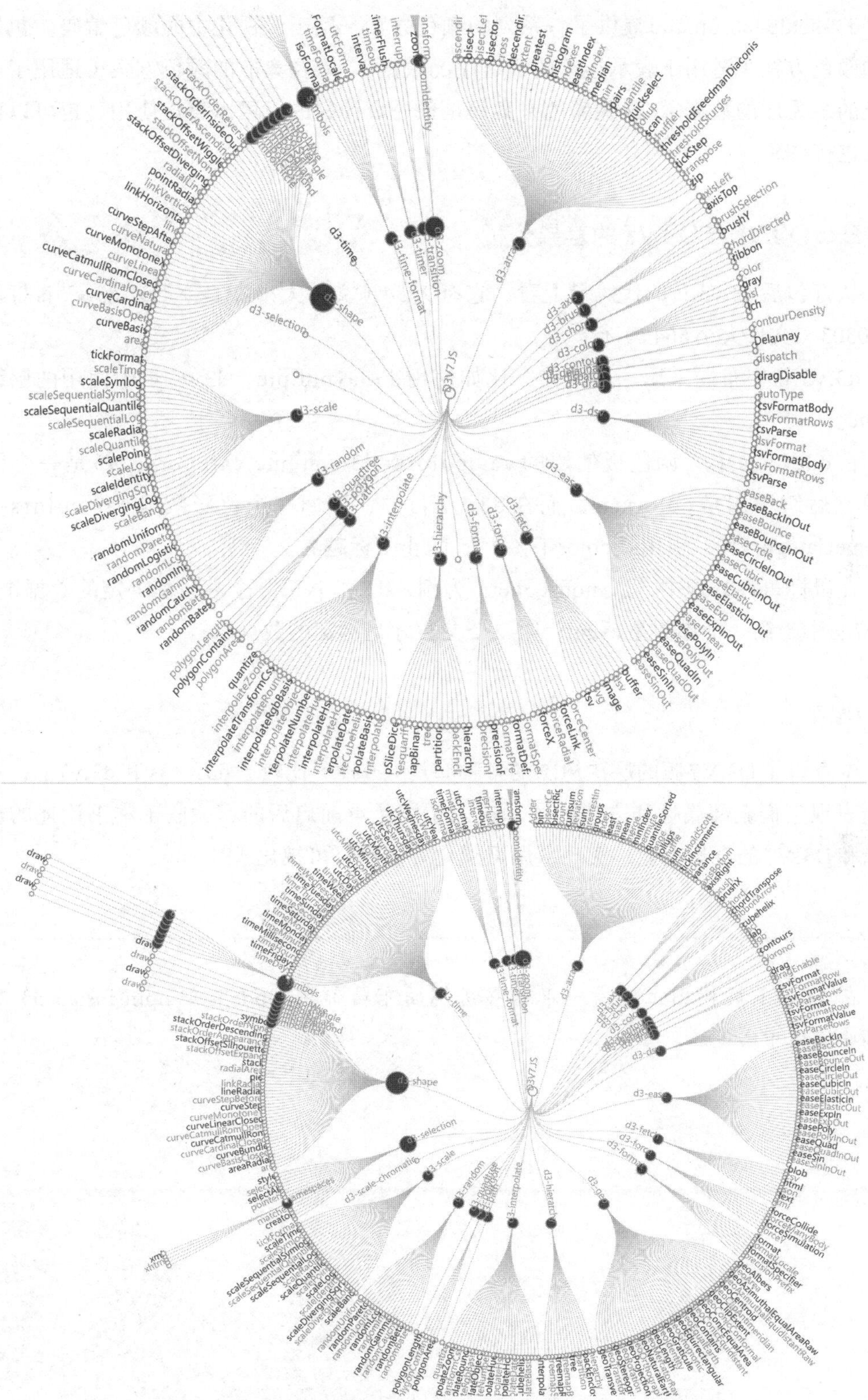

图 6-16 D3.V7 的对象树图

d3-scale-chromatic提供了一系列的颜色方案，用于可视化中的颜色编码。包括连续的颜色方案（适用于表示连续的、有序的数据），以及离散的颜色方案（适用于表示分类的、无序的数据）。这些颜色方案都是预先设计好的，可以直接使用，也可以根据需要进行调整。

三、D3.V3与D3.V7的差异分析

从打包后d3.v3.js的代码量上看，它有9554（文件大小331k）行。d3.v7.js打包后有20303（文件大小564k）行。

d3.v3.js中布局采用三层结构，比如使用d3.layout.pie，d3.v7.js中使用两层结构d3.pie。

在d3.v3.js中，调色板使用的var colors=d3.scheme.category10()是一个函数对象，后续引用是colors(i)。而在d3.v7.js中，返回一个色彩数组var colors=d3.schemeCategory10，引用是colors[i%10]，防止下标越界。

在鼠标事件处理中，以mouseover()为例，d3.v3.js第一个参数是绑定的数据d。在d3.v7.js中，第一个参数是event，第二个参数才是绑定的数据d。

小结

本章讲了D3.V7版的层次树图的各种布局共9种。比较了d3.v3.js和d3.v7.js，并绘制了表现它们全部属性和方法的图，这两个图是承前启后的，关联了本书论述的重要布局和D3.V7的全集功能，实现了用可视化方法研究可视化API。

作业

在d3.v7.js的树图上查看一下本书讲解的布局都在Node.js中npm install d3里d3的哪些模块中实现的。

CHAPTER 7

第七章 D3力导向图

D3的力导向图是图论、复杂网络科学中数据可视化广泛使用的形式，在知识图谱、图数据和社交网络中广泛应用。力导向图是有典型算法的可视化布局。

第一节　D3力导向算法

一、力导向算法概述

力导向布局算法是图、复杂网络可视化的典型算法，基于物理系统的引力斥力模型为图上的节点和边布局，比较有效地解决了图布局的节点和边的重叠问题，也叫弹簧算法。力导向布局首先为图中各节点赋予随机的初始位置，系统在弹簧的引力和斥力作用下，不停地运动，直至达到稳定平衡的状态。其缺点是不收敛，经多次迭代在系统能量小于一定值的情况下，算法将节点固定在各自位置，强制结束迭代。

二、D3力导向算法

（一）力导向算法的绘制过程

如前所述，D3的布局和绘图是分开的，布局负责计算各个元素在SVG绘图区的坐标，而绘制是通过基本的SVG图形完成的。力导向布局也不例外，即它只是根据节点和边表示的图数据计算各个元素的位置，再由D3绘制SVG基本图形的语句实现。绘制过程如图7–1所示。

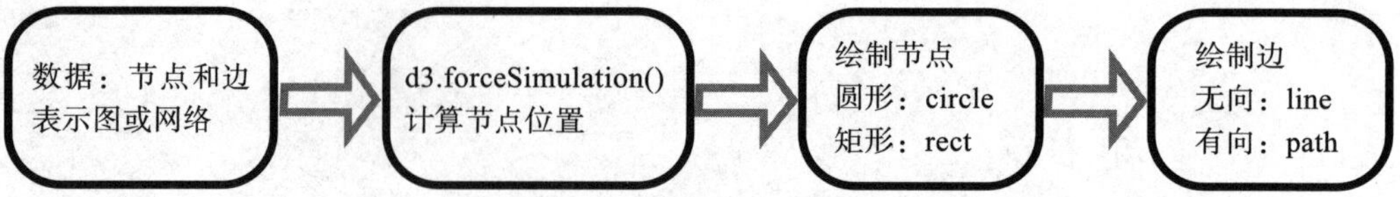

图 7-1 D3 力导向图的绘制流程

（二）D3力导向实例

d3. forceSimulation()：构造一个力导向布局。为了直奔主题，先展示一个力导向布局的实例，代码CH7/forceV7.htm，由于此例调用了本地的JSON文件，因此，无法在JSBin中运行，本地运行结果如图7-2所示。

程序编号：CH7/forceV7.htm

```
<html>
   <head>
        <meta charset="utf-8">
        <style>
            .node {
              stroke: #fff;
              stroke-width: 1.5px;
            }
            .link {
              stroke: #999;
              stroke-opacity: .6;
            }
        </style>
   </head>
   <body>
        <script src="../d3.v7.js"></script>
        <script>
            var
width=(window.innerWidth||document.documentElement.clientWidth||document.
body.clientWidth)*0.98;
             var
height=(window.innerHeight||document.documentElement.clientHeight||document.
body.clientHeight)*0.9;

            var color = d3.schemeCategory10;

            var forceSimulation = d3.forceSimulation()
                  .force( "center" ,d3.forceCenter(width/2,height/2))
```

```
            .force("charge",d3.forceManyBody().strength(-100))
            .force("link",d3.forceLink().distance(100));

        var svg = d3.select("body")
                    .append("svg")
                    .attr("width", width)
                    .attr("height", height);
        d3.json("a.json").then(function(graph) {
            //节点数据
            forceSimulation.nodes(graph.nodes)
                           .on("tick");
            console.log(graph.nodes);

            forceSimulation.force("link")
                        .links(graph.links);

            var link = svg.selectAll(".link")
                .data(graph.links)
                .join("line")
                .attr("class", "link")
                .style("stroke-width", 1);

             var node = svg.selectAll(".node")
                  .data(graph.nodes)
                  .join("circle")
                  .attr("class", "node")
                  .attr("r", 16)
                  .style("fill", (d,i)=>color[i%10]);

           forceSimulation.on("tick", () => {

              link.attr("x1", d => d.source.x)
                  .attr("y1", d => d.source.y)
                  .attr("x2", d => d.target.x)
                  .attr("y2", d => d.target.y);
              node.attr("cx", d => d.x)
                  .attr("cy", d => d.y);

          });
        });

    </script>
</body>
```

```
</html>
```

图数据文件：CH7/a.json

```
{"nodes":
    [   {"name":"@","group":0},
        {"name":"a","group":1},
        {"name":"b","group":2}
    ],
"links":
    [
        {"source":0,"target":1,"value":1},
        {"source":1,"target":2,"value":1},
        {"source":2,"target":0,"value":1}
    ]
}
```

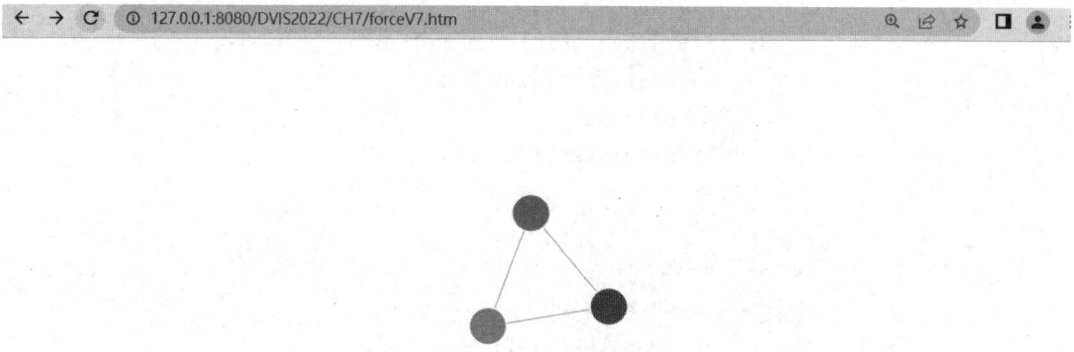

图 7-2　基本力导向图运行结果

程序中的force=d3.forceSimulation()创建了力导向布局，斥力参数为force("charge",d3.forceManyBody().strength(-100))表示的-100，节点间的距离为forceSimulation.distance(100)，中心为force("center",d3.forceCenter(width/2,height/2))，然后添加一个<svg>，为力导向布局对象变量forceSimulation绑定节点数据graph.nodes，graph是读取自JSON文件a.json中的数据，它包含节点nodes和边links数据；forceSimulation利用D3的力导向算法计算节点和边的参数；然后绘制节点，本例绘制的是SVG的<circle>，circle的半径为16，节点支持拖拽；绘制节点之间的边，即<line>；当力导向布局展开的时候调用forceSimulation.on("tick", function(){})更新节点<circle>的圆心坐标(cx,cy)和<line>的坐标(x1,y1)和(x2,y2)，这些坐标的值是由D3的力导向布局d3.forceSimulation()计算获得。

三、D3力导向布局API

（一）基本配置参数

D3.V7版的力导向图绘制改进较多，名称改为了d3.forceSimulation()。使用力导向布局，创建一个仿真模型（Simulation），绑定一个节点数组（Nodes），然后生成想要的力模型，监听弹开（Tick）事件，在更新节点和边的坐标信息时绘制节点和边即可。

d3.forceSimulation([nodes])：创建一个节点数组驱动的仿真模型，没有任何力存在。如果没有指定节点，默认是空数组。仿真器自动开始运行，运行后使用simulation.on监听弹开的Tick事件。如果想手动操作，使用simulation.stop停止，再随时调用simulation.tick。

simulation.tick([iterations])：在弹开时指定迭代次数，如果迭代次数不指定，默认次数为1。

节点展开的过程是一个非匀速的过程，开始是加速，加快展开速度，最后是减速，微调以尽快收敛到节点的固定位置，使系统的能量最小。

特别值得一提的是，D3的布局和绘制分开，为可视化提供了灵活的表现方式。在力导向布局中，节点可以被映射到SVG的<circle>元素，也可以映射到<rect>，还可以显示节点作为符号或图片。

（二）节点的相关参数

simulation.nodes([nodes])：设置力导向图仿真器的节点为一个数组nodes。仿真器计算节点的坐标信息如下：

Index：节点的下标

x：节点当前的x坐标

y：节点当前的y坐标

vx：节点当前x方向的速度

vy：节点当前y方向的速度

位置（x,y）和速度（vx,vy）随后被力模型和仿真修改。

如果修改节点到一个指定位置信息，需要修改附加的属性：

fx：修正节点x坐标位置（fixed x-position）

fy：修正节点y坐标位置（fixed y-position）

（三）连线相关参数

simulation.force(name[, force])：指定力模型，返回仿真模型。如果不指定力模

型，则没有力作用，特别注意D3.V7的力导向图新的默认值，没有力模型。

代码片段：

```
const simulation = d3.forceSimulation(nodes)
    .force("charge", d3.forceManyBody())
    .force("link", d3.forceLink(links))
    .force("center", d3.forceCenter());
```

如果想去掉力作用，设置力为simulation.force("charge", null)即可。

simulation.find(x, y[, radius])：查找坐标(x, y)的节点，也可以指定半径。

（四）事件监听

simulation.on(typenames, [listener])：监听指定的事件。监听的事件类型如下：

tick：在每一次仿真的tick展开之后。

end：仿真结束之后的事件。

注意当手动调用simulation.tick时，tick不会断开。

（五）交互相关参数

在D3.V7中拖拽交互，已经提交更上层，由d3.drag()接管。以下是代码片段，因为拖拽修改节点坐标，所以指定d.fx和d.fy。在node中.call(drag())调用了下面定义的drag()函数，在它内部定义了三个函数，开始、结束和拖拽时。

```
var node = svg.selectAll(".node")
                  .data(graph.nodes)
                  .enter().append("circle")
                  .attr("class", "node")
                  .attr("r", 16)
                  .style("fill", (d,i)=>color[i%10])
                  .call(drag());
function drag(){

          function dragstarted(event, d) {
            if (!event.active) forceSimulation.alphaTarget(0.3).restart();
            d.fx = d.x;
            d.fy = d.y;
          }

          function dragged(event, d) {
            d.fx = event.x;
            d.fy = event.y;
          }
```

```
        function dragended(event, d) {
          if (!event.active) forceSimulation.alphaTarget(0);
          d.fx = null;
          d.fy = null;
        }

        return d3.drag()
            .on("start", dragstarted)
            .on("drag", dragged)
            .on("end", dragended);
      }
```

第二节 《人民的名义》人物关系图

一、数据说明

《人民的名义》是2017年热播电视剧，单集最高收视率为7.3%，平均收视超过3.66%，刷新了省级卫视历史上的收视纪录，以及前六年来电视剧总收视纪录，成为毫无悬念的年度剧王。本节以该剧的人物关系作为数据源，分析力导向可视化的递进流程。

数据存储在JSON文件中，数据来自互联网并经手工整理获得。

```
var nodes=[
{name:"侯亮平",image:"hlp.jpg",intro:"——侯亮平是最高检反贪局侦查处处长，汉东省人民检察院副检察长兼反贪局局长。经过与腐败违法分子的斗争，最终将一批腐败分子送上了审判台，正义战胜邪恶，自己也迎来了成长。"},
{name:"高育良",image:"gyl.jpg",intro:"——高育良是汉东省委副书记兼政法委书记，年近六十，是一个官场老手。侯亮平、陈海和祁同伟都是其学生。”},
{name:"祁同伟",image:"qtw.jpg",intro:"——祈同伟是汉东省公安厅厅长，出身农民，曾想凭自己的努力走向成功，内心渴望成为一个胜天半子的人，但现实却沉重地打击了他，进而走上了不归路"},
{name:"陈海",image:"ch.jpg",intro:"——陈海是汉东省人民检察院反贪局局长。他不畏强权、裁决果断，一出场就与汉东官场中的反面势力正面交锋；他廉明正直、重情重义，与好兄弟侯亮平携手战斗在反腐第一线，遭遇暗害惨出车祸而躺在医院。"},
{name:"蔡成功",image:"ccg.jpg",intro:"——蔡成功是汉东省大风厂董事长、法人代表，为人狡诈，为了招标成功而贿赂政府官员，甚至连发小反贪局局长侯亮平也企图去贿赂。"},
{name:"高小琴",image:"gxq.jpg",intro:"——高小琴是山水集团董事长，也是一位叱咤于政界和商界的风云人物，处事圆滑、精明干练。在与官员沟通时更是辩口利辞，沉稳大气，拥有高智商和
```

```
高情商，并得到以"猴精"著称的反贪局局长侯亮平冠以"美女蛇"的称号。"},
{name:"高小凤",image:"gxf.jpg",intro:"——高小凤是高小琴的孪生妹妹，高育良的情妇。"},
{name:"陆亦可",image:"lyk.jpg",intro:"——陆亦可是汉东省检察院反贪局的女检察官，
表面冷峻决绝，内心重情重义。大龄未嫁的她面临着家庭逼婚的困境，而她抗婚是因为对反贪局局长陈海
一往情深。然而陈海惨遭横祸，她收起悲愤去探求真相拨云见雾，同时在公安局局长赵东来的追求中获得
真爱。"},
{name:"赵东来",image:"zdl.jpg",intro:"——赵东来是汉东省京州市公安局局长。看似直来直
去，但却深谋远虑，智勇双全。为了保护正义的尊严，抱着坚决整治恶势力的决心，在与检察部门的合作
中从最初的质疑到之后的通力配合，展现出现代执法机构的反腐决心。"},
{name:"陈岩石",image:"cys.jpg",intro:"——陈岩石是离休干部、汉东省检察院前常务副
检察长。他同时也是充满正义的共产党人。对"大老虎"赵立春，以各种形式执着举报了十二年。在这场
关系党和国家生死存亡的斗争中，老人家以耄耋高龄，义无反顾地奋斗着"},
{name:"李达康",image:"ldk.jpg",intro:"——李达康是汉东省委常委，京州市委书记，是一
个正义无私的好官，但其过于爱惜自己的羽毛，对待身边的亲人和朋友显得过于无情"},
{name:"沙瑞金",image:"srj.jpg",intro:"——沙瑞金是汉东省委书记。刚至汉东便发生了
丁义珍出逃美国的事件，又遇到大风厂案。深知汉东政治情况的沙瑞金支持侯亮平查案，要求他上不封
顶。"},
{name:"欧阳菁",image:"oyj.jpg",intro:"——欧阳菁是汉东省京州市城市银行副行长，京
州市委书记李达康的妻子，后因感情不和离婚。她曾利用职务的便利贪赃枉法。"},
{name:"丁义珍",image:"dyz.jpg",intro:"——丁义珍的英文名为汤姆丁。汉东省京州市副市
长兼光明区委书记。贪污腐败，逃往国外。"},
{name:"季昌明",image:"jcm.jpg",intro:"——季昌明是汉东省省级检察院检察长，清廉负责，为
人正直，性格温和，但也有些拘泥于教条。对初到汉东省的侯亮平提供了极大的帮助，为破解案件起到了
极大的作用。"},
{name:"钟小艾",image:"zxa.jpg",intro:"——钟小艾是侯亮平的妻子，中纪委调查组的委
派员。"},
{name:"赵瑞龙",image:"zrl.jpg",intro:"——赵瑞龙是副国级人物赵立春的公子，官二代，打着
父亲的旗子，黑白两道通吃，权倾一时。把汉东省搅得天翻地覆。"}];

var edges=[
{source:0,target:1,relation:"师生"},{source:0,target:2,relation:"同门"},
{source:0,target:3,relation:"同学&挚友""},{source:0,target:7,relation:"同事"},
{source:0,target:15,relation:"夫妻"},{source:14,target:0,relation:"上下级"},
{source:1,target:2,relation:"师生"},{source:1,target:3,relation:"师生"},
{source:1,target:6,relation:"情人"}, {source:1,target:11,relation:"上下级"},
{source:1,target:10,relation:"政敌"}, {source:2,target:5,relation:"情人"},
{source:2,target:3,relation:"同门&陷害"},{source:2,target:11,relation:"上下
级"},
{source:3,target:9,relation:"父子"},{source:4,target:5,relation:"商业对手"},
{source:5,target:6,relation:"孪生姐妹"},{source:8,target:11,relation:"上下级"},
{source:9,target:11,relation:"故交"},{source:10,target:11,relation:"上下级"},
{source:10,target:12,relation:"夫妻"},{source:13,target:10,relation:"上下级"},
```

```
{source:12,target:4,relation:"行受贿"},{source:16,target:2,relation:"利益关系"},
{source:16,target:5,relation:"利益关系"}];
```

二、基本力导向图

基本力导向图如下，见代码CH7/renminV7-1.htm。为节省篇幅，代码中只写了三个节点和两条边的数据，详细数据可以参见本书配套代码和数据说明中的数据。其中，节点的半径用节点的边数驱动，在D3.V7中，布局算法本身不再提供d.weight参数，程序中D3的节点属性d.weight由节点和边的数据计算获得，表示节点的边数。

程序编号：CH7/renminV7-1.htm

```
<html>
  <head>
    <title>
        《人名的名义》人物关系
     </title>
  </head>
  <body style="opacity:1">
    <script src="../d3.v7.min.js" charset="utf-8" ></script>
    <script type="text/javascript">
        var
width=(window.innerWidth||document.documentElement.clientWidth||document.
body.clientWidth)*0.98;
        var
height=(window.innerHeight||document.documentElement.clientHeight||document.
body.clientHeight)*0.9;
        var  img_h=50;
        var  img_w=50;
        var  radius=10;
        var svg=d3.select("body")
               .append("svg")
               .attr("width",width)
               .attr("height",height);
         var nodes=[{name:"侯亮平",image:"hlp.jpg",intro:"——侯亮平是最高
检反贪局侦查处处长，汉东省人民检察院副检察长兼反贪局局长。经过与腐败违法分子的斗争，最终将
一批腐败分子送上了审判台，正义战胜邪恶，自己也迎来了成长。"},{name:"高育良",image:"gyl.
jpg",intro:"——高育良是汉东省委副书记兼政法委书记。年近六十，是一个官场老手。侯亮平、
陈海和祁同伟都是其学生。"},{name:"祁同伟",image:"qtw.jpg",intro:"——祈同伟是汉
东省公安厅厅长。出身农民，曾想凭自己的努力走向成功，内心渴望成为一个胜天半子的人，但现实却沉
重地打击了他，进而走上了不归路"}];
        var edges=[{source:0,target:1,relation:"师生"},{source:0,target:2,re
```

```
lation:"
同门"}];

        var color = d3.schemeTableau10;
        var forceSimulation = d3.forceSimulation()
                    .force("link",d3.forceLink())
                    .force("charge",d3.forceManyBody().strength(-1000))
                    .force("center",d3.forceCenter(width/2,height/2));
        forceSimulation.nodes(nodes)
                     .on("tick");
        forceSimulation.force("link")
                     .links(edges)
                     .distance(30);

        console.log(nodes);
        console.log(edges);

        for (var i=0;i<nodes.length;i++){
            var sum=0;
            for(var j=0;j<edges.length;j++){
            if ((edges[j].source.index==i)||(edges[j].source.index==i))
                    sum=sum+1;
            }
            nodes[i].weight=sum;
        }

        var lines=svg.selectAll(".forceLine")
                .data(edges)
                .enter()
                .append("line")
                .attr("class","forceLine")
                .style("stroke","gray")
                .style("opacity",0.4)
                .style( "stroke-width",2);

        var circles=svg.selectAll("forceCircle")
                  .data(nodes)
                  .enter()
                  .append("circle")
                  .attr("class","forceCircle")
                  .attr("r",d=>d.weight*3+4)
                  .style("stroke","DarkGray")
```

```
                .style("stroke-width","0.5")
                .attr("fill",function(d,i){return color[i%10];})
                .call(drag());

        forceSimulation.on("tick",function(){
            lines.attr("x1",function(d){return d.source.x;});
            lines.attr("y1",function(d){return d.source.y;});
            lines.attr("x2",function(d){return d.target.x;});
            lines.attr("y2",function(d){return d.target.y;});
            circles.attr("cx",function(d){return d.x;});
            circles.attr("cy",function(d){return d.y;});
        });
        function drag(){

            function dragstarted(event, d) {
              if (!event.active) forceSimulation.alphaTarget(0.3).restart();
              d.fx = d.x;
              d.fy = d.y;
            }

            function dragged(event, d) {
              d.fx = event.x;
              d.fy = event.y;
            }

            function dragended(event, d) {
              if (!event.active) forceSimulation.alphaTarget(0);
              d.fx = null;
              d.fy = null;
            }

            return d3.drag()
                .on( “start” , dragstarted)
                .on( “drag” , dragged)
                .on( “end” , dragended);
          }
    </script>
  </body>
</html>
```

程序运行结果如图 7–3 所示。

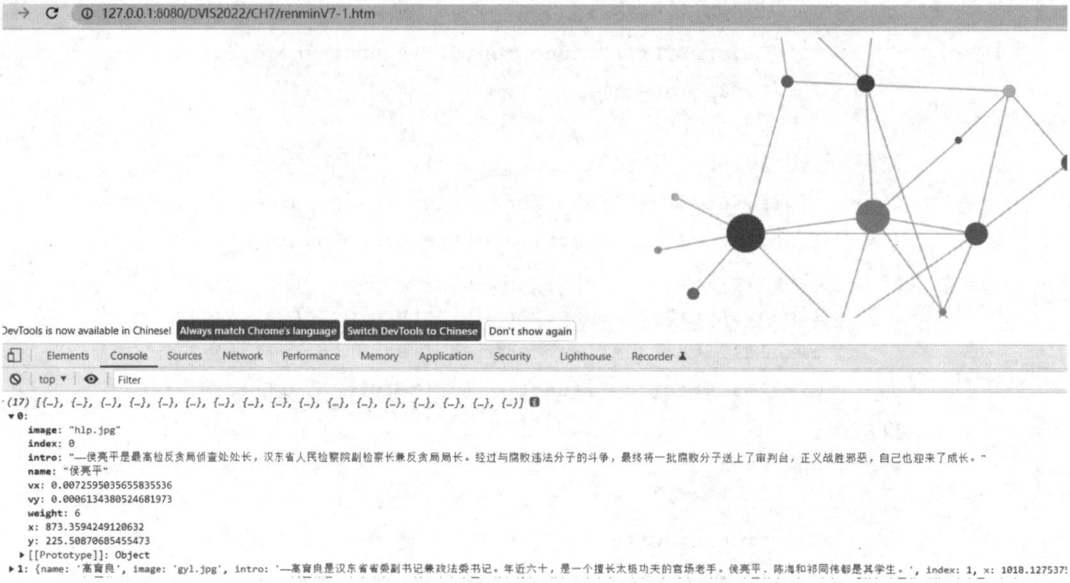

图 7-3 《人名的名义》的人物关系力导向图

三、节点名称与尺寸

软件开发中，要实现数据可视化，需要提供节点的名称。需要添加一组SVG的<text>，它的数据绑定为nodes，显示的文本内容为d.name，即节点的名字。为了使文字随着力导向节点布局不断调整坐标信息，在forceSimulation.on(“tick”,function(){}中添加文本坐标的更新代码。

程序编号：CH7/renminV7-2.htm（代码片段）

```
var texts=svg.selectAll(".forceText")
              .data(nodes)
              .enter()
              .append("text")
              .attr("class","forceText")
              .attr("x",function(d){return d.x;})
              .attr("y",function(d){return d.y;})
              .style("stroke", "#336666")
              .style("stroke-family","仿宋")
              .style("font-size","10px")
              .attr("dx","-1.5em")
              .attr("dy","1.5em")
              .text(function(d){return d.name;});
forceSimulation.on("tick",function(){
            texts.attr("x",function(d){return d.x;});
```

```
                texts.attr("y",function(d){return d.y;});
    });
```

程序运行结果如图 7–4 所示。

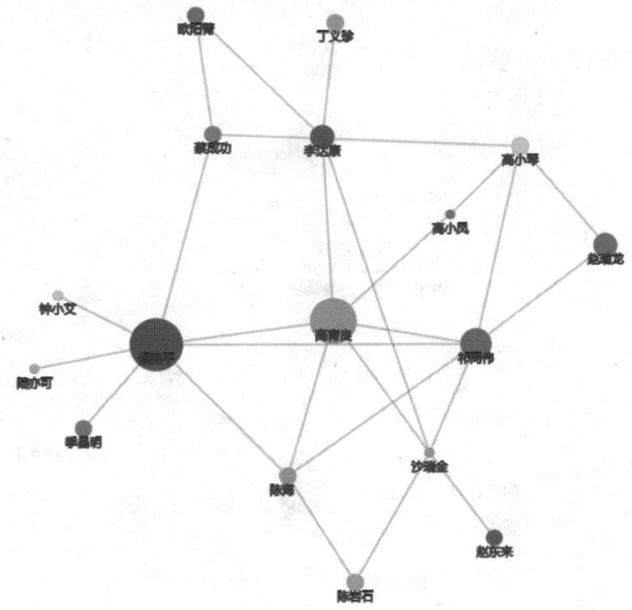

图 7–4 带节点标签的力导向图

图中文字基线坐标（左下角坐标）位于节点坐标左移并下移 1.5 倍字符的位置。我们从图中可以比较清楚地看到，《人名的名义》的主要人物是“侯亮平”“祁同伟”“高育良”“沙瑞金”。

四、边的名称

添加边的名称同样也是添加一组与边数相同的 SVG<text>，见代码片段 CH7/renminV7-3.htm，同样需要在 forceSimulation.on("tick",function(){}) 中更新边文字的坐标。

程序编号：CH7/renminV7-3.htm（代码片段）

```
var edges_text = svg.selectAll(".linetext")
                              .data(edges)
                              .enter()
                              .append("text")
                              .attr("class","linetext")
                              .text(d=>d.relation)
                              .style("stroke","gray")
```

```
                    .style("font-size",8);
forceSimulation.on("tick",function(){
            edges_text.attr("x",d=>(d.source.x + d.target.x) / 2 );
            edges_text.attr("y",d=>(d.source.y + d.target.y) / 2);
      });
```

程序运行结果如图 7–5 所示。

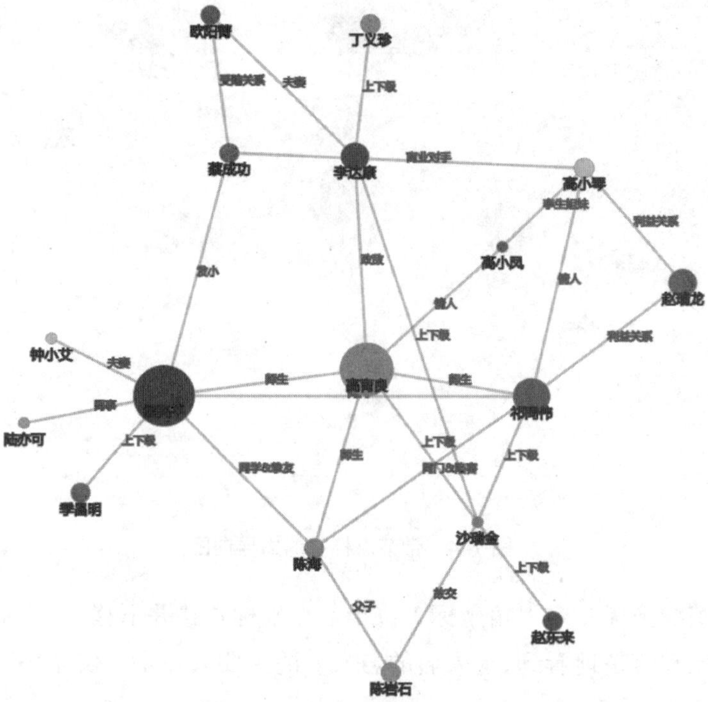

图 7–5　力导向图添加关系名称

五、节点图片

在呈现影视剧人物关系或社交网络方面，如果能为节点添加图片，传达出的节点人物信息会显得更加直观。如下代码 CH7/renminV7–4.htm 在节点上用图片做背景。第一章中用 SVG 自定义元素 <defs> 绘制过箭头，此处，节点添加图片，采用了自定义元素 def=svg.append("defs")，catpattern=defs.append("pattern")，然后对 catpattern 添加图片 catpattern.append("image")，绑定节点的图片名为 d.image，这个元素链接添加对应于节点的图片。程序运行结果如图 7–6 所示。

程序编号：CH7/renminV7-4.htm（代码片段）

```
var  img_h=50;
```

```
  var  img_w=50;
   var  radius=23;

   var circles=svg.selectAll("forceCircle")
                    .data(nodes)
                    .enter()
                    .append("circle")
                    .attr("class","forceCircle")
                    .attr("r",radius)
                    .style("stroke","DarkGray")
                    .style("stroke-width","0.5")
                    .attr("fill",function(d, i){
                //创建圆形图片
                var defs = svg.append("defs").attr("id", "imgdefs");
                       var catpattern = defs.append("pattern")
                                            .attr("id", "catpattern" + i)
                                            .attr("height", 1)
                                            .attr("width", 1);
                         catpattern.append("image")
                                  .attr("x", - (img_w / 2 - radius+5.8))
                                  .attr("y", - (img_h / 2 - radius+3.5))
                                  .attr("width", img_w+11)
                                  .attr("height", img_h+6)
                                  .attr("xlink:href","image/"+d.image);
                         return "url(#catpattern" + i + ")";
                        })
                       .call(drag());
```

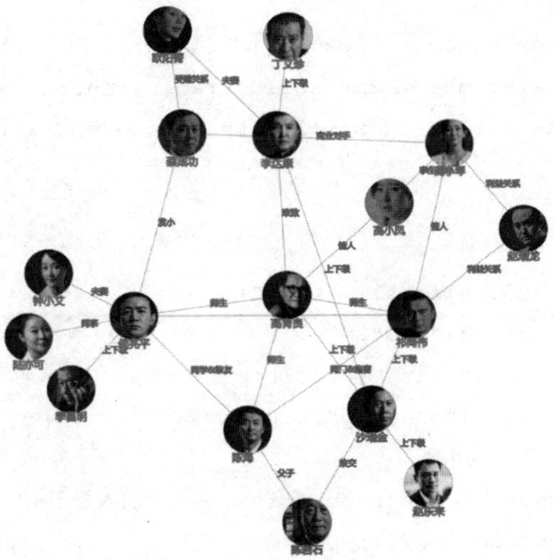

图 7–6 《人民的名义》人物关系图

六、节点提示框

在节点添加提示框，当鼠标悬停时显示。程序<head>添加描述提示框格式的CSS代码。在页面的<body>中添加<div>，作为提示框tooltip。当鼠标移动到节点，加提示框，透明度设置为0.7。参见CH7/renminV7-5.htm。运行结果见图7-7。

程序编号：CH7/renminV7-5.htm（代码片段）

```
<style>
            .tooltip{
               position: absolute;
               width: 160px;
               height: auto;
               font-family: simsun;
               font-size: 10px;
               text-align: left;
               color: black;
               border-width: 1px solid black;
               background-color: 7FFF00;
               border-radius: 3px;
           }
           .tooltip:after{
              content: '' ;
              position: absolute;
              bottom: 100%;
              left: 20%;
              margin-left: -3px;
              width: 0;
              height: 0;
              border-bottom: 12px solid black;
              border-right: 12px solid transparent;
              border left: 12px solid transparent;
          }
</style>
//提示框部分
        var tooltip=d3.selectAll("body")
                  .append("div")
                  .attr("class","tooltip")
                  .style("opacity",0.0);
//当鼠标移动到节点时，加入提示框
circles.onon("mouseover",function(d,i){      //加入提示框
                 console.log(d);
                 tooltip.html("角色简介："+d.srcElement.__data__.intro)
                                .style("left",d.x+"px")
```

```
                    .style("top",d.y+"px")
                    .style("opacity",0.7);
})
```

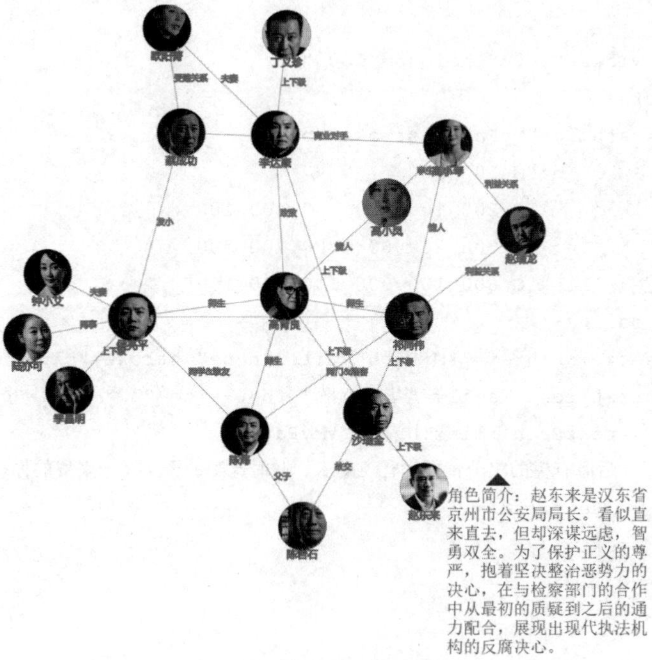

图 7–7 带有提示框的力导向图

第三节 基于路径绘制力导向图

本章第二节绘制的力导向图，如果在边上添加文字，由于文字始终都是横向的，看上去比较乱，如果文字与边平行，则可以提升其视觉效果。

一、基于路径绘制与直线平行的文字

在SVG里，可以使用<path>让文字沿着路径排列，实现与路径平行的文字。<textPath>可以在<text>标记内部引用预定义的<path>，使用xlink:href属性指明需要引用的路径的ID。

程序代码：CH7/pathText.htm

```
<html>
  <head>
```

```
    <title>
        路径文字
    </title>
  </head>
  <body>
       <svg width="100%" height="100%">
         <defs>
           <path id="MyPath" stroke="blue"
                d="M 100 200
                   C 200 100 300   0 400 100
                   C 500 200 600 300 700 200
                   C 800 100 900 100 900 100" />
          </defs>
         <use xlink:href="#MyPath" fill="none" stroke="blue"  />
           <text font-family="华文行楷" font-size="32" fill="green">
             <textPath xlink:href="#MyPath">
              后海有树的院子，夏代有工的玉，此时此刻的云，二十来岁的你……
             </textPath>
           </text>
         </svg>
    </body>
</html>
```

代码运行结果如图 7–8 所示。

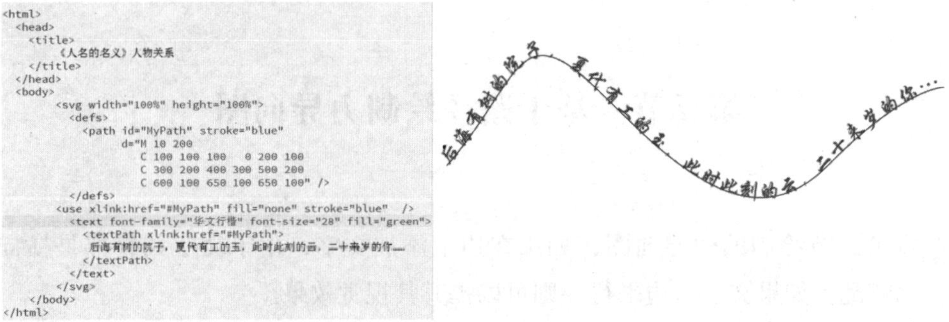

图 7–8　路径文字示例

二、基于路径绘制力导向图

基于路径绘制力导向图，节点的绘制 <circle> 和节点文字 <text> 与第二节没有差别，边的绘制是基于 <path> 的，边上的 <text> 添加 <textPath> 属性即可。程序代码见 CH7/renminV7OK.htm。

由于每个边上的文字要与对应的 <path> 绑定，需要对路径指定一个 "id"

属性，本例中为"edgepath" +i，而在边上的文字pathtext中，为文本添加路径.append('textPath')，指定锚点居中.attr("text-anchor", "middle")，偏移量为50%，即.attr("startOffset","50%")，并设置每一个文字使用哪一条路径.attr('xlink:href', function(d,i) { return "#edgepath" + i; })，即每个文本使用与边对应的路径。

程序编号：CH7/renminV7-OK.htm

```
<html>
  <head>
    <title>
      《人名的名义》人物关系
    </title>
 </head>
 <body style=" opacity:1">
    <script src="../d3.v7.min.js" charset="utf-8" ></script>
    <script type="text/javascript">
       var
width=(window.innerWidth||document.documentElement.clientWidth||document.body.
clientWidth)*0.98;
        var
height=(window.innerHeight||document.documentElement.clientHeight||document.
body.clientHeight)*0.9;
        var svg=d3.select("body")
                .append("svg")
                .attr("width",width)
                .attr("height",height);
         var nodes=[{name:"侯亮平",image:"hlp.jpg",intro:"——侯亮平是最高检反贪
局侦查处处长，汉东省人民检察院副检察长兼反贪局局长。经过与腐败违法分子的斗争，最终将一批腐
败分子送上了审判台，正义战胜邪恶，自己也迎来了成长。"},
                    {name:"高育良",image:"gyl.jpg",intro:"——高育良是汉东省委
副书记兼政法委书记。年近六十，是一个官场老手。侯亮平、陈海和祁同伟都是其学生。"},
                    {name:"祁同伟",image:"qtw.jpg",intro:"——祈同伟是汉东省公安
厅厅长。出身农民，曾想凭自己的努力走向成功，内心渴望成为一个胜天半子的人，但现实却沉重地打击
了他，进而走上了不归路"}];
        var edges=[{source:0,target:1,relation:"师生"
},{source:0,target:2,relation:"
同门"}];

       var color = d3.schemeTableau10;

       var forceSimulation = d3.forceSimulation()
                 .force("link",d3.forceLink())
                 .force("charge",d3.forceManyBody().strength(-1000))
```

```
                    .force("center",d3.forceCenter(width/2,height/2));

        forceSimulation.nodes(nodes)
                      .on("tick");
        forceSimulation.force("link")
                    .links(edges)
                    .distance(30);
        for (var i=0;i<nodes.length;i++){
            var sum=0;
            for(var j=0;j<edges.length;j++){
                if
    ((edges[j].source.index==i)||(edges[j].source.index==i))
                    sum=sum+1;
            }
           nodes[i].weight=sum;
        }

        var path = svg.selectAll("path")
                      .data(edges)
                      .enter()
                      .append("path")
                      .attr("id", function(d,i) {
                          return "edgepath" +i;
                       })
                       .attr("class","edges")
                       .attr("fill","none")
                       .attr("stroke","#666");

           var pathtext = svg.selectAll('g')
                             .data(edges)
                             .enter()
                             .append("text")
                             .append('textPath')
                             .attr("text-anchor", "middle")//居中
                             .attr("startOffset","50%")
           .attr('xlink:href', function(d,i) { return "#edgepath" + i; })
                             .style("font-size","10px")
                             .text(function(d) { return d.relation; });

           var circles=svg.selectAll("forceCircle")
                      .data(nodes)
                      .enter()
                      .append( “circle” )
```

```
                .attr("class","forceCircle")
                .attr("r",d=>(d.weight*3+4))
                .style("stroke","black")
                .style("stroke-width","0.5")
                .attr("fill",(d,i)=>color[i%10])
                .call(drag());

    var texts=svg.selectAll(".forceText")
            .data(nodes)
            .enter()
            .append("text")
            .attr("class","forceText")
            .attr("x",function(d){return d.x;})
            .attr("y",function(d){return d.y;})
            .style("stroke",color[2])
            .style("stroke-family","仿宋")
            .style("font-size","10px")
            .attr("dx","-1.5em")
            .attr("dy","2em")
            .text(function(d){return d.name;});

    forceSimulation.on("tick",function(){
        path.attr("d", function(d) {
            var dx = d.target.x - d.source.x;//增量
            var dy = d.target.y - d.source.y;
            return "M" + d.source.x + ","+ d.source.y + "L" + d.target.
x + "," + d.target.y;
        });
        circles.attr("cx",function(d){return d.x;});
        circles.attr("cy",function(d){return d.y;});
        texts.attr("x",function(d){return d.x;});
        texts.attr("y",function(d){return d.y;});
    });

    function drag(){

        function dragstarted(event, d) {
          if (!event.active) forceSimulation.alphaTarget(0.3).restart();
          d.fx = d.x;
          d.fy = d.y;
        }

        function dragged(event, d) {
```

```
                d.fx = event.x;
                d.fy = event.y;
                }

              function dragended(event, d) {
                if (!event.active) forceSimulation.alphaTarget(0);
                d.fx = null;
                d.fy = null;
              }

              return d3.drag()
                  .on("start", dragstarted)
                  .on("drag", dragged)
                  .on("end", dragended);
            }
        </script>
      </body>
    </html>
```

还需要说明的是，在tick()函数中需要更新节点circle和节点文本nodetext的坐标信息，与第二节没太大差别，但是对于路径<path>表示的边信息来说，需要更新的是路径的数据属性path.d。程序运行结果如图7–9所示。

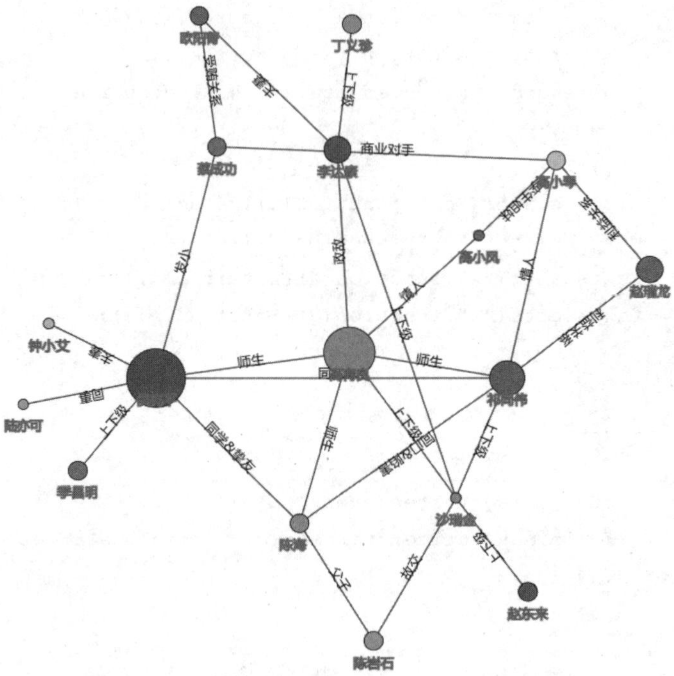

图 7–9　边上的文字与边平行的力导向图

三、有向图的力导向图

绘制箭头，添加<defs>，并定义一个<marker>，这个marker是用<path>实现的箭头样式，参见第一章第一节。在路径表示的边上，添加尾端样式为箭头即可。运行结果如图7–10所示。

程序编号：CH7/renminV7-MarkerOK.htm（代码片段）

```
//箭头绘制
        var defs = svg.append("defs");
        var radius=10;
        var arrowMarker = defs.append("marker")
                                .attr("id","arrow")
                                .attr("markerUnits","strokeWidth")
                                .attr("markerWidth","8")
                                .attr("markerHeight","8")
                                .attr("viewBox","0 0 8 8")
            .attr("refX",12+radius/8-2)    //实际是radius/strokeWidth
                                .attr("refY",2)
                                .attr("orient","auto");
       var arrow_path = "M0,1 L4,2 L0,3 L0,0";
       arrowMarker.append("path")
                  .attr("d",arrow_path);

//用路径创建边
        var path = svg.selectAll("path")
                        .data(edges)
                        .enter()
                        .append("path")
                        .attr("id", function(d,i) {
                           return "edgepath" +i;
                        })
                        .attr("class","edges")
                        .attr("fill","none")
                        .attr("stroke","#666")
                        .attr("stroke-width","1.5px")
                        .attr("marker-end","url(#arrow)");
```

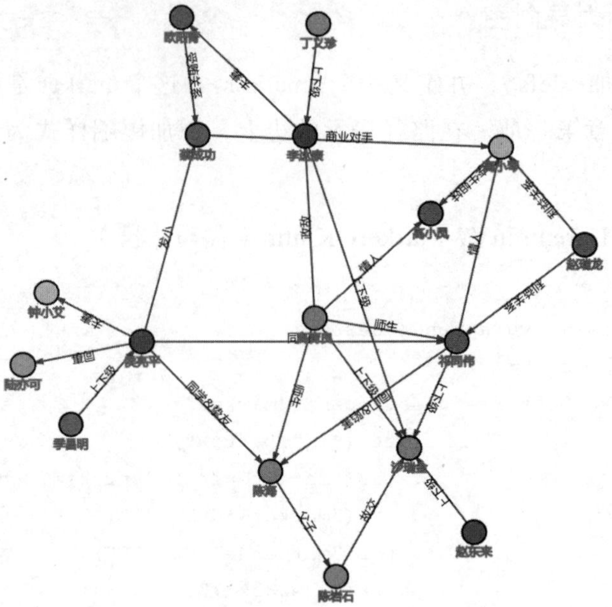

图 7-10　基于箭头的有向图的力导向布局

四、节点为图像的有向力导向图

综合第二节和第三节的内容，代码合成为如图 7-11 所示的结果。参见本书配套代码 CH7/renminV7.htm。

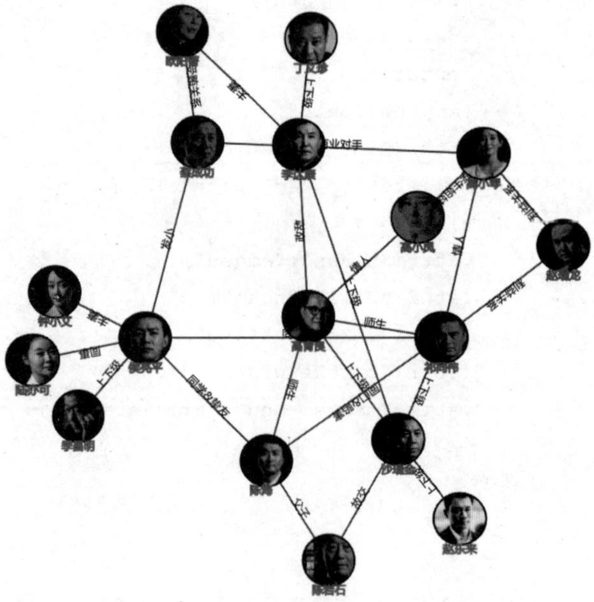

图 7-11　《人名的名义》人物关系力导向图

小结

力导向图是可视化的重要算法，本章循序渐进地论述了D3力导向的实现原理和可视化信息表达，展现了节点、边及它们的提示信息、交互逐步完成，一定要理解D3的布局是计算，不是绘图。此外，D3.V7与D3.V3相比在力导向图绘制上差别较大，但布局效果更优美。

作业

找一个关系型数据，整理为D3力导向图要求的格式，或用程序生成这种格式的数据，节点数20以上，绘制一个力导向图。

8 CHAPTER

第八章 地图可视化

地图包含表示地理位置相关的信息，特别是在地域数据分析中，地图可视化有通览全局的意义。本章从工程的角度介绍了D3地图可视化，地图的轮廓是根据已有的开源数据完成的，只把用户数据加载到地图数据的对应位置并用色彩字体字号区分表示即可。

第一节　地图轮廓数据

一、地图概述

地图数据一般保存为JSON格式，D3常用的两种格式为GeoJSON和TopoJSON。GeoJSON是表述地理信息的一种基本格式，TopoJSON是由D3作者Mike Bostock制定的格式。

图8-1显示了一些地图数据的变形。

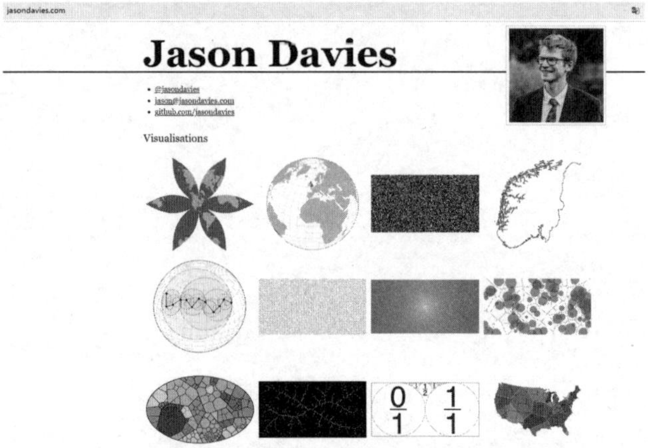

图8-1　地图轮廓

二、GeoJSON 数据格式

GeoJSON 是用于描述地理空间信息的一种数据格式，遵循 JSON 格式规范。GeoJSON 的最外层是对象（Object），包括几何体（Geometry）、特征（Feature）和特征集合（FeatureCollection）

GeoJSON 对象的 type 属性表示它的类型，其值为点（Point）、多点（MultiPoint）、线（LineString）、多线（MultiLineString）、面（Polygon）、多面（MultiPolygon）、几何体集合（GeometryCollection）、特征（Feature）、特征集合（FeatureCollection）。以下为北京地图数据的片段，附属代码中 CH8/beijing.json。

数据编号：CH8/beijing.json（数据片段）

```
{"type": "FeatureCollection","features":[{"type":
"Feature","properties":{"id":"110228","name":"密云县","cp":[117.0923,40.5121]……
```

从上面的 GeoJSON 数据实例来看，实际是用几何体的描述数据来绘制地图各区域图形的边界。

三、TopoJSON 数据格式

D3 作者 Mike Bostock 把 GeoJSON 按拓扑学编码后生成了一种压缩地图格式，算是 GeoJSON 的扩展形式，边界线只记录一次，地理坐标使用整数，非浮点数，平均缩小 80% 的数据量，一个 250kb 的地图可以压缩到 41kb。

第二节　D3 地图轮廓可视化

一、球形墨卡托投影

GeoJSON 文件中的地图数据都是经度和纬度的信息。它们都是三维的，而要在网页上显示二维数据，需要设定一个投影函数来转换经度纬度。本例先介绍球型墨卡托投影 d3.geoMercator() 方式，经此投影的地图，经纬线于任何位置垂直相交，使地图可绘制在矩形上。

D3 的官方文档（https://github.com/mbostock/d3/wiki/Geo-Projections）中有各种投影的函数，可以参考。如下代码片段，定义一个墨卡托投影，.center() 指定地图中心经纬度，.scale() 指定放大比例，.translate() 平移坐标原点到 SVG 绘图区宽高一半的位置。

```
var projection = d3.geoMercator()
```

```
                .center([116.3956, 39.93])
                .scale(15000)
                .translate([width/2, height/2]);
```

投影方式的比较，如图8–2所示。

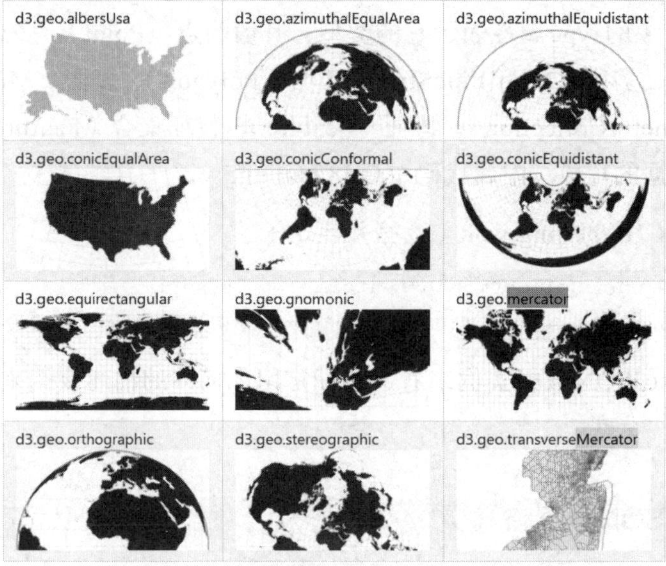

图 8–2　D3 地图可视化投影方式比较

二、地理路径生成器

为了根据地图的地理数据生成SVG中path元素的路径值，需要用到 d3.geoPath()，它常被称为地理路径生成器，传入的参数是前面的投影，输出路径信息。

```
//定义地形路径生成器
    var path = d3.geoPath()
                    .projection(projection);    //设定投影
```

三、一个地图数据的示例

这个例子中直接给了一组数据，绘制图形。

程序编号：map.htm

```
<html>
<head>
  <script src="./d3.v7.min.js"></script>
</head>
<body>
```

```
    <svg id="my_svg" width="1000" height="1000"></svg>
    <script>
      // 创建一个地理投影
      var projection = d3.geoMercator().scale(100)
                         .center([0, 0]);
      // 创建一个地理路径生成器
      var path = d3.geoPath().projection(projection);
      // 假设你有一个GeoJSON对象
      var geojson = {
        type: "Feature",
        geometry: {
          type: "Polygon",
          coordinates: [[
            [0, 60], [10, 40], [-10, 40],
            [0, 60], [20, 20], [-20, 20],
            [0, 60], [30, 0], [-30, 0], [0, 60]
          ]]
        }
      };
      // 使用路径生成器来转换GeoJSON对象
      var d = path(geojson);
      // 现在你可以将d用作<path>元素的d属性
      d3.select("#my_svg").append("path").attr("d", d).attr("fill", "green");
    </script>
  </body></html>
```

它是一棵小圣诞树。参见图8-3。（这段程序是由GPT-4生成的，AI辅助编程成为如今程序员工作的常态）。

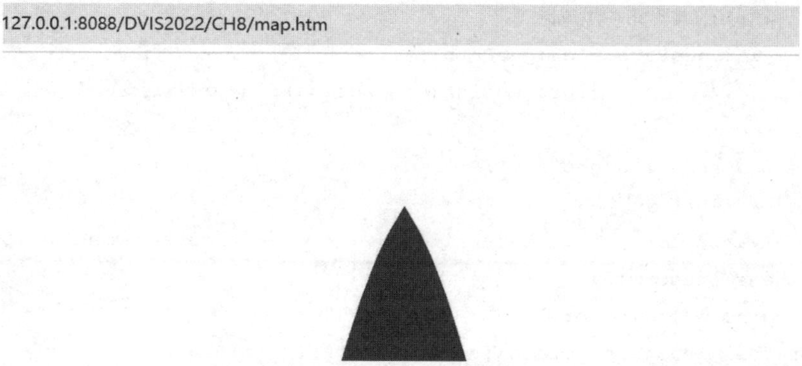

图 8-3　GeoJson 数据示例

通过加载外部的GeoJSON文件，加载一个北京地图数据，然后在绘图区SVG中添加一组<g>元素，在<g>中添加<path>，绑定数据为.data(root.features)，root是装入的

GeoJSON地图数据，而这些数据与前面的地形数据path对应，再把<path>的d属性设置为与地图数据对应的path。

程序编号：CH8/BeijingMap.htm

```
<html>
    <head>
        <meta charset="utf-8">
        <title>基于GeoJSON绘制北京地图</title>
    </head>
    <body>
        <script src="../d3.v7.min.js" charset="utf-8"></script>
        <script>
            var
width=(window.innerWidth||document.documentElement.clientWidth||document.
body.clientWidth)*0.98;
            var
height=(window.innerHeight||document.documentElement.clientHeight||document.
body.clientHeight)*0.98;

            var svg = d3.select("body").append("svg")
                        .attr("width", width)
                        .attr("height", height);

            var projection = d3.geoMercator()
                                .center([116.3956, 39.93])
                                .scale(10000)
                                .translate([width/2, height/2]);

            //定义地形路径生成器
            var geoPath = d3.geoPath()
                            .projection(projection);    //设定投影

            console.log(geoPath);
            //颜色比例尺
            var color = d3.schemePaired;            //d3.schemeBlues[9];
 //d3.schemeCategory10;
        console.log(color);
 d3.json("beijing.json").then(function(data){
            var scaleColor = d3.scaleOrdinal()
                    .domain(d3.range(data.features.length))
                    .range(d3.schemeCategory10);
            var groups = svg.append("g");
```

```
        groups.selectAll("path")
            .data(data.features)
            .enter()
            .append("path")
            .attr("class","province")
            .attr("stroke","black")
            .attr("fill",(d,i)=>color[i%12])
            .attr("d",(d,i)=>geoPath(d));    //使用路径生成器
        });
    </script>
  </body>
</html>
```

一个国家的地图是领土的可视化表达，因此在做可视化作品时，务必检查地图数据的质量，防止使用错误的地图数据。北京各区县地图程序运行结果见图8-4。

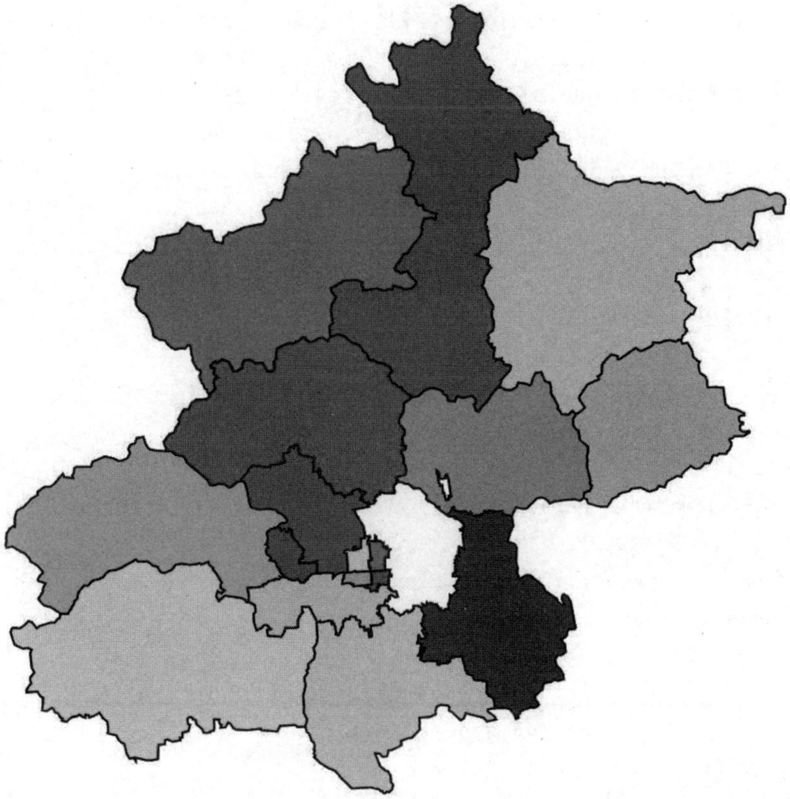

图 8-4　地图基本地形信息

第三节　D3地图可视化实例

一、北京市各区县GDP数据地图

本例是2022年北京市16区县人口（百万）和GDP（亿元）数据，按照第一节beijing.json中区域的ID排序，最后两个数据为现在的西城区的一部分（原宣武区）和现在的东城区一部分（原崇文区）。本例使用了线性比例尺，把全部原生数据从[100,5500]映射到[20,180]的红色区间，即色彩数组mapcolor，并用不同的红色显示。同时需要修改绘制<path>的填充色彩，在代码中用红色标出。

程序编号：CH8/beijingMapV7GDP.htm（代码片段）

```
  const gdp = [
    ["密云县", 52.6, 361.9], ["怀柔区", 43.9, 451.5],
    ["房山区", 131.1, 860.9], ["延庆县", 34.4, 213],
    ["门头沟区", 39.6, 272.2], ["昌平区", 226.7, 1340.8],
    ["大兴区", 199.1, 1000], ["顺义区", 132.5, 2080],
    ["平谷区", 45.6, 408.6], ["通州区", 184.3, 1253.4],
    ["朝阳区", 344.2, 7911.2], ["海淀区", 312.4, 10206.9],
    ["丰台区", 201.2, 2061.8], ["石景山区", 56.3, 980],
    ["西城区", 110.0, 5700.1], ["东城区", 70.4, 3370],
    ["西城区", 110.0, 5700.1], ["东城区", 70.4, 3370]
   ];
  const linear = d3.scaleLinear()
                 .domain([100, 5500])
                 .range([20, 180]);
  var mapcolor = new Array();
  for (var i = 0; i < 18; i++) {
   mapcolor[i] = "#" + parseInt(255 - linear(gdp[i][2])).toString(16) + "0000";
          }
d3.json("beijing.json").then(function(data){
    console.log(data);
    var scaleColor = d3.scaleOrdinal()
                 .domain(d3.range(data.features.length))
                 .range(d3.schemeCategory10);
    var groups = svg.append("g");
    groups.selectAll("path")
          .data(data.features)
          .enter()
          .append("path")
          .attr("stroke","black")
```

```
            .attr("fill",(d,i)=>mapcolor[i])
            .attr("d",(d,i)=>geoPath(d));    //使用路径生成器
            });
```

程序运行结果如图8-5所示。

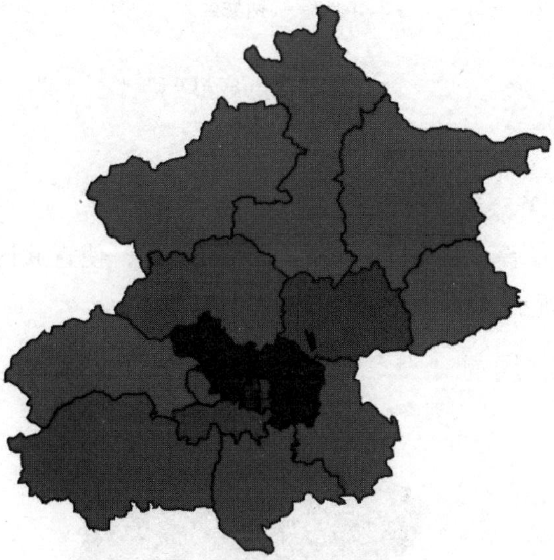

图8-5 GDP数据的地图色彩可视化

二、添加文字和数据

为地图的每个行政区填充名称，即添加一组<text>，并指定它们的坐标位置信息。对于不规则图形<path>的坐标中心，D3提供了path.centroid(d)返回它的中心，即一个数组，表示坐标中心(x,y)值。程序片段如下：

程序编号：CH8/BeijingMapGDPOK.htm（代码片段）

```
var texts = svg.selectAll(".texts")
          .data(root.features)
          .enter()
          .append("text")
          .attr("class", "texts")
          .text(function(d){
        if((d.properties.name=="宣武区")||(d.properties.name=="崇文区"))
              return "";
         else
              return d.properties.name;
          })
          .attr("transform", function(d) {
```

```
                    var centroid = path.centroid(d),
                        x = centroid[0]-20,
                        y = centroid[1];
            if((d.properties.name=="宣武区")||(d.properties.name=="崇文区"))
                        y=y+805;
            if(d.properties.name=="西城区")
                        y=y+20;
                        return "translate(" + x + ", " + y + ")";
             })
                .attr('fill','#FFF')
                attr("font-size","12px");
```

为了去掉文字的重叠，移动了西城区文字的坐标，使宣武区和崇文区不显示。程序运行结果如图8–6所示。

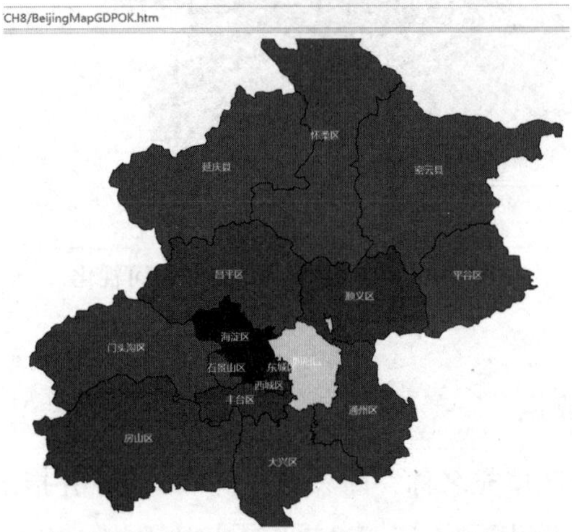

图 8–6　地图中添加文字信息和交互

三、添加交互

为地图的每一个区域添加一个交互，代码片段如下。鼠标移入时，填充黄色，鼠标移出时，恢复原来的色彩。运行结果见图8–7所示。此处为了获得下标i的值，特别推导了一下。在d3.v7.js中，事件提供了两个参数事件event和数据d，没有下标i，因此需要重新算一下。

程序编号：CH8/BeijingMapGDPOK.htm（代码片段）

```
        .on("mouseover",function(d,i){
            d3.select(this)
               .attr("fill","yellow");
          })
```

```
        .on("mouseout",function(d,i){
            d3.select(this)
              .attr("fill",mapcolor[i]);
        });
```

此例中为对比数据，如图8-7绘制了北京市各区县人口数据和人均GDP数据。

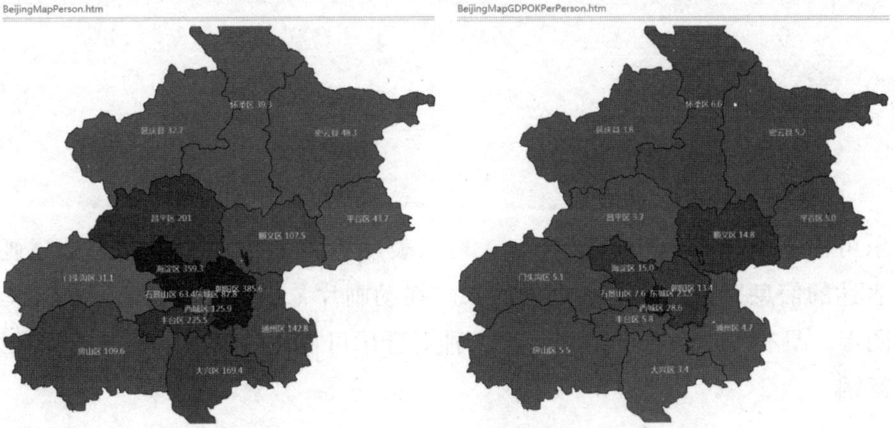

常住人口　　　　人均GDP

图8 7　北京市各区县人口数据和GDP比较

小结

地图是展示地理位置信息的最好方式，地图常常用作Dashboard（仪表盘），作为导航的入口，因此是非常重要的布局。本章介绍了D3示意地图的可视化。

作业

绘制一个北京地图和直方图，或地图和饼图混合的复合地图，直方图或饼图中心位于地图区域轮廓的中心。

9 CHAPTER

第九章 音乐可视化

音乐可视化（Music Visualization）可以表述为“从音乐到图形”，通过画面来传递音乐表达的信息，达到视听结合的效果。在动画片、广告片中，音乐的节奏驱动可视化的图形，具有主动动画的效果。另一种对音乐可视化的描述，就是让你看见音乐、图形的舞蹈。

第一节　音乐可视化 API

一、可视化效果

直到现在，Web 上的音频仍然不存在一项旨在网页上播放音频的标准。今天，大多数音频是通过插件来播放的。然而，并非所有浏览器都拥有同样的插件。HTML5 规定了一种利用<audio>元素来包含音频的标准方法，<audio>元素能够播放声音文件或者音频流。HTML5 提供了 Web Audio 处理的 API。

图 9–1 为一个音乐可视化实例，点击【播放】按钮后，直方图根据音乐变化。

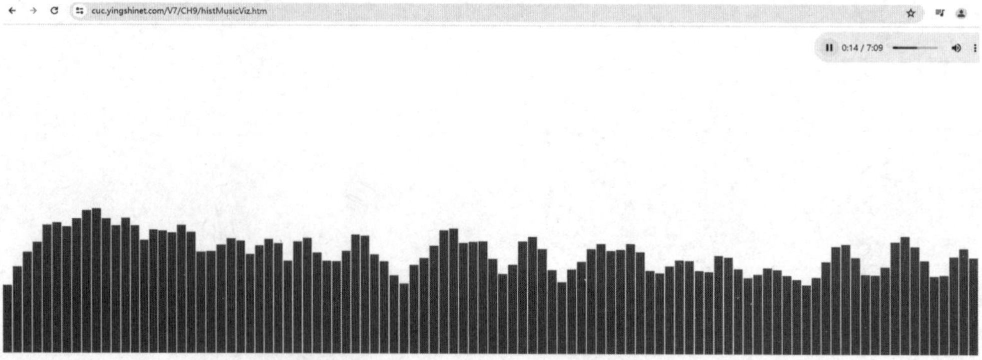

图 9–1　直方图音乐可视化

程序见CH9/histMusicViz.htm。程序前半部分用JavaScript和SVG创建一个直方图。

二、Web页面添加音频控件

与音乐处理相关的语句如下：添加一个音频控件<audio>，设定关联的音频文件，本例为HeyJude.mp3。

```
<audio id="audioElement" src="HeyJude.mp3" controls="controls"></audio>
```

三、添加音频上下文

Web Audio API 提供了在Web上音频操作的API，允许开发者对音频添加特效或者抽取音频数据可视化展示等。音频输出之前通过上下文（Context）以及节点（Nodes）来操纵音频。

创建AudioContext，将其音频源设置为上面定义的<audio>。再创建一个音频分析器AnalyserNode，与音频上下文AudioContext连接。Analyser再连接AudioContext，否则数据只进不出就会导致没有声音。

```
            //取音乐的频率
        var audioCtx = new (window.AudioContext || window.webkitAudioContext)();
        var audioElement = document.getElementById('audioElement');
        console.log(audioElement[]);
        var audioSrc = audioCtx.createMediaElementSource(audioElement);
            var analyser = audioCtx.createAnalyser();
            audioSrc.connect(analyser);
            audioSrc.connect(audioCtx.destination);

            var myhist = document.getElementsByTagName("rect");
            var frequencyData = new Uint8Array(100);
```

图9-2是AudioContext在Chrome浏览器中运行调试的截图，显示了采样率为48000、是否运行、运行到的时间等信息。

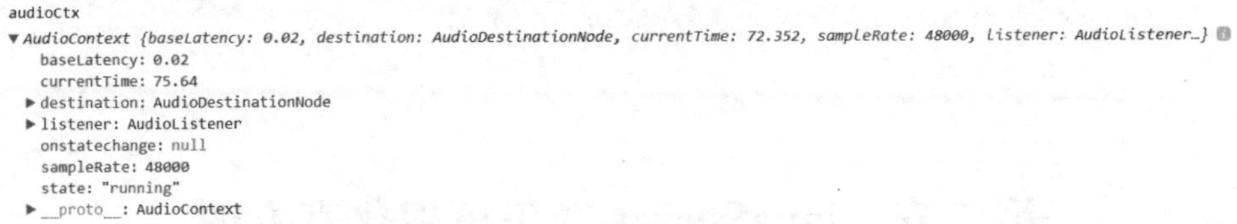

图9–2　音频上下文

图9–3是音频源节点的参数，它的上下文为AudioContext，媒体元素为音频元素audio#audioElement。

```
audioSrc
▼MediaElementAudioSourceNode {mediaElement: audio#audioElement, context: AudioContext, numberOfInputs: 0, numberOfOutputs: 1, channelCount: 2…}
   channelCount: 2
   channelCountMode: "max"
   channelInterpretation: "speakers"
 ▶context: AudioContext
 ▶mediaElement: audio#audioElement
   numberOfInputs: 0
   numberOfOutputs: 1
 ▶__proto__: MediaElementAudioSourceNode
```

图 9–3　音频源节点的参数

创建一个分析器节点，分析音频上下文的频率数据，如图 9–4 所示。

```
analyser
▼AnalyserNode {fftSize: 2048, frequencyBinCount: 1024, minDecibels: -100, maxDecibels: -30, smoothingTimeConstant: 0.8…}
   channelCount: 2
   channelCountMode: "max"
   channelInterpretation: "speakers"
 ▶context: AudioContext
   fftSize: 2048
   frequencyBinCount: 1024
   maxDecibels: -30
   minDecibels: -100
   numberOfInputs: 1
   numberOfOutputs: 1
   smoothingTimeConstant: 0.8
 ▶__proto__: AnalyserNode
```

图 9–4　音频分析器

上段代码中添加了一个数组来存储获得的音频频谱。

四、音频数据与 SVG 中的图形关联

把获取的频谱数据，映射到直方图矩形的高度和坐标起点上。

```
analyser.getByteFrequencyData(frequencyData);
```

这句代码会获取一个字节表示的频谱数据，即数值在 [0,255] 之间。

五、设置定时器动态更新

定时从 AnalyserNode 获取音频数据，利用更新的数据，控制图形的尺寸变化，实现动态更新。每隔 50 毫秒调用一次函数 every20。因为按照 1000ms/25 帧 =40ms 的速度进行变化，人眼感觉不会有跳变，所以 50 毫秒是合适的。

```
window.setInterval(every20, 50);
```

第二节　JavaScript 音乐可视化直方图

完整的代码见 CH9/histMusicViz.htm。程序运行结果如图 9–1 所示。

```
<html>
  <head>
    <title>音乐可视化 </title>
  </head>
  <body>
        <div align="right">
      <audio id="audioElement" src="HeyJude.mp3" controls="controls"></audio>
        </div>
        <svg id="wcSvg" width="1000" height="800"</svg>
        <script>
var w=window.innerWidth||
document.documentElement.clientWidth||document.body.clientWidth;
var h=window.innerHeight||
document.documentElement.clientHeight||document.body.clientHeight;
            console.log("w="+w+";h="+h);
            //绘制直方图
            var x=w*0.98/100,y=700;
            var mysvg = document.getElementById("wcSvg");
            mysvg.setAttribute("width", w*0.98);
            var svgrec= new Array();
            for(var i=0;i<100;i++){
                svgrec[i] = document.createElement("rect");
                mysvg.appendChild(svgrec[i]);
                var h=0;
                svgrec[i].outerHTML="<rect x="+(i*x)+" y="+(y-h)+" width="+(x*0.9)+"
                height="+(h)+" style='fill:rgba(0,0,255,0.7)'>";
            }
            //取音乐的频率
            var audioCtx = new (window.AudioContext ||
window.webkitAudioContext)();
            var audioElement = document.getElementById('audioElement');
            console.log(audioElement[]);
            var audioSrc = audioCtx.createMediaElementSource(audioElement);
            var analyser = audioCtx.createAnalyser();
            audioSrc.connect(analyser);
            audioSrc.connect(audioCtx.destination);

            var myhist = document.getElementsByTagName("rect");
            var frequencyData = new Uint8Array(100);

            function every20(){
                analyser.getByteFrequencyData(frequencyData);
```

```
                for(var idx in myhist) {
                    if (myhist[idx].getAttribute && frequencyData[idx])
                    {
                     myhist[idx].setAttribute("y", y-frequencyData[idx]);
                     myhist[idx].setAttribute("height", frequencyData[idx]);
                    }
                }
            }
            window.setInterval(every20, 50);
        </script>
    </body>
</html>
```

此例要注意，现在浏览器标准不再默认允许播放声音，所以需要打开浏览器的声音设置。如Chrome，在右上角点击“更多”图标，然后点击【设置】，点击【隐私设置和安全性】中的【网站设置】，在【声音】中，选上“网站可以播放声音”。其中也提示了“网站会在您访问时自动采用此设置”。

第三节　D3音乐可视化南丁格尔图

一、基于D3的音乐驱动的南丁格尔图

相比第一节JavaScript的音乐可视化，基于D3的音频可视化相对简单些。

本节的主要目的是用D3绘制南丁格尔图，并拼接音频频谱获取部分代码。

二、绘制一个有N个弧的南丁格尔图

定义一个二维数组dataset，此例中，音乐的频谱均分为100份，绘制一个角度相同、外径不同的南丁格尔图。也就是说，原生数据二维数据dataset，一个存储每一份的大小，另一个存储一个随机数，暂时表示变化的音频。先模拟绘制出静态的图形。

进一步用d3.pie生成饼图布局，它绑定的值是二维数组的第一个值。用d3.arc配置绘制弧的内外半径，内半径为常数（此例为80），外半径暂时为原生数据的第一个值120。绘图区添加SVG，添加一组路径，注意此处绑定的数据是pie(dataset)，也就是绑定了一组由原生数据生成的角度首尾相接的弧度值，即在后面引用的形参d，而这个<path>中的数组数据，需要对每个弧更新它的外径，静态时为[120,255]之间的随机数，并把当前形参d代表的弧度传入arcPath(d)生成绘制<path>所需要的坐标信息。

```
var dataset=new Array(100);
for(var i=0;i<dataset.length;i++){
            dataset[i]=new Array();
            dataset[i][0]=120;
            dataset[i][1]=100+Math.floor(Math.random()*(255-100));
}
//转化数据为适合生成饼图的对象数组
var pie =d3.pie()
                    .value(function(d){return d[0];});
var arcPath=d3.arc()//内外半径
               .innerRadius(innerR)
               .outerRadius(function(d,i) {
                   return d.value;
               });
var svg=d3.select("body")
          .append("svg")
          .attr("width",width)
          .attr("height",height);

var arcs=svg.selectAll("path")
             .data(pie(dataset))              //原生数据-->起止角度
             .enter()
             .append("path")
    .attr("transform", "translate(" + width/2 + "," + height/2 + ")")
             .attr("fill",function(d,i){        //填充颜色
                   return 'rgb(0,0,'+dataset[i][1]+')';
               })
             .attr("stroke","#FFF")
             .attr("d",function(d,i){
                   //起止角度(内外半径)——>路径的参数
                   arcPath.outerRadius(dataset[i][1]);
                   return arcPath(d);
               });
```

三、更新南丁格尔图的外径

如同第一节，创建音频上下文并创建一个频谱分析器，取得音频的频谱数据，把动态的音频映射到弧形arcPath的外径上。通过更新页面产生动画，D3提供了请求动画帧的函数requestAnimationFrame()，实现动画效果。

完整的程序见CH9/D3Music.htm。运行结果见图9-5。

```
<html>
  <head>
```

```
  <title>基于D3的音乐可视化</title>
</head>
<body>
  <audio id="audioElement" src="HeyJude.mp3" controls="controls"></audio>
  <script src="../d3.v7.min.js" charset="utf-8"></script>
  <script>
        var audioCtx = new (window.AudioContext || window.webkitAudioContext)();
        var audioElement = document.getElementById('audioElement');
        var audioSrc = audioCtx.createMediaElementSource(audioElement);
        var analyser = audioCtx.createAnalyser();
        //绑定分析器到音频媒体元素
        audioSrc.connect(analyser);
        audioSrc.connect(audioCtx.destination);
        var frequencyData = new Uint8Array(100);
        var width = 1200;
        var height =500;
        var innerR = 80;                                //内半径
        var dataset=new Array(100);
        for(var i=0;i<dataset.length;i++){
                dataset[i]=new Array();
                dataset[i][0]=120;
                dataset[i][1]=100+Math.floor(Math.random()*(255-100));
        }
        //转化数据为适合生成饼图的对象数组
        var pie =  d3.pie()
                        .value(function(d){return d[0];});
        var arcPath=d3.arc()//内外半径
                    .innerRadius(innerR);
        var svg=d3.select("body")
                .append("svg")
                .attr("width",width)
                .attr("height",height);
        var arcs=svg.selectAll("path")
                 .data(pie(dataset))                    //原生数据-->起止角度
                 .enter()
                 .append("path")
             .attr("transform", "translate(" + width/2 + "," + height/2 + ")")
                 .attr("fill",function(d,i){            //填充颜色
                     return 'rgb(0,0,'+dataset[i][1]+')';
                  })
                 .attr("stroke","#FFF")
                 .attr("d",function(d,i){
                     //起止角度(内外半径)——>路径的参数
                     arcPath.outerRadius(dataset[i][1]);
```

```
                    return arcPath(d);
                })；
            // 连续循环更新
        function renderChart() {
            requestAnimationFrame(renderChart);
            analyser.getByteFrequencyData(frequencyData);
            svg.selectAll('path')
                .data(pie(dataset))
                .attr("fill",function(d,i){    //填充颜色
                        return 'rgb(0,0,'+frequencyData[i]+')';
                })
                .attr("d",function(d,i){
                        arcPath.outerRadius(frequencyData[i]+ innerR);
                        return arcPath(d);
                });
        }
        renderChart();
    </script>
  </body>
</html>
```

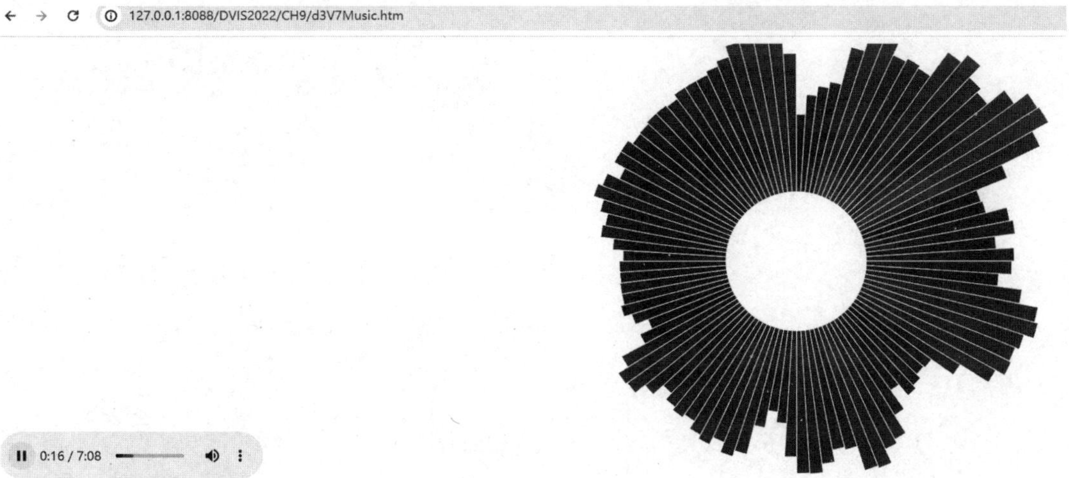

图 9-5 D3 音乐可视化

由于运行时，一开始音乐没播放，频谱值都为0，页面还不能产生动画，看不到任何图形，播放后可见动画。

小结

音乐可视化在主动动画中意义非凡，实现了音画同步的效果，提升了用户体验。本章

实现了直方图音乐可视化和D3的南丁格尔图可视化，实际上还可以驱动很多图形动起来。

提示……>>

如同电影中的音乐起到与画面呼应、衬托和渲染气氛的作用。在可视化作品中，音乐也是很好的搭配表现的因素。在一个复杂的可视化作品中，找一个和主题相关的音乐，实现播放时出现一个包含 6—10 个频谱的直方图，来点缀视觉作品。

第十章 Canvas与简单图像处理

Canvas 和 SVG 都允许在浏览器中创建图形，但是它们在根本上是不同的。本书绝大部分的数据可视化图形是基于SVG的，但是个别情况也需要操作像素级别的数据，这时需要使用Canvas。本章以图像处理说明如何通过Canvas操作像素。

第一节 Canvas 功能概述

一、Canvas与SVG的区别

SVG 是一种使用XML描述2D图形的语言。它基于XML，即SVG DOM 中的每个元素都是可用的，可以为某个元素附加 JavaScript 事件处理器。在 SVG 中，每个被绘制的图形均被视为对象。如果 SVG 对象的属性发生变化，那么浏览器能够自动重现图形。

SVG不依赖分辨率，支持事件处理器，适合带有大型渲染区域的应用程序（比如谷歌地图），复杂度高时会降低渲染速度（任何过度使用 DOM 的应用都不快），不适合游戏应用。

Canvas 通过JavaScript来绘制2D图形，是逐像素进行渲染的，一旦图形被绘制完成，不会继续得到浏览器的关注。如果其位置或色彩发生变化，那么整个场景需要重新绘制。D3.js 目前也支持Canvas绘图。

Canvas依赖分辨率，不支持事件处理器，文本渲染能力较弱，能够以.png或.jpg格式保存结果图像，适合图像密集型的游戏，对象会被频繁重绘。

二、Canvas标签和属性

Canvas 元素使用JavaScript 在网页上绘制图像。画布是一个矩形区域，控制其每一像素。它提供了多种绘制路径、矩形、圆形、字符以及添加图像的方法。以下以一个矩形和直方图的绘制说明Canvas的使用。

程序编号：CH10/HelloCanvas.htm

```
<html>
    <head>
        <title>
        </title>
    </head>
    <body>
        <canvas id="myCanvas" width="1000" height="700"></canvas>
        <script type="text/javascript">
            var c=document.getElementById("myCanvas");
            var cxt=c.getContext("2d");
            cxt.fillStyle="#0000FF";
            cxt.fillRect(0,0,100,500);
        </script>
    </body>
</html>
```

本例绘制了一个矩形。JavaScript使用id来寻找canvas元素，创建context对象。作为绘图上下文，getContext(“2d”)对象是内建的HTML5对象，拥有多种绘制路径、矩形、圆形、字符以及添加图像的方法。

程序在JSBin中的运行结果如图10-1所示。

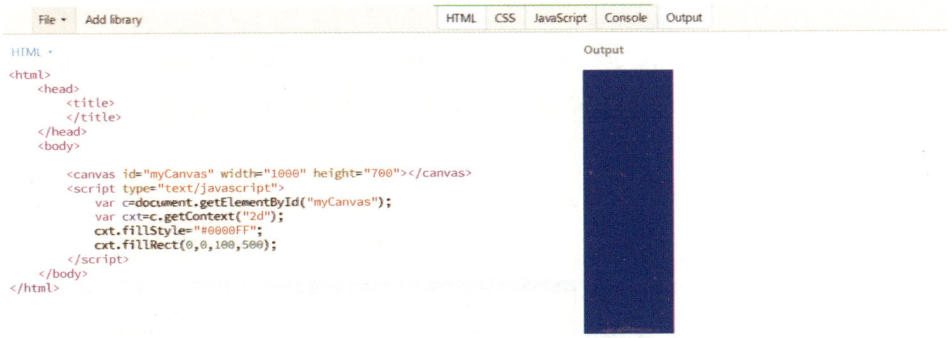

图 10-1　Canvas 绘制图形

如下对以上代码稍做修改，生成一个随机直方图，程序代码CH10/HistCanvas.htm。这段代码比较简单，无须赘述，代码逻辑可以对比第二章的SVG直方图。

程序编号：CH10/HistCanvas.htm

```
<html>
    <head>
        <title>
        </title>
    </head>
    <body>
        <canvas id="myCanvas" width="1200" height="700"></canvas>
        <script type="text/javascript">
            var c=document.getElementById("myCanvas");
            var cxt=c.getContext("2d");
            var n=10;
            var x=100,y=500
            for(var i=0;i<n;i++){
                var h=Math.floor(Math.random()*y);
                cxt.fillStyle="#0000FF";
                cxt.fillRect(i*(x+10),y-h,x,h);
            }
        </script>
    </body>
</html>
```

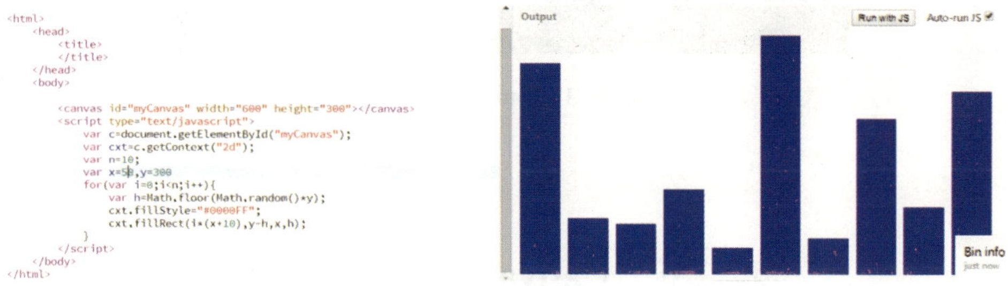

图 10-2　Canvas 绘制直方图在 JSBin 中的运行结果

三、Canvas加载图像

在Canvas中添加图片。代码如下：

程序编号：CH10/imageCanvas.htm

```
<html>
    <body>
        <h2>数据可视化之JS Canvas 图像处理</h2>
        <canvas id="myCanvas" width="600" height="400" style="border:1px solid
#c3c3c3;"></canvas>
```

```
        <script type="text/javascript">
            var c=document.getElementById("myCanvas");
            var cxt=c.getContext("2d");
            var img=new Image()
            img.src="flowerS.jpg"
            cxt.drawImage(img,0,0);
        </script>
    </body>
</html>
```

图 10-3　Canvas 加载图片

第二节　Canvas 基本图像处理

一、Canvas 图像操作 API 与处理流程

Canvas 图像操作的相关 API 如下：

Canvas 的 getContext()：返回一个用于在画布上绘图的上下文环境。当前唯一的合法值是“2d”，它指定了二维绘图。

返回的绘图环境可以绘图和操作像素，假定 ctx=canvas.getContext(“2d”)是返回的绘图上下文，则可以从 ctx 中的 ImageData 操作像素，这个对象存储 canvas 对象真实的像素数据，用 ctx.getImageData()获得像素数据。处理流程见图 10-4。

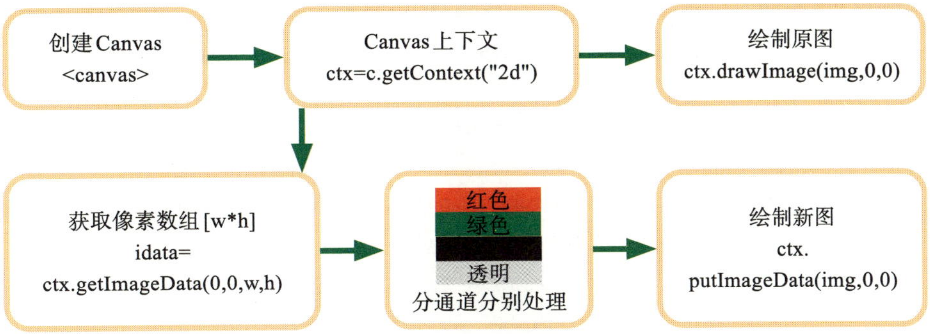

图 10-4　Canvas 图像处理流程

在获得图像像素数据后，返回一个数组，其中每一个像素用数组的四段表示，分别表示红（R）绿（G）蓝（B）和透明度（alpha）信息。处理图像时需要对RGB色彩通道分别进行处理。

二、图像负片

以负片效果为例，对像素数据的RGB分别取255减操作，即原来的（R,G,B）三元组变为（255−R,255−G,255−B）。下面以程序说明负片效果，程序见CH10/imageReverse.htm。运行结果见图10-5。

程序编号：CH10/imageReverse.htm

```
<html>
    <body>
    <center>
        <h2>数据可视化之JS Canvas 图像处理</h2>
        <button id="invert" color="blue">翻转</button>
        <hr width=70%></hr>
        <canvas id="myCanvas" width="600" height="400" style="border:1px solid
#c3c3c3;"></canvas>
        <script type="text/javascript">
            var c=document.getElementById("myCanvas");
            var cxt=c.getContext("2d");
            var img=new Image()
            img.src="flowerS.jpg"
            cxt.drawImage(img,0,0);
            var imageData = cxt.getImageData(0,0,c.width, c.height);
            var data = imageData.data;
            var invert = function() {
                for (var i = 0; i < data.length; i += 4) {
                 data[i]     = 255 - data[i];     // red
```

```
                data[i + 1] = 255 - data[i + 1]; // green
                data[i + 2] = 255 - data[i + 2]; // blue
            }
            cxt.putImageData(imageData,0,0);
        }
        var invertbtn = document.getElementById('invert');
        invertbtn.addEventListener('click', invert);
    </script>
    </center>
  </body>
</html>
```

图 10–5　Canvas 图像处理负片效果

三、灰度图像

灰度图的像素操作是对三元组（R,G,B）的值取一个加权平均V，然后用平均值为每一个通道赋值（V,V,V）。程序代码见CH10/imageGray.htm，运行结果见图10–6。从彩色到灰度图的换算公式Gray=0.299*R+0.587*G+0.114*B。这个公式基于人眼对不同颜色的敏感度。人眼对绿色的敏感度最高，对蓝色的敏感度最低，因此在计算灰度值时，绿色的权重最高，蓝色的权重最低。

程序编号：CH10/imageGray.htm

```
<html>
  <body>
    <center>
      <h2>数据可视化之JS Canvas 图像处理</h2>
```

```
        <button id="gray">灰度图</button>
        <hr width=70%></hr>
        <canvas id="myCanvas" width="600" height="400" style="border:1px solid
    #c3c3c3;"></canvas>
        <script type="text/javascript">
            var c=document.getElementById("myCanvas");
            var cxt=c.getContext("2d");
            var img=new Image()
            img.src="flowerS.jpg"
            cxt.drawImage(img,0,0);
            var imageData = cxt.getImageData(0,0,c.width, c.height);
            var data = imageData.data;
            var grayScale = function() {
                for (var i = 0; i < data.length; i += 4) {
                  var avg = 0.299*data[i] + 0.587*data[i +1] + 0.114*data[i +2];
                  data[i]     = avg; // red
                  data[i + 1] = avg; // green
                  data[i + 2] = avg; // blue
                }
                cxt.putImageData(imageData, 0, 0);
            };
            var grayBtn = document.getElementById('gray');
            grayBtn.addEventListener('click',grayScale);
        </script>
        </center>
    </body>
</html>
```

图 10-6　Canvas 图像处理灰度图像

四、图像二值化

图像二值化处理，即先根据图像计算出一个灰度图，然后针对这个灰度，大于阈值RGB都取255，小于阈值RGB都取0，可以得到二值图像。

程序代码见CH10/imageBinary.htm，运行结果（在阈值=200和100以下的图像变换结果），见图10-7。

程序编号：CH10/imageBinary.htm

```
<html>
    <body>
    <center>
        <h2>数据可视化之JS Canvas 图像处理</h2>
        <button id="bin">二值图</button>
        <hr width=70%></hr>
        <canvas id="myCanvas" width="600" height="400" ></canvas>
        <script type="text/javascript">
            var c=document.getElementById("myCanvas");
            var cxt=c.getContext("2d");
            var img=new Image()
            img.src="flowerS.jpg"
            cxt.drawImage(img,0,0);
            var imageData = cxt.getImageData(0,0,c.width, c.height);
            var data = imageData.data;
            var binImage = function() {
                for (var i = 0; i < data.length; i += 4) {
                  var gray=Math.floor(imageData.data[i]*0.3+imageData.data[i+1]
*0.59+imageData.data[i+2]*0.11);
                  if(gray<100)
                    {
                        data[i]     =0; // red
                        data[i + 1] =0; // green
                        data[i + 2] =0; // blue
                            //console.log(gray);
                    }
                    else
                    {
                        data[i]     =255; // red
                        data[i + 1] =255; // green
                        data[i + 2] =255; // blue
                    }
                }
                cxt.putImageData(imageData, 0, 0);
            };
```

```
            var binBtn = document.getElementById('bin');
            binBtn.addEventListener('click',binImage);
        </script>
        </center>
    </body>
</html>
```

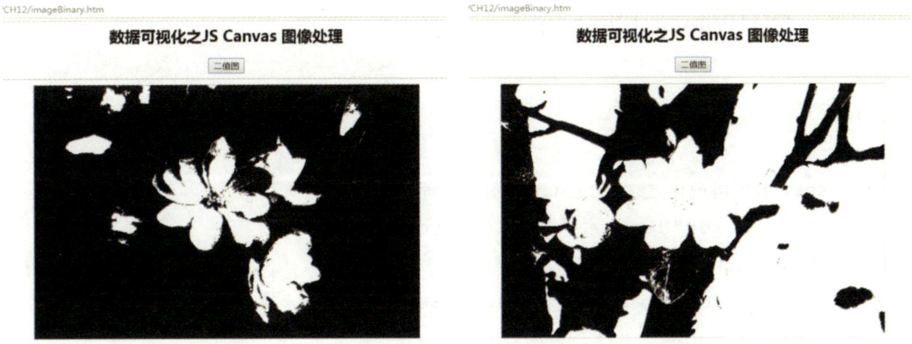

阈值=200　　　　阈值=100

图 10-7　Canvas 图像处理二值图像

第三节　Canvas 复杂图像处理

一、像素变换

Canvas的图像上下文取得图像像素返回的是一个数组，这个数组的长度等于图像的宽（Width）乘以图像的高（Heigth），再乘以4，一共四个通道：RGB和alpha值。

为了方便操作像素的空间邻居，需要把从像素上下文中取得的一维线性数组，映射成一个三维数组。以柔化操作为例，对9宫格像素的RGB通道求平均，每一个像素用左上、上、右上、左、自己、右、左下、下和右下的9个像素的均值替换本身的像素RGB值。

图10-8说明了从一维的imageData对象到图像三维数组的映射。

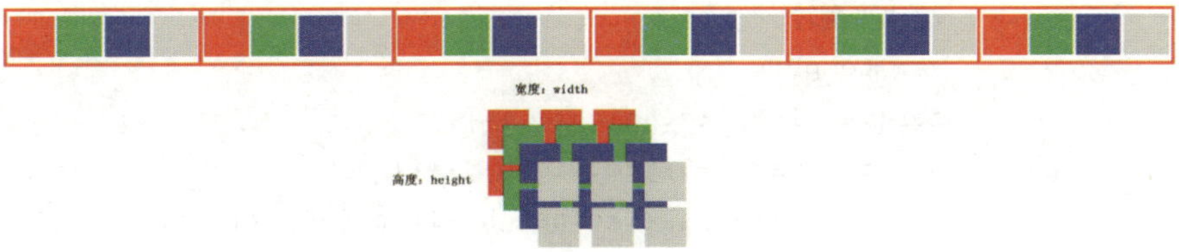

图 10-8　Canvas 图像中的 RGB 色彩通道

以下例子以水平翻转、柔化和锐化说明图像像素空间的操作。

二、水平翻转

在矩阵上做水平翻转操作比较容易。代码见CH10/imageFlip.htm，运行结果见图10–9。

程序编号：CH10/imageFlip.htm

```
<html>
    <body>
    <center>
        <h2>数据可视化之JS Canvas 图像处理</h2>
        <button id="flip">水平翻转</button>
        <hr width=70%></hr>
        <canvas id="myCanvas" width="600" height="400"></canvas>
        <script type="text/javascript">
            var c=document.getElementById("myCanvas");
            var cxt=c.getContext("2d");
            var img=new Image()
            img.src="flowerS.jpg"
            cxt.drawImage(img,0,0);
            var imageData = cxt.getImageData(0,0,c.width, c.height);
            var data = imageData.data;
            //dataMatrix
            var DM=new Array(c.height);
            for(var i=0;i<c.height;i++){
                    DM[i]=new Array(c.width);
                    for(var j=0;j<c.width;j++){
                        DM[i][j]=new Array(4);
                        DM[i][j][0]=data[(i*(c.width)+j)*4];
                        DM[i][j][1]=data[(i*(c.width)+j)*4+1];
                        DM[i][j][2]=data[(i*(c.width)+j)*4+2];
                        DM[i][j][3]=data[(i*(c.width)+j)*4+3];
                    }
            }
            var flipImage = function() {
                //水平翻转
                var tempPix
                for(var i=0;i<c.height;i++){
                    for(var j=0;j<c.width;j++){
                      if((i>0)&&(i<c.height-1)&&(j>0)&&(j<c.width-1)){
                            if(j<c.width/2)
```

```
                    {
                      for(var k=0;k<4;k++){
                        tempPix=DM[i][j][k];
                        DM[i][j][k]=DM[i][c.width-1-j][k];
                        DM[i][c.width-1-j][k]=tempPix;
                      }
                    }
                  }
                }
              }
              for(var i=0;i<c.height;i++){
                for(var j=0;j<c.width;j++){
                  data[(i*(c.width)+j)*4]=DM[i][j][0];
                  data[(i*(c.width)+j)*4+1]=DM[i][j][1];
                  data[(i*(c.width)+j)*4+2]=DM[i][j][2];
                  data[(i*(c.width)+j)*4+3]=DM[i][j][3];
                }
              }
              cxt.putImageData(imageData, 0, 0);
            };
            var flipBtn = document.getElementById('flip');
            flipBtn.addEventListener('click',flipImage);
        </script>
        </center>
    </body>
</html>
```

同样，水平翻转操作可逆，点击【水平翻转】可以令图片翻来翻去，翻转奇数次为令图片实现水平翻转，翻转偶数次则图片与原图相同。

翻转次数 =2n+1

翻转次数 =2n

图 10-9　Canvas 图像水平翻转操作

三、柔化效果

柔化的程序见CH10/imageBlur.htm，其中在通过9宫格取平均柔化后，把像素写回一维数组imageData，并重新绘制图像。表10-1是柔化操作示意，局部9宫格的像素的RGB值求均值。

表 10-1　柔化操作像素局部

Pix(i-1,j-1) 1	Pix(i-1,j) 1	Pix(i-1,j+1) 1
Pix(i,j-1) 1	Pix(i,j) 1	Pix(i,j+1) 1
Pix(i+1,j-1) 1	Pix(i+1,j) 1	Pix(i+1,j+1) 1

程序编号：CH10/imageBlur.htm

```
<html>
    <body>
    <center>
        <h2>数据可视化之JS Canvas 图像处理</h2>
        <button id="blur">柔化</button>
        <hr width=70%></hr>
        <canvas id="myCanvas" width="600" height="400"></canvas>
        <script type="text/javascript">
            var c=document.getElementById("myCanvas");
            var cxt=c.getContext("2d");
            var img=new Image()
            img.src="flowerS.jpg"
            cxt.drawImage(img,0,0);
            var imageData = cxt.getImageData(0,0,c.width, c.height);
            var data = imageData.data;
            //dataMatrix
            var DM=new Array(c.height);
            for(var i=0;i<c.height;i++){
                    DM[i]=new Array(c.width);
                    for(var j=0;j<c.width;j++){
                        DM[i][j]=new Array(4);
                        DM[i][j][0]=data[(i*(c.width)+j)*4];
                        DM[i][j][1]=data[(i*(c.width)+j)*4+1];
                        DM[i][j][2]=data[(i*(c.width)+j)*4+2];
                        DM[i][j][3]=data[(i*(c.width)+j)*4+3];
                    }
            }
            var blurImage = function() {
```

```
            //9宫格平均，实现柔化Blur
            for(var i=0;i<c.height;i++){
                for(var j=0;j<c.width;j++){
                    if((i>0)&&(i<c.height-1)&&(j>0)&&(j<c.width-1)){
DM[i][j][0]=(DM[i-1][j-1][0]+DM[i-1][j][0]+DM[i-1][j+1][0]+DM[i][j-1][0]+DM[i][j][0]+DM[i]
[j+1][0]+DM[i+1][j-1][0]+DM[i+1][j][0]+DM[i+1][j+1][0])/9;
DM[i][j][1]=(DM[i-1][j-1][1]+DM[i-1][j][1]+DM[i-1][j+1][1]+DM[i][j-1][1]+DM[i][j][1]+DM[i]
[j+1][1]+DM[i+1][j-1][1]+DM[i+1][j][1]+DM[i+1][j+1][1])/9;
DM[i][j][2]=(DM[i-1][j-1][2]+DM[i-1][j][2]+DM[i-1][j+1][2]+DM[i][j-1][2]+DM[i][j][2]+DM[i]
[j+1][2]+DM[i+1][j-1][2]+DM[i+1][j][2]+DM[i+1][j+1][2])/9;
                    }
                }
            }
            for(var i=0;i<c.height;i++){
                for(var j=0;j<c.width;j++){
                    data[(i*(c.width)+j)*4]=DM[i][j][0];
                    data[(i*(c.width)+j)*4+1]=DM[i][j][1];
                    data[(i*(c.width)+j)*4+2]=DM[i][j][2];
                    data[(i*(c.width)+j)*4+3]=DM[i][j][3];
                }
            }
            cxt.putImageData(imageData, 0, 0);
        };
        var blurBtn = document.getElementById('blur');
        blurBtn.addEventListener('click',blurImage);
    </script>
    </center>
  </body>
</html>
```

程序运行结果见图10–10。若想实现柔化操作，则可以点击【柔化】按钮，不断调用，达到柔化、再柔化的效果。

柔化次数=1

柔化次数=5

图10–10 Canvas图像的柔化操作

四、锐化效果

锐化操作是通过削弱周围邻居像素的RGB值来突出当前像素的RGB值。以下代码使用了表10–2的操作，左上、右上、左下、右下都为0倍，上、下、左、右为–1倍，提升当前像素为原来的10倍，求和，为保证数据仍在[0,255]之间，对求和结果除以6。

表 10–2　锐化操作像素局部

Pix(i-1,j-1) 0	Pix(i-1,j) -1	Pix(i-1,j+1) 0
Pix(i,j-1) -1	Pix(i,j) 10	Pix(i,j+1) -1
Pix(i+1,j-1) 0	Pix(i+1,j) -1	Pix(i+1,j+1) 0

程序代码见CH10/imageSharpen.htm，运行结果如图10–11所示。

原图　　　　锐化两次

图 10–11　Canvas 图像锐化前后对比

程序编号：CH10/imageSharpen.htm

```
<html>
    <body>
    <center>
        <h2>数据可视化之JS Canvas 图像处理</h2>
        <button id="sharpen">锐化</button>
        <hr width=70%></hr>
        <canvas id="myCanvas" width="600" height="400"></canvas>
        <script type="text/javascript">
            var c=document.getElementById("myCanvas");
            var cxt=c.getContext("2d");
            var img=new Image()
            img.src="flowerS.jpg"
            cxt.drawImage(img,0,0);
            var imageData = cxt.getImageData(0,0,c.width, c.height);
```

```
            var data = imageData.data;
            //dataMatrix
            var DM=new Array(c.height);
            for(var i=0;i<c.height;i++){
                DM[i]=new Array(c.width);
                for(var j=0;j<c.width;j++){
                    DM[i][j]=new Array(4);
                    DM[i][j][0]=data[(i*(c.width)+j)*4];
                    DM[i][j][1]=data[(i*(c.width)+j)*4+1];
                    DM[i][j][2]=data[(i*(c.width)+j)*4+2];
                    DM[i][j][3]=data[(i*(c.width)+j)*4+3];
                }
            }
            var sharpenImage = function() {
                //9宫格平均，实现柔化Blur
                for(var i=0;i<c.height;i++){
                    for(var j=0;j<c.width;j++){
                        if((i>0)&&(i<c.height-1)&&(j>0)&&(j<c.width-1)){
DM[i][j][0]=(DM[i 1][j 1][0]*0 DM[i-1][j][0]+DM[i-1][j+1][0]*0-DM[i][j-1][0]+DM[i][j]
[0]*10-DM[i][j+1][0]+DM[i+1][j-1][0]*0-DM[i+1][j][0]+DM[i+1][j+1][0]*0)/6;
DM[i][j][1]=(DM[i-1][j-1][1]*0-DM[i-1][j][1]+DM[i-1][j+1][1]*0-DM[i][j-1][1]+DM[i][j]
[1]*10-DM[i][j+1][1]+DM[i+1][j-1][1]*0-DM[i+1][j][1]+DM[i+1][j+1][1]*0)/6;
DM[i][j][2]=(DM[i-1][j-1][2]*0-DM[i-1][j][2]+DM[i-1][j+1][2]*0-DM[i][j-1][2]+DM[i][j]
[2]*10-DM[i][j+1][2]+DM[i+1][j-1][2]*0-DM[i+1][j][2]+DM[i+1][j+1][2]*0)/6;
                        }
                    }
                }
                for(var i=0;i<c.height;i++){
                    for(var j=0;j<c.width;j++){
                        data[(i*(c.width)+j)*4]=DM[i][j][0];
                        data[(i*(c.width)+j)*4+1]=DM[i][j][1];
                        data[(i*(c.width)+j)*4+2]=DM[i][j][2];
                        data[(i*(c.width)+j)*4+3]=DM[i][j][3];
                    }
                }
                cxt.putImageData(imageData, 0, 0);
            };
            var sharpenBtn = document.getElementById('sharpen');
            sharpenBtn.addEventListener('click',sharpenImage);
        </script>
        </center>
    </body>
</html>
```

第四节 基于聚类算法提取配色

一、程序员面临的配色难题及解决方法

在设计数据图表的时候，颜色是组成整个图表外观最为重要的元素，选用正确合理的颜色可以让图表现得更加专业、美观；同时，在数据可视化所涉及的所有视觉通道中，色彩作为视觉第一感知因素，对数据进行的视觉编码和传达是最有效的。数据可视化的配色对程序员来说一直是一个挑战，由于绝大部分的数据可视化程序员为理工科背景，缺乏设计思维和色彩搭配的基本素养。程序员更多依赖随机数色彩、D3.JS提供的配色方案、Echarts提供的配色方案来设计可视化作品。然而在色彩上，各平台的可视化界面显得非常单调沉闷，几乎从配色上可直接能判断使用的是哪种可视化API。

许多影视剧画面的色彩会带给人舒适、和谐的感受，同时以辅助影视作品的主题表现，原因在于这种配色是经过艺术设计和配色师调色修饰的，有典型色彩设计的影视作品如张艺谋的水墨风格电影《影》、于正的电视剧《延禧攻略》，都展现了非凡的配色匠心设计。名画如凡·高的《向日葵》系列、著名画家张大千的《花鸟集》系列、现代画家任重的《荷花》系列，其创作者都是配色的高手。因此，可以借鉴各种影视、名画、摄影作品的色彩来为数据可视化作品配色，把艺术家精挑细选的配色通过算法提取，映射到可视化作品上解决配色的灵活性、多样性和艺术性问题。

二、用Iris数据集绘制一个散点图

本节使用K-means聚类算法，提取色彩RGB值的聚类中心，获得配色。

通过修改一个直方图，可以绘制一个散点图。运行结果参见图10-14。通过此例可学习d3.csv()加载.csv数据后实现的可视化。

三、计算色彩值的聚类中心

此处为了使用聚类算法，引入了ml.v6.js这个包。计算聚类中心，并可视化为Circle元素。结果参见图10-12（右图）。

图10–12 基于直方图的Iris数据集的散点图和聚类中心

```
<script src="ml.v6.js" charset="utf-8"></script>
<script src="../d3.v7.min.js" charset="utf-8"></script>
//计算聚类中心
var centers = [data[0],data[51],data[101]];
var ans = ML.KMeans(data,3, {initialization: centers });
console.log(ans);
console.log(ans.centroids);

var circle = svg.selectAll("circle")
                    .data(ans.centroids)          //绑定数据
                    .enter()
                    .append("circle")
                    .attr("cx", function(d,i){        //设置矩形的x坐标
                        console.log(d.centroids,d.centroid[2]);
                        return Math.floor(d.centroid[2]*100);
                    })
                    .attr("cy", function(d){          //设置矩形的y坐标
                        return height-Math.floor(d.centroid[3]*100);
                    })
                    .attr("fill", "red")
                    .attr("opacity",0.7)
                    .attr("r",10);
```

四、通过计算聚类中心获得图像配色

本例先柔化图像，再计算聚类中心，获取配色后填充到原图，使用了王家卫导演的《花样年华》的海报。《花样年华》在2022年英国视与听杂志（Sight and Sound）世界电影排行榜位列第5名，是该榜单排名第1的华语电影。

程序：CH10/color2Img.htm

```
<html>
  <head>
       <meta charset="utf-8">
       <title>基于Kmeans聚类的图片色彩提取与反向填充</title>
  </head>
<body>
      <center>
<h1>基于Kmeans聚类的图片色彩提取与反向填充</h1>
  <script src="https://www.lactame.com/lib/ml/4.0.0/ml.min.js" charset=
"utf-8"></script>
  <script src="../d3.v7.min.js" charset="utf-8"></script>
      <hr width=80%></hr>
```

```
        <h2>数据可视化之JS Canvas 图像处理</h2>
       <button id="blur">柔化</button><button id="kmeans">K-means填充</button><br>

        <canvas id="myCanvas" width="1024" height="1024"></canvas>
        <script type="text/javascript">

            var
width=(window.innerWidth||document.documentElement.clientWidth||document.body.
clientWidth)*0.98;
            var
height=(window.innerHeight||document.documentElement.clientHeight||document.
body.clientHeight)*0.5;

            var mycanvas=document.getElementById("myCanvas");
            mycanvas.setAttribute("width",width);
            mycanvas.setAttribute("height",height);

            var c=document.getElementById("myCanvas");
            var cxt=c.getContext("2d");
            var img=new Image()
            img.src="wangjw-480.jpg"
            cxt.drawImage(img,0,0);
            var imageData = cxt.getImageData(0,0,c.width, c.height);
            var idata = imageData.data;
            //dataMatrix
            var DM=new Array(c.height);
            var datargb=new Array(c.height*c.width);
            for(var i=0;i<c.height;i++){
                    DM[i]=new Array(c.width);
                    for(var j=0;j<c.width;j++){
                        DM[i][j]=new Array(4);

                        DM[i][j][0]=idata[(i*(c.width)+j)*4];
                        DM[i][j][1]=idata[(i*(c.width)+j)*4+1];
                        DM[i][j][2]=idata[(i*(c.width)+j)*4+2];
                        DM[i][j][3]=idata[(i*(c.width)+j)*4+3];

                        datargb[i*c.width+j]=new Array(3);

datargb[i*c.width+j][0]=idata[(i*(c.width)+j)*4];
datargb[i*c.width+j][1]=idata[(i*(c.width)+j)*4+1];
datargb[i*c.width+j][2]=idata[(i*(c.width)+j)*4+2];
```

```
//datargb[i*c.height+j][3]=idata[(i*(c.width)+j)*4+3];

                    }
            }
            var cent=new Array(7);
console.log(datargb.length,datargb[0],datargb[500],datargb[3000]);
        //色彩聚类
        for(var i=0;i<7;i++){

cent[i]=datargb[Math.floor(Math.random()*datargb.length)];
              console.log(cent[i]);
            }
        var cc7 = ML.KMeans(datargb,7, {initialization: cent });
        console.log(cc7);
        console.log(cc7.centroids);
        console.log(datargb.length);

        var blurImage = function() {
        //9宫格平均，实现柔化Blur
        for(var i=0;i<c.height;i++){
                    for(var j=0;j<c.width;j++){
                      if((i>0)&&(i<c.height-1)&&(j>0)&&(j<c.width-1)){
DM[i][j][0]=(DM[i-1][j-1][0]+DM[i-1][j][0]+DM[i-1][j+1][0]+DM[i][j-1][0]+DM[i]
[j][0]+DM[i][j+1][0]+DM[i+1][j-1][0]+DM[i+1][j][0]+DM[i+1][j+1][0])/9;
DM[i][j][1]=(DM[i-1][j-1][1]+DM[i-1][j][1]+DM[i-1][j+1][1]+DM[i][j-1][1]+DM[i]
[j][1]+DM[i][j+1][1]+DM[i+1][j-1][1]+DM[i+1][j][1]+DM[i+1][j+1][1])/9;
DM[i][j][2]=(DM[i-1][j-1][2]+DM[i-1][j][2]+DM[i-1][j+1][2]+DM[i][j-1][2]+DM[i]
[j][2]+DM[i][j+1][2]+DM[i+1][j-1][2]+DM[i+1][j][2]+DM[i+1][j+1][2])/9;
                    }
                    }

                }
                for(var i=0;i<c.height;i++){
                    for(var j=0;j<c.width;j++){
                        idata[(i*(c.width)+j)*4]=DM[i][j][0];
                        idata[(i*(c.width)+j)*4+1]=DM[i][j][1];
                        idata[(i*(c.width)+j)*4+2]=DM[i][j][2];
                        idata[(i*(c.width)+j)*4+3]=DM[i][j][3];
                    }
                }
                cxt.putImageData(imageData, 0, 0);
            };
            var kmeansImage = function() {
```

```
                console.log(cc7.centroids[0].centroid);
                console.log(cc7.centroids[0].centroid[0]);
                //用聚类中心填充
                for(var i=0;i<c.height;i++){
                    for(var j=0;j<c.width;j++){
if((i>0)&&(i<c.height-1)&&(j>0)&&(j<c.width-1)){
                      //求最短距离
                      var shortindex=0;
                      var shortsum=0;
                      for (var k=0;k<7 ;k++ )
                          {
var dis1=Math.pow(DM[i][j][0]-cc7.centroids[k].centroid[0],2);
var dis2=Math.pow(DM[i][j][1]-cc7.centroids[k].centroid[1],2);
var dis3=Math.pow(DM[i][j][2]-cc7.centroids[k].centroid[2],2);
var dis=Math.sqrt(dis1+dis2+dis3);
                          if (k==0)
                          {
                              shortsum=dis;
                              shortindex=k;
                          }
                          else
                             if (shortsum>dis)
                             {
                                     shortsum=dis;
                                     shortindex=k;
                                 }
                          }
DM[i][j][0]=Math.floor(cc7.centroids[shortindex].centroid[0]);
DM[i][j][1]=Math.floor(cc7.centroids[shortindex].centroid[1]);
DM[i][j][2]=Math.floor(cc7.centroids[shortindex].centroid[2]);
                        }
                    }
                }
                for(var i=0;i<c.height;i++){
                    for(var j=0;j<c.width;j++){
                       idata[(i*(c.width)+j)*4]=DM[i][j][0];
                       idata[(i*(c.width)+j)*4+1]=DM[i][j][1];
                       idata[(i*(c.width)+j)*4+2]=DM[i][j][2];
                       idata[(i*(c.width)+j)*4+3]=DM[i][j][3];
                    }
                }
                cxt.putImageData(imageData, 0, 0);
            };
```

```
            var blurBtn = document.getElementById('blur');
            blurBtn.addEventListener('click',blurImage);
            var kmeansBtn = document.getElementById('kmeans');
            kmeansBtn.addEventListener('click',kmeansImage);
        </script>

        <script>
           var
width=(window.innerWidth||document.documentElement.clientWidth||document.
body.clientWidth)*0.98;
            var
height=(window.innerHeight||document.documentElement.clientHeight||document.
body.clientHeight)*0.25;
            var svg = d3.select("body")
                        .append("svg")
                        .attr("width", width)
                        .attr("height", height);
            rectwidth=width/7;
            var rect = svg.selectAll("rect")
                            .data(cc7.centroids)          //绑定数据
                            .enter()
                            .append("rect")
                            .attr("x",(d,i)=>i*rectwidth)
                            .attr("y", 200)
                            .attr("fill",function(d,i){
                               var r=Math.floor(d.centroid[0]);
                               var g=Math.floor(d.centroid[1]);
                               var b=Math.floor(d.centroid[2]);
                               return "rgb("+r+","+g+","+b+")"
                            })
                            .attr("width",rectwidth*0.9)
                            .attr("height",50);


      </script>
</center>
</body>
</html>
```

运行结果参见图10-13，左图是填充前的效果，右图是填充后的效果。基于聚类的色彩提取，其中的聚类中心可能不在原来的色彩中，用近邻表示更好。这个程序是前述程序的一个融合，程序中还可视化了提取的7种色彩。

图 10–13　柔化后聚类并反向填充

小结

本章论述了Canvas绘图，它完全可以胜任可视化工作，但是由于生成的是图像，拉伸会失真。如果在Web端做图像处理，需要使用Canvas操作，本章主要论述了如何操作像素实现图像变化。另外，如果做比较复杂的SVG的可视化算法，常常使用Canvas的像素操作在后端辅助计算，而绘制采用SVG，如D3的词云图算法实现就是这样做的。

作业

基于聚类提取图像的主要色彩，其中的聚类中心可能不在原来的色彩中，请实现用近邻表示，并反写到图像中，计算每种色彩的像素个数，并绘制一个直方图。

11 CHAPTER

第十一章 等高线密度图及动态图表

本章阐述了基于D3.JS的等高线图，以及基于非参数估计的密度图绘制。以直方图讲述了动态图表的绘制，并把非参数估计图改为数据动态更新的密度图。并关联第10章，绘制了图像像素灰度值的等高线图。

第一节 等高线

一、等高线概述

等高线图表示高程信息投影到平面上形成的封闭的多边形区域。图11-1中山峰被一组平行的平面切割，得到的轮廓绘制在一个平面上，就是等高线图。D3.js提供了d3.contours()绘制等高线。

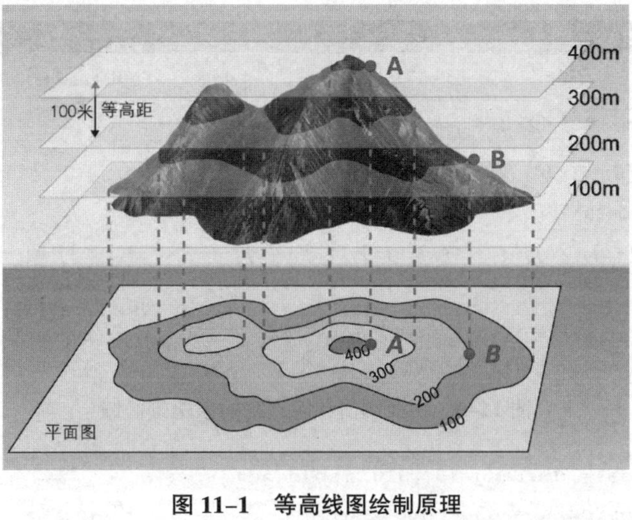

图11-1 等高线图绘制原理

投影后，等高线的绘制原理基于Marching Squares算法，绘制的图类似火山，也叫火山图。绘制原理参见图11-2，通过在矩形中确定边界，用平滑的曲线替代即可绘制完成等高线的多边形轮廓。

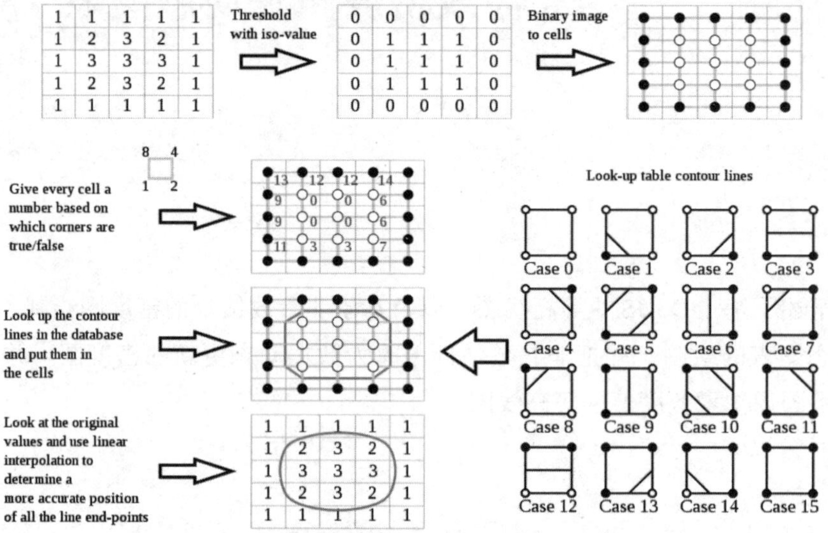

图 11–2　用 March Squares 算法绘制的等高线原理图

二、基于D3.contours绘制等高线

参考图11-1，绘制等高线需确定切面数据。在D3.js中指定切面阈值，如下代码中的thresholds，用d3.contours()对平面原始数据[n,m]，用阈值去分割，当绑定数据的时候，计算出高度信息与切面的交汇的多边形区域，数据参见图11-3。

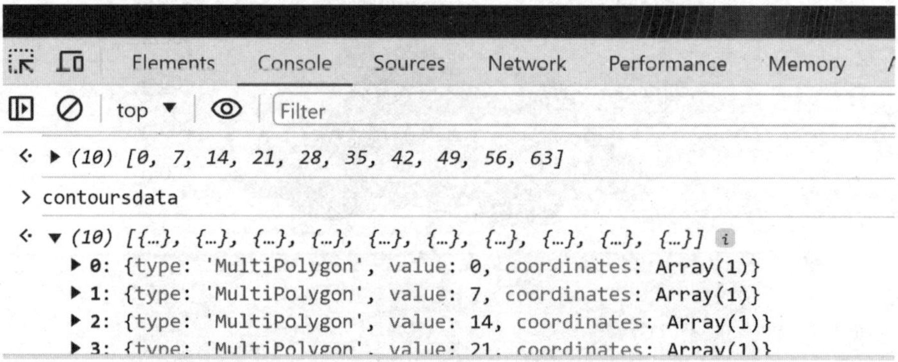

图 11–3　切面阈值和切出来的多边形区域

```
var thresholds = d3.range(0, 10).map(d=>d*7);
        var contours = d3.contours()
```

```
                    .size([n, m])
                    .thresholds(thresholds);
      contoursdata=contours(values);
      console.log(contoursdata);
```

完整程序如下。此例用himmelblaus(x, y)生成了一个有高度信息的函数值，在1024×768的空间中，计算高度信息。对高度信息切片d3.contours()，生成高程信息的轮廓，用path路径可视化轮廓，生成等高线图。

程序：CH11/d3Contours.htm

```
<html>
  <head>
      <meta charset="utf-8">
      <title>D3-Contours</title>
  </head>
  <body>
    <script src="../d3.v7.min.js" charset="utf-8"></script>
    <script>
      var width=(window.innerWidth||
      document.documentElement.clientWidth||
      document.body.clientWidth)*0.96;
      var height=(window.innerHeight||
      document.documentElement.clientHeight||
      document.body.clientHeight)*0.9;

      var svg = d3.select("body")          //选择<body>
                  .append("svg")           //在<body>中添加<svg>
                  .attr("width",width)     //设定<svg>的宽度属性
                  .attr("height",height);//设定<svg>的高度属性

       function himmelblaus(x, y) {
          return(x * x + y - 11) * (x * x + y - 11) +
          (x + y * y - 7) * (x + y * y - 7);
      }
      var n = 1024;
      var m = 768;
      var k = 0;
      var values = new Array(n * m);
      for(var j = 0; j < m; ++j) {
         for(var i = 0; i < n; ++i) {
            var x = i / (n - 1) * 10 - 5;
            var y = j / (m - 1) * 10 - 5;
            values[k] = himmelblaus(x, y);
```

```
            ++k;
         }
      }
      console.log(values);
      var thresholds = d3.range(0, 10)
            .map(d=>d*7);// [0, 7, 14, 21, 28, 35, 42, 49, 56, 63]
      var contours = d3.contours()
                        .size([n, m])
                        .thresholds(thresholds);
      contoursdata=contours(values);
      console.log(contoursdata);
      const colorScale = d3.scaleLinear()
                          .domain([0, 64])
                          .range(['green', 'blue']);
      var color=d3.schemeCategory10;
      var mypath = d3.geoPath();
      svg.selectAll('path')
            .data(contoursdata)
            .enter()
            .append('path')
            .attr('d',d3.geoPath())
            //.attr('fill', d => colorScale(d.value))
            .attr('fill', (d,i) =>color[i%10])
            .attr('stroke',"red");
    </script>
  </body>
</html>
```

运行结果如图 11-4 所示，对高程信息 [0,64] 映射到了色彩 green 到 blue。

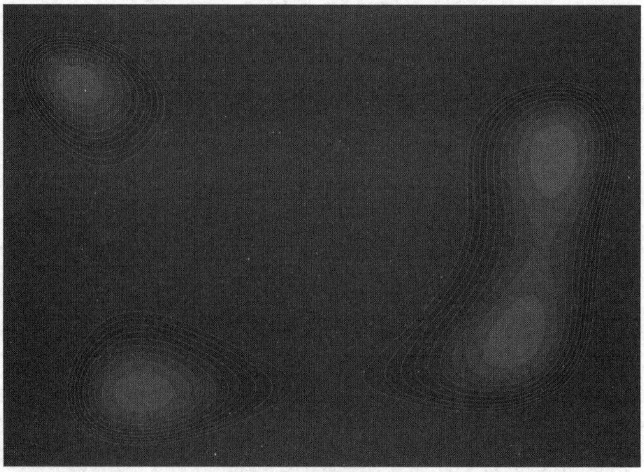

图 11-4　等高线可视化

三、对图像的灰度值绘制等高线图

把图像的灰度值作为(x,y)坐标平面上的高程信息，可以绘制图像的灰度等高线。此例中对图像取灰度值，点击按钮柔化，并绘制等高线，如图11-5所示。

程序：CH11/d3Contours4Img2023.htm

```
  <body>
    <script src="../d3.v7.min.js" charset="utf-8"></script>
    <center>
       <h2>数据可视化之JS Canvas 图像处理且对灰度绘制等高线</h2>
       <button id=" blur" >柔化并绘制灰度等高线</button>
       <hr width=70%></hr>
       <div width=1200><canvas id="myCanvas" width="50%" ></canvas><svg
id="mysvg" width="50%" /></div>

       <script type="text/javascript">
           var c=document.getElementById("myCanvas");
           var cxt=c.getContext("2d");
           var img=new Image()
           img.src="wangjw.jpg"
           img.onload = function () {
               c.setAttribute("width",img.width);
               c.setAttribute("height",img.height);
               cxt.drawImage(img,0,0);
               var imageData = cxt.getImageData(0,0,img.width, img.height);
               var data = imageData.data;
               //dataMatrix
               var DM=new Array(c.height);
               for(var i=0;i<c.height;i++){
                       DM[i]=new Array(c.width);
                       for(var j=0;j<c.width;j++){
                           DM[i][j]=new Array(4);
                           DM[i][j][0]=data[(i*(c.width)+j)*4];
                           DM[i][j][1]=data[(i*(c.width)+j)*4+1];
                           DM[i][j][2]=data[(i*(c.width)+j)*4+2];
                           DM[i][j][3]=data[(i*(c.width)+j)*4+3];
                       }
               }
               var blurImage = function() {
                   //9宫格平均，实现柔化Blur
                   for(var i=0;i<c.height;i++){
                       for(var j=0;j<c.width;j++){
```

```
if((i>0)&&(i<c.height-1)&&(j>0)&&(j<c.width-1)){
DM[i][j][0]=(DM[i-1][j-1][0]+DM[i-1][j][0]+DM[i-1][j+1][0]+DM[i][j-1][0]+DM[i]
[j][0]+DM[i][j+1][0]+DM[i+1][j-1][0]+DM[i+1][j][0]+DM[i+1][j+1][0])/9;
DM[i][j][1]=(DM[i-1][j-1][1]+DM[i-1][j][1]+DM[i-1][j+1][1]+DM[i][j-1][1]+DM[i]
[j][1]+DM[i][j+1][1]+DM[i+1][j-1][1]+DM[i+1][j][1]+DM[i+1][j+1][1])/9;
DM[i][j][2]=(DM[i-1][j-1][2]+DM[i-1][j][2]+DM[i-1][j+1][2]+DM[i][j-1][2]+DM[i]
[j][2]+DM[i][j+1][2]+DM[i+1][j-1][2]+DM[i+1][j][2]+DM[i+1][j+1][2])/9;
                      }
                   }
                }
                for(var i=0;i<c.height;i++){
                   for(var j=0;j<c.width;j++){
                      data[(i*(c.width)+j)*4]=DM[i][j][0];
                      data[(i*(c.width)+j)*4+1]=DM[i][j][1];
                      data[(i*(c.width)+j)*4+2]=DM[i][j][2];
                      data[(i*(c.width)+j)*4+3]=DM[i][j][3];
                  }
               }
               cxt.putImageData(imageData, 0, 0);
               imageContours();
           };
           var blurBtn = document.getElementById('blur');
           blurBtn.addEventListener('click',blurImage);
    var imageContours = function() {
        var
width=(window.innerWidth||document.documentElement.clientWidth||document.
body.clientWidth)*0.96;
        var
height=(window.innerHeight||document.documentElement.clientHeight||document.
body.clientHeight)*0.9;
        var svg = d3.select("#mysvg")             //选择<svg>
                    .attr("width",img.width)      //设定<svg>的宽度属性
                    .attr("height",img.height);//设定<svg>的高度属性
        var n = img.width;
        var m = img.height;
        var k = 0;
        var values = new Array(n * m);
        for(var j = 0; j < m; ++j) {
            for(var i = 0; i < n; ++i) {
                var x = i;
                var y = j;
    values[k] = 0.3*DM[j][i][0]+0.59*DM[j][i][1]+DM[j][i][2]*0.11;
```

```
                ++k;
            }
        }
        console.log(values);
        var thresholds = d3.range(0, 8)
                            .map(d=>d*32);
        var contours = d3.contours()
                            .size([n, m])
                            .thresholds(thresholds);
        contoursdata=contours(values);
        console.log(contoursdata);
        const colorScale = d3.scaleLinear()
                            .domain([0, 255])
                            .range(['white', 'red']);
        var mypath = d3.geoPath();
        svg.selectAll('path')
              .data(contoursdata)
              .enter()
              .append('path')
              .attr('d',d3.geoPath())
              .attr('fill', d => colorScale(d.value))
              .attr('stroke',"red");
    }
}
</script>    </center>
</body>
```

图 11–5　图像灰度值绘制的等高线图

第二节 密度图

一、基于非参数密度估计的密度图绘制

密度图基于非参数估计理论，参见图11-6，依据是，任何一个密度函数，均可由全样本的高斯函数叠加计算，当高斯核较小时，拟合的密度毛刺较多，高斯核较大时，拟合曲线比较平缓。在D3中由d3.contoursDensity()实现。

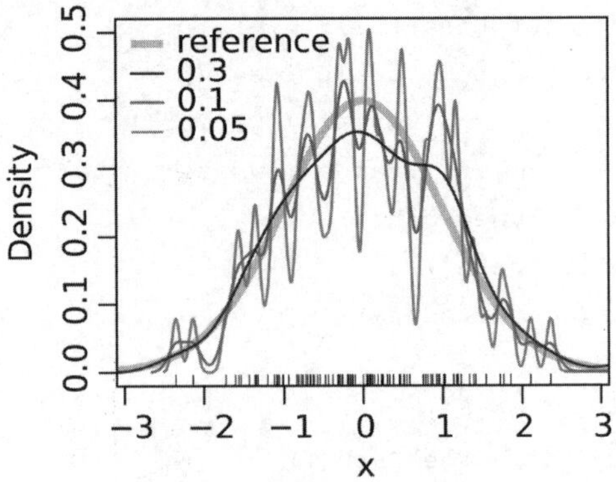

图 11–6 非参数估计的原理图

二、D3.contourDensity()关键代码

把数据x,y映射到一个可视区域中，对x,y计算密度值叠加的等高线。绘制等高线的轮廓，见图11-7。如下用示例数据data.csv绘制密度图，共34条数据。

核心代码

```
var y = d3.scaleLinear()
          .domain([10, 25])
          .range([10,800]);
var x = d3.scaleLinear()
          .domain([10, 25])
          .range([10, 1000]);
var densityData = d3.contourDensity()
                    .y(d=>y(d.y))
                    .x(d=>x(d.x));
var ddata=densityData(data);
```

示例数据 data.csv

```
x,y,group
```

```
11.45,14.2,H
11.1,14.2,H
11.9,9.9,H
```

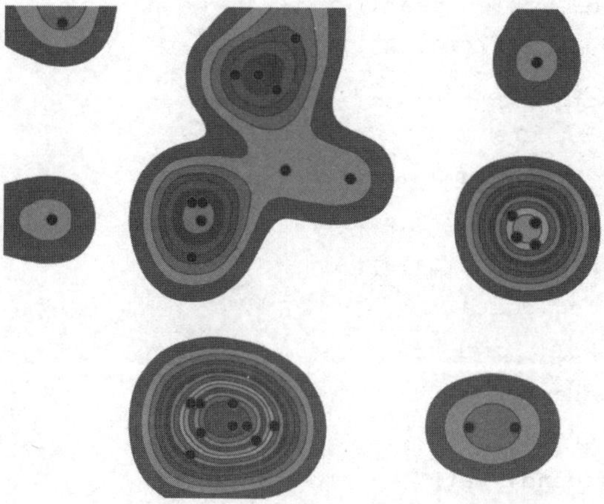

图 11–7 基于 d3.contourDensity 的密度图

程序：CH11/d3ContoursDensityV7.htm

```
<html lang="en">
<head>
<meta charset="utf-8">
</head>
<body>
   <h1 style="color:green">密度估计</h1>
   <script src="../d3.v7.min.js"> </script>
   <script>
      // append the svg object to the body.
      var svg = d3.select("body")
                 .append("svg")
                 .attr("width", 1000)
                 .attr("height", 900);
        var g=svg.append("g")
        .attr("transform","translate(" + 100 + ", " + 100 + ")");

     // Read data
     d3.csv("./data.csv").then(function(data) {
        console.log(data);
        var min=d3.min(data);
        var max=d3.max(data);
        console.log(min);
        console.log(max);
        var color=d3.schemeCategory10;
```

```
        var y = d3.scaleLinear()
                .domain([10, 25])
                .range([10,800]);
         var x = d3.scaleLinear()
                 .domain([10, 25])
                 .range([10, 1000]);
         var densityData = d3.contourDensity()
                       .y(d=>y(d.y))
                       .x(d=>x(d.x));
         ddata=densityData(data);
         console.log(ddata);
         g.selectAll( “path” )
                .data(ddata)
                .enter()
                .append("path")
                .attr("d", d3.geoPath())
                .attr("fill", (d,i)=>color[i%10])
                .attr("stroke", "green")
                .attr("opacity","1")
         g.selectAll("circle")
                 .data(data)
                 .enter()
                 .append("circle")
               //  .attr("transform","translate(" + 500 + ", " + 400 + ")")
                 .attr("cx", d=>x(d.x))
                 .attr("cy", d=>y(d.y))
                 .attr("r",4)
                 .attr("fill", "blue")
                 .attr("stroke", "red")
      });
   </script>
</body>
</html>
```

第三节 动态图

一、动态图部件分解

动态图表适合表示随时间变化的一组数据的动态比较。以横向直方图为例，先分解不动的部分（矩形的x坐标，矩形的高度）和动态的部分（矩形的宽度），见图11-8，绘制不动的部分，对动态的一年的元素用updateElements()更新，setInterval()间隔一个时间调用下一年数据updata(i)，并更新updateElements()，使这些数据映射到图形。

// 绑定该年数据（不动）

```
const rect = {height: 40};
    var rects= svg.selectAll("rect")
                    .data(dataValue)
                    .enter()
                    .append("rect")
                    .attr("x", 40)
                    .attr("height", rect.height)
                    .attr("fill", (d,i)=>color[i%10]);
```

// 更新一年的数据，映射到 rect

```
function updateElements(){
        rects.data(dataValue, d=>d.name)
             .transition()
             .duration(900)
             .attr("y", (_, i) => rect.height*i)
             .attr("width", d => scale(d.value))
    }
    updateElements()
```

// 每个 1000 毫秒，更新一年的数据

```
function update(i){
        dataEntry = data[i];
        dataValue = dataEntry["entities"].sort((x, y) => y.value - x.value);
        comment.text(dataEntry.year);
        updateElements()
    }
    setInterval(()=> update((++index) % data.length), 1000);
```

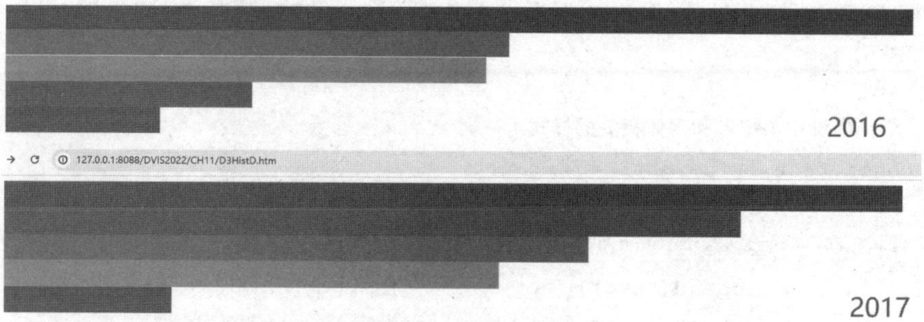

图 11-8 动态横向直方图

二、动态直方图

完整的动态直方图的实例，如下程序D3HistD.htm所示。这个例子可以套用在其他的饼图、词云等布局中，生成动态图。在动态的过程中，适当控制节奏，有规律的运动和重复，会形成噪声，容易让用户疲倦。

程序：CH11/D3HistD.htm

```
<body>
<script src="../d3.v7.min.js"></script>
<script>
   var
width=(window.innerWidth||document.documentElement.clientWidth||
document.body.clientWidth)*0.96;
   var
height=(window.innerHeight||document.documentElement.clientHeight||
document.body.clientHeight)*0.9;

   const data = [
{year: 2011,  entities: [{name:"A", value: 100}, {name:"B", value:50},
{name:"C", value:60}, {name:"D", value:20} , {name:"E", value:10}]},
{year: 2012,  entities: [{name:"A", value: 110}, {name:"B", value:56},
{name:"C", value:80}, {name:"D", value:18}, {name:"E", value:20}]},
{year: 2013,  entities: [{name:"A", value: 105}, {name:"B", value:78},
{name:"C", value:60}, {name:"D", value:21}, {name:"E", value:10}]},
{year: 2014,  entities: [{name:"A", value: 120}, {name:"B", value:80},
{name:"C", value:60}, {name:"D", value:21}, {name:"E", value:5}]},
{year: 2015,  entities: [{name:"A", value: 115}, {name:"B", value:62},
{name:"C", value:60}, {name:"D", value:19}, {name:"E", value:30}]},
{year: 2016,  entities: [{name:"A", value: 90}, {name:"B", value:93},
{name:"C", value:60}, {name:"D", value:16}, {name:"E", value:50}]},
{year: 2017,  entities: [{name:"A", value: 110}, {name:"B", value:71},
{name:"C", value:60}, {name:"D", value:20}, {name:"E", value:90}]},
{year: 2018,  entities: [{name:"A", value: 105}, {name:"B", value:45},
{name:"C", value:60}, {name:"D", value:20}, {name:"E", value:120}]}
    ];

      // 设定与矩形和字体相关的样式
    const rect = {height: 40};

    var svg = d3.select("body")              //选择<body>
              .append("svg")            //在<body>中添加<svg>
              .attr("width",width)      //设定<svg>的宽度属性
```

```
            .attr("height",height);

var scale = d3.scaleLinear()
            .domain([0, 120])
            .range([10, width*0.9]);
    // 每次取出一个元素 依数值大小将 entities 进行排序
var index = 0;
var dataEntry = data[index];
var dataValue = dataEntry["entities"].sort((x, y) => y.value - x.value);
   // 最大长度，即最后一个矩形的底边 y 值
const maxHeight = (rect.height) * (dataValue.length)
   // 右下角年份
var comment = svg.append("text")
             .attr("x", width*0.8)
             .attr("y", maxHeight)
             .attr("fill", "grey")
             .attr("font-size", "40")
             .text(dataEntry.year);

var color=d3.schemeCategory10;
 //绑定该年数据
 var rects= svg.selectAll("rect")
             .data(dataValue)
             .enter()
             .append("rect")
             .attr("x", 40)
             .attr("height", rect.height)
             .attr("fill", (d,i)=>color[i%10]);

 svg.append("g")
        .attr("transform", `translate(0, ${maxHeight + rect.height})`);

 function updateElements(){
    rects.data(dataValue, d=>d.name)
         .transition()
         .duration(900)
         .attr("y", (_, i) => rect.height*i)
         .attr("width", d => scale(d.value))
}

updateElements()

function update(i){
```

```
    dataEntry = data[i];
    dataValue = dataEntry["entities"].sort((x, y) => y.value - x.value);
    comment.text(dataEntry.year);
    updateElements()
 }

 setInterval(()=> update((++index) % data.length), 1000);

</script>
</body>
```

三、动态密度图

基于拆分不动和动，如下程序实现动态密度图。此例中加载了data.csv数据。

程序：CH11/d3V7ContoursDensityDynamic.htm

```
<html lang="en">
<head>
   <meta charset="UTF-8">
   <meta name="viewport" content="
   width=device-width, initial-scale=1.0">

   <script src="../d3.v7.min.js">  </script>

</head>
<body>
   <h1 style="color:green">密度估计</h1>

   <script>
    var
width=(window.innerWidth||document.documentElement.clientWidth||document.
body.clientWidth)*0.96;
    var
height=(window.innerHeight||document.documentElement.clientHeight||document.
body.clientHeight)*0.9;
    var svg = d3.select("body")
              .append("svg")
              .attr("width", width)
              .attr("height", height);

    // Read data
    d3.csv("./data.csv").then(function(data) {
       console.log(data);
```

```
        var y = d3.scaleLinear()
                .domain([0, 50])
                .range([0,height]);

        var color=d3.schemeTableau10;
        var x = d3.scaleLinear()
                .domain([0, 50])
                .range([0, width]);

        var densityData = d3.contourDensity()
                           .y(d=>y(d.y))
                           .x(d=>x(d.x));
        ddata=densityData(data);
        console.log(ddata);
        var paths=svg.selectAll("path")
                     .data(ddata)
                     .enter()
                     .append("path")
                     .attr("d", d3.geoPath())
                     .attr("fill", (d,i)=>color[i%10])
                     .attr("stroke", "green")
                     .attr("opacity","1")

        function updateData(){

           ddata=densityData(data);
           //console.log(ddata);
           paths.data(ddata)
                  .transition()
                  .duration(190)
                  .attr("d", d3.geoPath());
           svg.selectAll("circle")
                  .data(data)
                  .enter()
                  .append("circle")
                  .attr("cx", d=>x(d.x))
                  .attr("cy", d=>y(d.y))
                  .attr("r",4)
                  .attr("fill", "blue")
                  .attr("stroke", "red");
           }
           updateData();
```

```
            function update(i){
                var x1=7+Math.random()*10;
                var y1=15+Math.random()*10;
                dataitem={x:x1.toString(),y:y1.toString(),group:'H'};
                data.push(dataitem);
                console.log(data);
                updateData();
            }
            var index=0;
            setInterval(()=> update((++index) % data.length), 200);
        });
    </script>
</body>
</html>
```

程序中每次添加一个新数据（x1,y1），通过数组data.push()加入这个新值，再经updateData()更新数据，重新计算密度值ddata=densityData(data)，更新密度等高线数据paths.data(ddata)。运行结果参见图11-9。

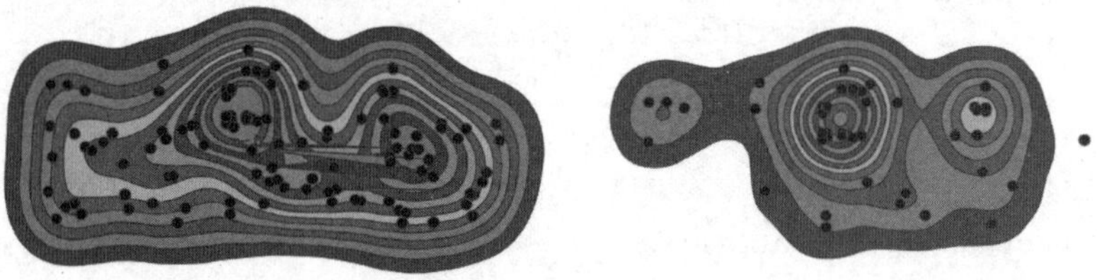

图 11-9　动态密度图

小结

本章讨论了等高线、密度图、动态图，以及这些图表的混用。动态和交互都是D3数据可视化最迷人的地方，也是它区别于其他可视化仅仅绘制一张图的地方。在作品中，一定要尝试使用动态和交互，让用户探索式地分析理解数据，改善用户体验，展示更丰富的信息。

作业

绘制一个加载时序数据的动态直方图或者环图（玫瑰图）。绘制一个图像的灰度等高线图。

CHAPTER 12

第十二章 分词与词云图可视化

本章围绕海量文本数据的可视化分析，阐述了词云图可视化算法发展、D3的词云API，并介绍了Python的jieba分词库、Echart词云图等，并以一个较完整的案例《人民的名义》小说说明了从文本到词云图的可视化流程。最后讲解了一种三维效果的动态词云API的使用。

第一节 词云图

一、词云图概述

词云图（Word Cloud）是一种信息文本可视化技术，通过布局算法用文字大小表示词频，辅以多种色彩显示，直观地反映词组的重要性及各词组之间的差异，展示文本关键摘要信息。近年来，词云图作为极富表现力的可视化载体，广泛应用于网站导航、社会化标签呈现、Web 文本分析以及各种文本挖掘和可视化场景。

完整的词云分析包括：分词、词频统计和可视化。这种综合的文本挖掘技术，以极小的代价统揽全文主旨，具有初筛选和归纳性，显著提高了海量文本的使用效率。

词云图起源于标签云。标签云（Tag Clouds），早在1997年就作为用户行为统计的网站可视化导航，文字依字典顺序排列，按照标签频数确定字体大小和颜色，导航离散的分类信息，统计易用性使它成为Web2.0 时代的显著标志之一。

标签云布局复杂、形式美观，随着应用延伸，演变发展了另一种独立的文本可视化形式——词云图。词云通过色彩和布局增强标签云的视觉效果，通过Top N关键词揭示文本要点，是一种离散的自动摘要生成和可视化工具。图12-1是标签云和词云的比较，标签云主要用于网站导航，词云用于各种文本可视化，某些情况下它们可以相互指代，如维基百科中“Word Cloud”直接指向了“Tag Cloud”，百度搜索也反映了这种近义特点。

2008年6月，美国可视化学者Jonathan Feinberg 发布第一款在线词云Wordle，词组布局遵循一定算法，水平或者垂直排列，形成内部紧凑、轮廓明显的视觉效果。目前，词云广泛应用在传媒广告、工艺美术、博客和诗歌等文本可视化上。

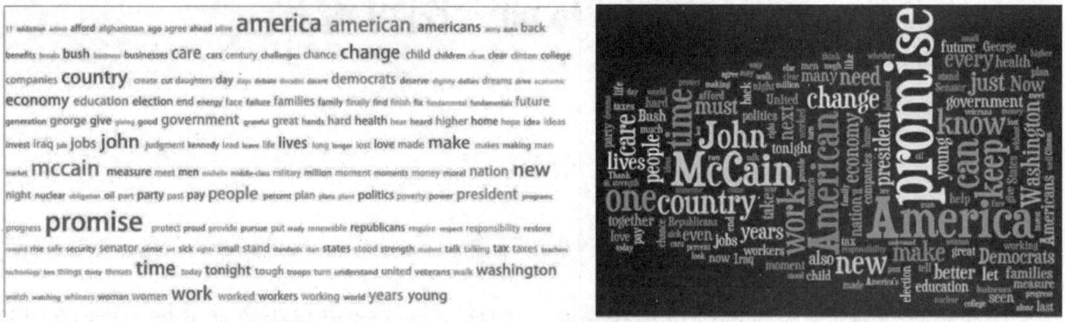

图 12-1　标签云与词云图比较

图12-2是国家四十五发展规划高频词的词云图（数据来自：https://www.gov.cn/xinwen/2021-03/13/content_5592681.htm）。

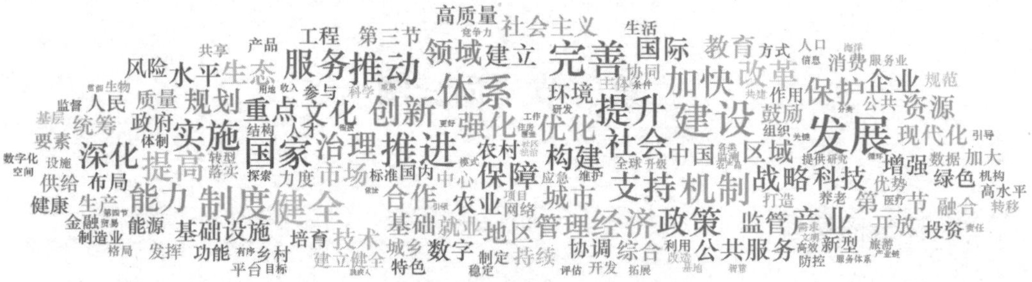

图 12-2　词云解读国家“十四五”发展规划

二、词云图相关算法

Wordle采用随机贪心背包算法布局词组，词频按降序排序，平方根映射为字号，对每个词组在中心附近随机初设位置，如与其他重叠，则以从内到外的螺旋路径继续检测重叠，直到不重叠。其中，递归地将词组边界分成小矩形，较小的文字嵌在较大的文字空隙中实现类似字模提取。由于每个词与已布局逐一比较，算法复杂度为$O(n^2)$，词数超百千数量级后速度明显变慢，为此采用了三个优化：层次边界盒子寻找词组边界；缓存技术先检测最可能重叠的词组；四叉树空间索引减少重叠检测次数。韩国学者在Wordle算法框架下进一步优化，提供了ManiWordle交互词云，类Wordle算法采用的重叠检测技术如图12-3所示。

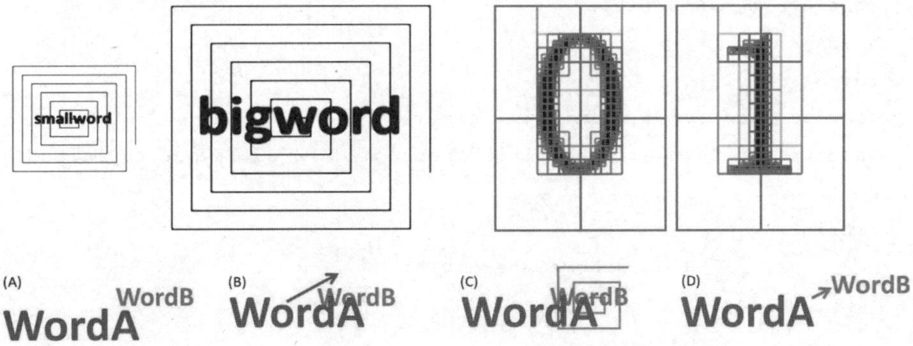

图 12-3　Wordle 和 ManiWordle 的重叠检测技术

三、词云图可视化 API

D3.JS 提供了一套 Wordle 算法的词云图实现，并被广泛使用。Echart 调用 D3.JS 实现了套用轮廓图形。

笔者也实现了一套基于占用矩阵的词云图算法，使用 Java 和 JavaScript 分别实现了算法，详见第十三章的论述，该算法已申请并授权专利。此外，Python 语言、R 语言分别包含第三方库，实现了词云图布局算法。

第二节　D3 词云图

D3 的词云图是基于 Wordle 算法的，单独实现在一个 JS 文件中，因此要加载词云图的库 d3.layout.cloud.js（https://www.jasondavies.com/wordcloud/），然而这个库不适配 d3.v7.js。课程的学生蒋卓良做了修改，即 d3.layout.ruyicloud.js，可以从程序中的链接下载。相较于其他的可视化布局，词云图更为复杂，算法的特征更明显。

一、D3 词云图实例

先看一个词云图的简单例子，见程序 CH12/wordcloud.htm，程序运行结果见图 12-4。D3 词云的布局仍是计算文字的位置信息，绘制是由绑定文本数据和在 SVG 中添加 <text> 完成的，此例文本的大小是随机数。

程序编号：CH12/wordcloud.htm

```
<html>
  <head>
```

```
    <title>D3词云图 </title>
  </head>
  <body>
    <script src="../d3.v3.min.js"></script>
    <script src="https://cuc.yingshinet.com/CH12/d3.layout.ruyicloud.js">
</script>
    <script>
          var fill = d3.schemeCategory10;
          d3.layout.cloud().size([300, 300])
                .words([
                  "Hello", "world", "normally", "you", "want", "more", "words",
                  "than", "this"].map(function(d) {
                  return {text: d, size: 10 + Math.random() * 90};
                }))
                .padding(5)
                .rotate(function() { return ~~(Math.random() * 2) * 90; })
                .font("Impact")
                .fontSize(function(d) { return d.size; })
                .on("end", draw)
                .start();
          function draw(words) {
            d3.select("body").append("svg")
                  .attr("width", 300)
                  .attr("height", 300)
                .append("g")
                  .attr("transform", "translate(150,150)")
                .selectAll("text")
                  .data(words)
                .enter().append("text")
                  .style("font-size", function(d) { return d.size + "px"; })
                  .style("font-family", "Impact")
                  .style("fill", function(d, i) { return fill[i%10]; })
                  .attr("text-anchor", "middle")
                  .attr("transform", function(d) {
                    return "translate(" + [d.x, d.y] + ")rotate(" + d.rotate + ")";
                  })
                  .text(function(d) { return d.text; });
          }
    </script>
  </body>
</html>
```

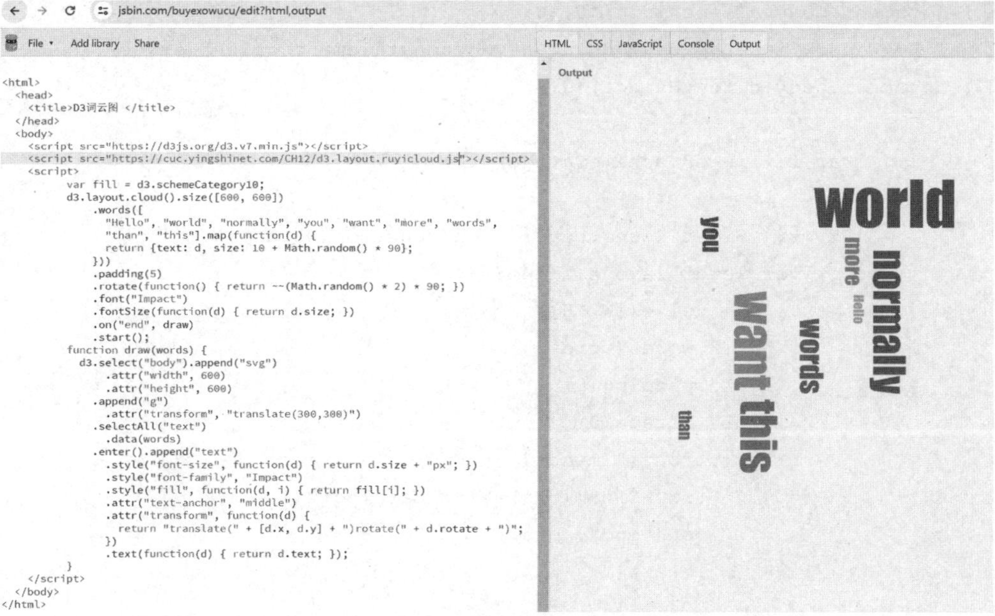

图 12-4　D3 词云图在 JSBin 中的运行结果

二、D3词云图API

在D3词云图的布局代码中，布局内部实现了比较复杂的文字坐标计算，但是API使用比较简单。先使用布局函数创建一个布局，并设置布局的空间尺寸size()，绑定词组和每个词组的大小（词频或者数量值），设置词组间隙大小padding()，设置词组旋转rotate()、字体和字号，开始计算布局，结束后调用绘制函数draw。如下的代码片段即词云布局，关键点是绑定词组words，设置完成后开始布局，布局是一个迭代的过程，布局完成，开始绘制已经过布局计算好的词组。词组的格式要求依据程序中的示例。这是用2022年英国《视与听》电影Top100数据绘制的词云图，并将字号进行运算。运行结果见图12-5所示。

程序编号：CH12/wordcloudV72023.htm

```
<html>
  <head>
   <title>基于D3的词云图</title>
  </head>
  <body>
   <script src="../d3.v7.min.js"></script>
   <script src="../d3.layout.ruyicloud.js"></script>
   <script>
var W=(window.innerWidth||document.documentElement.clientWidth
```

```
||document.body.clientWidth)*0.98;
var H=(window.innerHeight||document.documentElement.clientHeight
||document.body.clientHeight)*0.9;

        var fill = d3.schemeCategory10;

        d3.csv("Sight2Sound.csv").then(function(words){
            var wc=d3.layout.cloud()
                   .size([W, H])
                   .words(words)
                   .padding(0)
                   .rotate(0)
                   .font("Impact")
                   .fontSize((d,i)=>(50-Math.sqrt(i)*3))
                   .on("end", draw)
                   .start();

             function draw(words) {
              d3.select("body").append("svg")
                  .attr("width", W)
                  .attr("height", H)
                  .append("g")
                  .attr("transform", "translate("+W/2+","+H/2+")")
                  .selectAll("text")
                  .data(words)
                  .enter().append("text")
                  .style("font-size", (d,i)=>(50-Math.sqrt(i)*3))
                  .style("font-family", "华文中宋")
                  .style("fill", (d, i)=>fill[i%10])
                  .attr("text-anchor", "middle")
                  .attr("transform", function(d) {
return "translate(" + [d.x, d.y] + ")rotate(" + d.rotate + ")";
                })
                .text((d,i)=>(d.text));
            }
        })
    </script>
  </body>
</html>
```

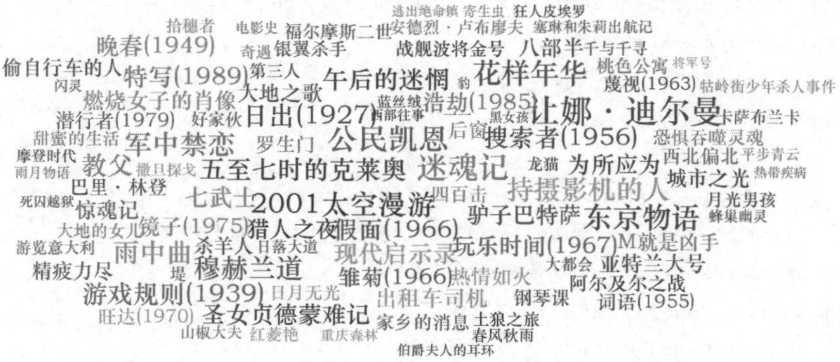

图 12-5　2022 年英国《视与听》电影 Top100 词云图

排名第三的是有电影小百科之称的Orson Welles的《公民凯恩》。上榜的华语电影有王家卫的《花样年华》(来自https://www.bfi.org.uk/sight-and-sound/polls/best-films-2022-all-votes)。

三、Java JSP调用数据库中数据生成D3词云图

本例通过JSP（Java Server Pages）调用MySQL数据库中的数据，数据为一个英文字典数据，数据库名为english46，数据表名为dictionary，链接数据库的用户名为root，密码为123456，然后统计数据表中单词首字母相同的单词数，并根据单词数设置英文字母字号的大小，用词云图显示。数据库中的数据内容见图12-6。

id	english	pt	chinese	flag
1	abbreviation	[ə;bri:vi'eiʃən]	n.节略，缩写，缩短	0
2	abide	[ə'baid]	vi.遵守 vt.忍受	0
3	abnormal	[æb'nɔ:məl]	a.不正常的；变态的	0
4	abolish	[ə'bɔliʃ]	vt.废除(法律等)	0
5	absent	['æbsənt]	a.不在意的	0
6	absorption	[əb'sɔ:pʃən]	n.吸收；专注	0
7	abstract	['æbstrækt]	a.理论上的 n.抽象	0
8	abstract	['æbstrækt]	a.抽象的 n.摘要	0
9	absurd	[əb'sə:d]	a.不合理的，荒唐的	0
10	abundance	[ə'bʌndəns]	n.丰富，充裕（abound)	0

图 12-6　词云图可视化使用的数据库中的数据样例

程序见CH12/english.jsp，运行结果见图12-7。本例假设开发人员熟悉JSP，相关链接MySQL的内容不细讨论。从库里取出数据后，通过拼接字符串，生成了D3词云所需要的数据格式，生成词云图。

程序编号：CH12/english.jsp

```
<body bgcolor="#CFC3A9">
```

```
<%@ page contentType="text/html; charset=gb2312" %>
<%@ page language="java" %>
<%@ page import="com.mysql.jdbc.Driver" %>
<%@ page import="java.sql.*" %>
<%
out.print("<center><font color='#686789'>English WordCloud</font></center>");
String driverName="com.mysql.jdbc.Driver";  //驱动程序名
String userName="root"; //数据库用户名
String userPasswd="123456"; //密码
String dbName="english46";  //数据库名
String tableName="english"; //表名
//联结字符串
String url="jdbc:mysql://localhost/"+dbName+"?user="+userName+"&password=
"+userPasswd;

Class.forName("com.mysql.jdbc.Driver").newInstance();
Connection connection=DriverManager.getConnection(url);
Statement statement = connection.createStatement();
int[] count=new int[26];
for(int i=0;i<26;i++){
    int aa=Integer.valueOf('a')+i;
    char cha = (char) aa;
String sql="SELECT count(*) FROM "+tableName+" where english like '"+cha+"%'
"+"order by english";
    ResultSet rs = statement.executeQuery(sql);
    // 输出每一个数据值
    while(rs.next()) {
        count[i]=rs.getInt(1);
}
    rs.close();
}
statement.close();
connection.close();
%>
<script src="../d3.v7.min.js"></script>
<script src="../d3.layout.ruyicloud.js"></script>
        <script>
            var w=window.innerWidth
 || document.documentElement.clientWidth
 || document.body.clientWidth;

            var h=window.innerHeight
 || document.documentElement.clientHeight
```

```
|| document.body.clientHeight;
            w=w*0.98;
            h=h*0.95;
            var color=d3.schemeCategory10;
            var fill = d3.schemeCategory10;
            var words=new Array(26);
            <% for (int i=0;i<26;i++){%>
words[<%=i%>]={text:String.fromCharCode(<%=65+i%>),size:<%=count[i]%>}
            <%}%>
        var wc=d3.layout.cloud()
                .size([w, 400])
                .words(words)
                .padding(0)
            .rotate(function() { return ~~(Math.random() * 1) * 90; })
                .font("Impact")
                .fontSize(function(d) { return d.size/3+12; })
                .on("end", draw)
                .start();

        function draw(words) {
            d3.select("body").append("svg")
                .attr("width", w)
                .attr("height", 400)
              .append("g")
                .attr("transform", "translate("+w/2+",200)")
              .selectAll("text")
                .data(words)
              .enter()
              .append("a")
              .attr("xlint:href",function(d){ return "word.jsp?w="+d.text})
              .append("text")
              .style("font-size", function(d) { return d.size/3+12 + "px"; })
                .style("font-family", "Impact")
                .style("fill", function(d, i) { return fill[i%10]; })
                .attr("text-anchor", "middle")
                .attr("transform", function(d) {
              return "translate(" + [d.x, d.y] + ")rotate(" + d.rotate + ")";
                })
                .text(function(d) { return d.text; });
        }
      </script>
</body>
```

图 12–7　JSP 调用 MySQL 中数据并用词云图可视化

D3的词云图绘制是基于SVG的，因此各个词组仍然是独立的文本<text>元素，可以添加超链接，此处添加了超链接。可视化图往往是数据的导航，经常需要添加超链接。具体操作时多使用超链接，改善用户体验。

```
.append("a")
.attr("xlint:href",function(d){ return "word.jsp?w="+d.text})
```

第三节　基于 Python 的分词实例

自然语言处理（Natural Language Processing，NLP）包含所有用计算机对自然语言进行的操作，从最简单的通过计数词出现的频率来比较不同的写作风格，到复杂的理解人类语言的语音识别、机器阅读、知识图谱构建、自动问答和自然语言生成，分词是NLP中最基础的环节。Python环境下的jieba分词对已收录词和未收录词都能处理，API简单，代码清晰，具有较好的扩展性。本节对jieba分词API的介绍，是为词云图可视化提供词组和词频数据。

一、Python分词库jieba简介

（一）分词的意义与难点

中文分词 (Chinese Word Segmentation) 指的是将一个汉字序列切分成一个个单独的词。在英文的书写习惯中，单词之间是以空格作为自然分界符，而汉语的书写习惯是词与词之间没有分隔符，汉语语句中词与词之间的标志是隐含的，因此，需要采用中文分词技术划分词组。

现有的分词算法可分为三大类：基于字符串匹配的分词方法、基于理解的分词方法

法和基于统计的分词方法。随着大规模语料库的建立，统计机器学习方法的研究不断发展，基于统计的中文分词方法渐渐成了主流。

虽然英文也同样存在短语的划分问题，但由于中文语言的复杂性，中文分词比英文分词要复杂和困难。以下是使用jieba进行中文分词的关键难点：

1. 分词规范

词的定义不明确。

2. 歧义切分问题、交集型切分问题和多义组合型切分歧义等

例如："结婚的和尚未结婚的"。这条语句可切分为以下两种情况：

结婚 / 的 / 和 / 尚未 / 结婚 / 的

结婚 / 的 / 和尚 / 未 / 结婚 / 的

3. 未登录词

未登录词问题有两种解释：一是已有的词表中没有收录的词，二是已有的训练语料中未曾出现过的词。第二种未登录词又称OOV(Out of Vocabulary)。对于大规模真实文本来说，未登录词对于分词精度的影响远超歧义切分。一些网络新词、专业领域词、自造词一般都属于这类。

因此，未登录词是分词中的一个重要问题，jieba分词对于OOV的解决方法是采用基于汉字成词能力的HMM模型，使用Viterbi算法。

（二）jieba分词特点

jieba支持三种分词模式：

第一，精确模式，即试图将句子最精确地切开，适合文本分析；

第二，全模式，即把句子中所有的可以成词的词语都扫描出来，分切速度非常快，但是不能解决歧义问题；

第三，搜索引擎模式，在精确模式的基础上，对长词再次切分，提高召回率，适合用于搜索引擎分词。

此外，Jiaba支持繁体分词、自定义词典并支持MIT授权协议。

（三）安装

1. 全自动安装

在命令行中输入easy_installjieba或者pip install jieba或者pip3 install jieba进行安装，如图12–8所示，安装过程如图12–9所示。

```
C:\Users\Lenovo\AppData\Local\Programs\Python\Python36\Scripts>pip install jieba
```

图12–8　使用pip.exe安装jieba工具包

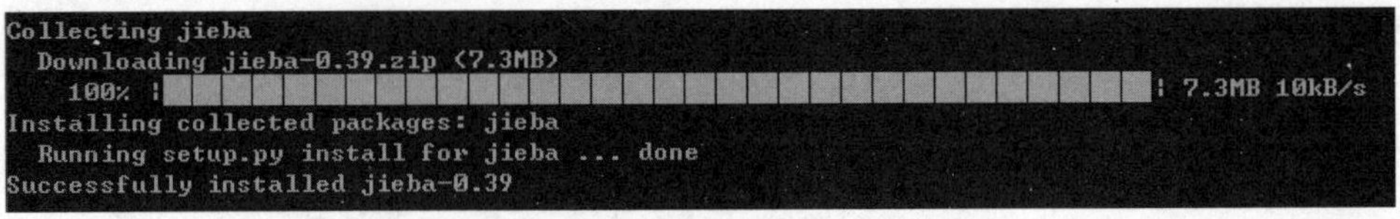

图 12–9　控制台下的 jieba 安装过程

2. 半自动安装

进入网站https://pypi.python.org/pypi/jieba/下载jieba压缩包，如图12–10所示。

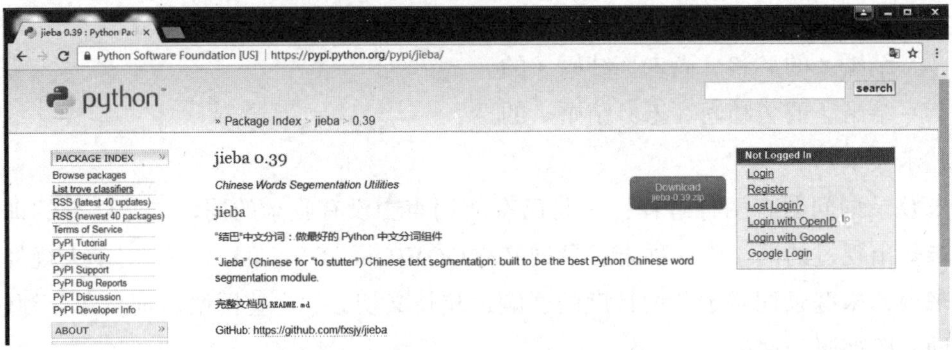

图 12–10　jieba 压缩包下载页面

解压后运行python setup.py install。

3. 手动安装

将jieba目录放置于当前目录或者site-packages目录。安装完毕后，可通过import jieba调用jieba工具包中的方法。

4. 在 Pycharm 中安装 jieba

在Pycharm中安装完jieba的结果见图12–11。

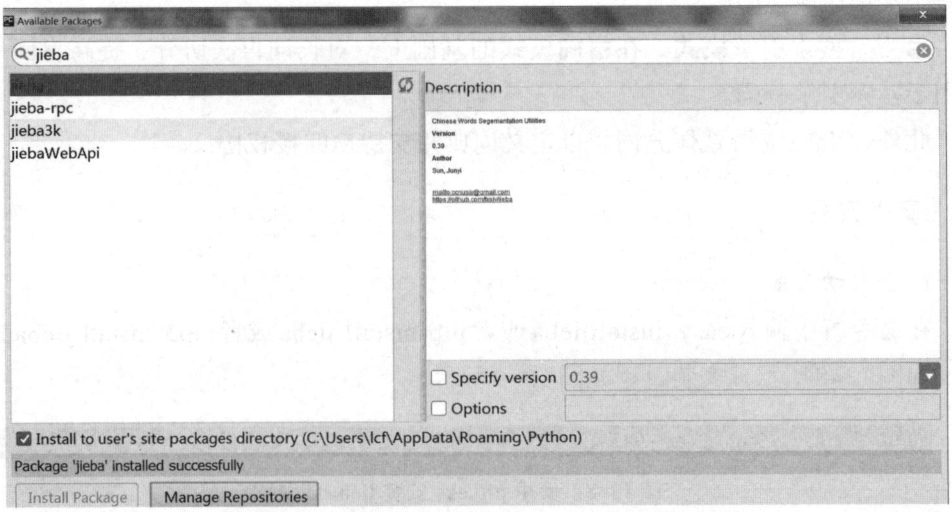

图 12–11　在 PyCharm 中安装 jieba 的界面

二、分词实例

最常用的分词方法为jieba.cut()，它提供了三种分词模式，即精确模式、全模式和搜索引擎模式。

jieba.cut()方法包括三个参数：待分词的字符串、cut_all参数、HMM参数。

jieba.cut以及jieba.cut_for_search返回的结构都是一个可迭代的generator，可以使用for循环来进行分词，或者用jieba.lcut以及 jieba.lcut_for_search直接返回list。

jieba.Tokenizer(dictionary=DEFAULT_DICT)新建自定义分词器，可用于同时使用不同词典。jieba.dt为默认分词器，所有全局分词相关函数都是该分词器的映射。

如下是一个jiebaHello.py文件，先来试一下各种分词模式。运行结果见图12-12。

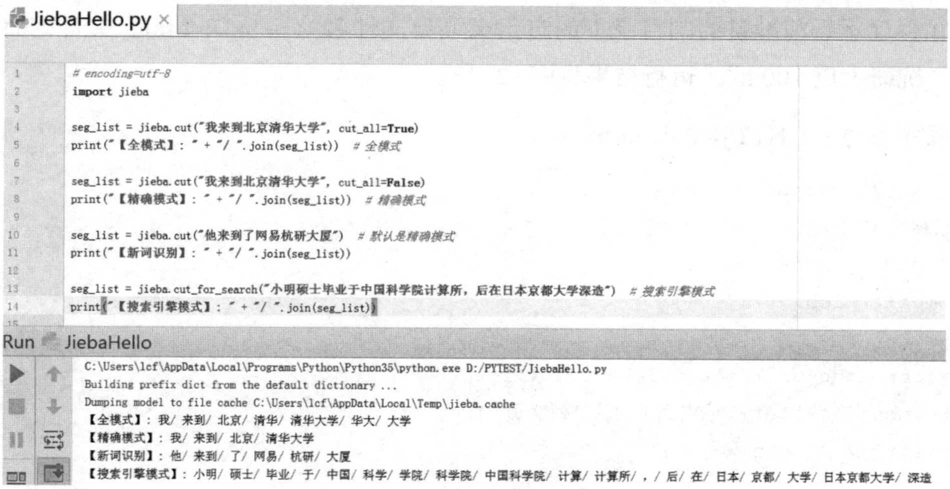

图 12-12　jieba 三种分词模式的比较

程序编号：jiebaHello.py

```
# encoding=utf-8
import jieba

seg_list = jieba.cut("我来到北京清华大学", cut_all=True)
print("【全模式】: " + "/ ".join(seg_list))      # 全模式

seg_list = jieba.cut("我来到北京清华大学", cut_all=False)
print("【精确模式】: " + "/ ".join(seg_list))     # 精确模式

seg_list = jieba.cut("他来到了网易杭研大厦")       # 默认是精确模式
print("【新词识别】: " + "/ ".join(seg_list))

seg_list = jieba.cut_for_search("小明硕士毕业于中国科学院计算所，后在日本京都大学深造
```

```
    ")  # 搜索引擎模式
print("【搜索引擎模式】: " + "/ ".join(seg_list))
```

三、添加词典

开发者可以指定自定义的词典，以便包含jieba词库里没有的词。虽然jieba有新词识别能力，但是自行添加新词可以保证更高的正确率。

使用jieba.load_userdict(file_name)添加词典，参数为文件类对象或自定义词典的路径，词典格式为一词占一行，包括三部分：词语、词频（可省略）、词性（可省略）。用空格符分割。file_name若为路径或二进制方式打开的文件，则文件必须为UTF-8编码；词频省略时使用自动计算，能保证分出该词。添加自定义词典的程序见jiebaDict.py，在程序运行前准备的同目录下的自定义词典文件名为jiebaDict.txt，文件内有一个词条“杭研大厦 100 n”，运行结果见图12-13。

程序编号：CH12/jiebaDict.py

```
准备数据：jiebaDict.txt
杭研大厦 100 n
#ecoding=utf-8
import jieba

jieba.load_userdict("jiebaDict.txt")
words=jieba.cut("他来到了网易杭研大厦")
print("/ ".join(words))
```

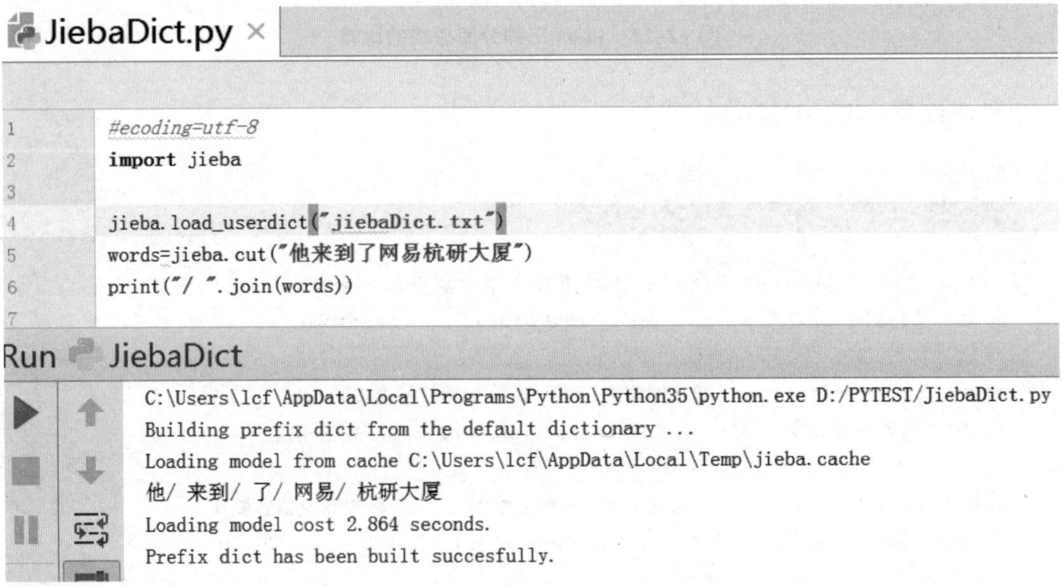

图 12-13　在 jieba 中添加自定义词典

四、词性标注

词性标注是在给定的句子中判定每个词的语法范畴，确定其词性并加以标注。

jieba.posseg.POSTokenizer(tokenizer=None)可以自定义分词器，tokenizer参数可指定内部使用的jieba.Tokenizer分词器。

jieba.posseg.dt为默认词性标注分词器。标注句子分词后每个词的词性，采用和ICTCLAS兼容的标记法。示例程序见CH12/jiebaToken.py，运行结果见图12-14。

程序编号：CH12/jiebaToken.py

```
import jieba.posseg as pseg
words=pseg.cut("中国国家领导人在开会")
for key in words:
    print(key.word,key.flag)
```

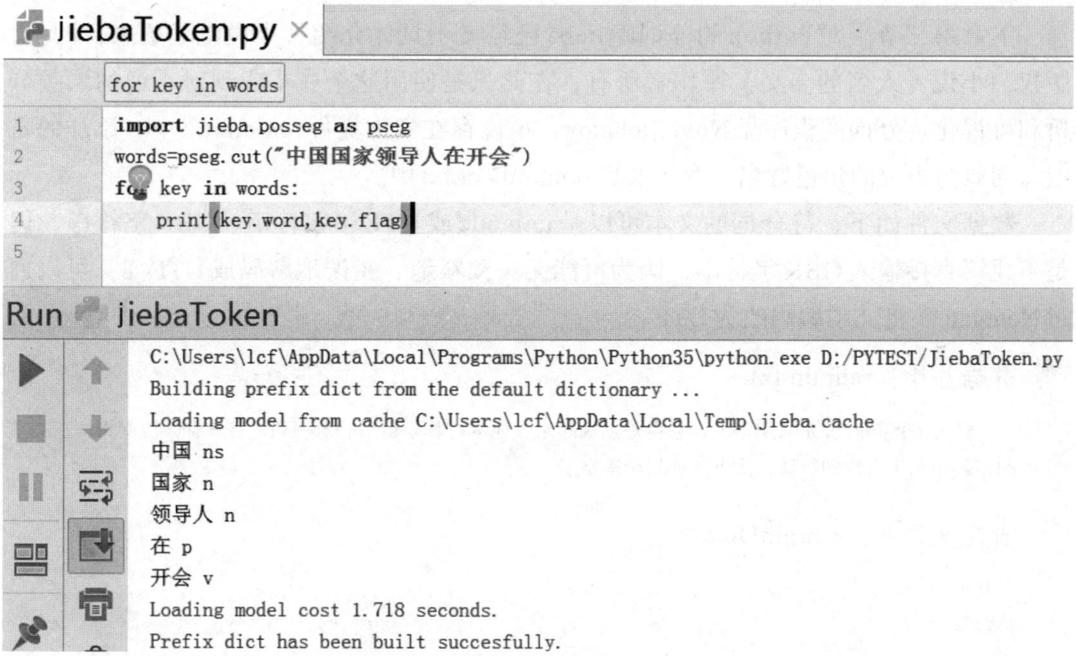

图12-14　jieba分词并输出词性

jieba作为一个Python实现的开源分词库，中文分词能力和扩展性较好，但过于简单的算法是制约其召回率的原因之一。鉴于jieba的简单易用，并且本书的主题是数据可视化，因此用jieba来计算词频已足够。

第四节 影视剧小说词云图案例分析

一、小说生成词云流程

本例中的影视剧小说词云以2017年热播电视剧《人民的名义》的小说为例，词云生成流程分为文本分词、过滤停用词、统计词频和词云图可视化四步，见图12-15。

文本分词 → 过滤停用词 → 统计词频 → 词云可视化

图12-15 小说生成词云图处理流程

二、小说分词

本章第三节中对Python的分词库jieba已经做了具体介绍，小说电子版来自网络，版权归小说《人名的名义》原作者所有，在此只是使用这个文本实现对小说的词频分析和可视化。分词的程序见Noveljieba.py，小说存在文本文件renmin.txt中，添加的自定义词典为小说的角色姓名，存于文件renminDict.txt中。

数据文件如下，待分词的文本可以是unicode或UTF-8字符串、GBK字符串，但是不建议直接输入GBK字符串，因为可能无法预料地、错误地解码成UTF-8，可以通过Notepad++将文本编码改为UTF-8。

数据片段：renmin.txt

```
    侯亮平得知航班无限期延误，急得差点跳起来。他本打算坐最后一班飞机赶往H省，协调指挥抓捕京州市副市长丁义珍的行动，这下子计划全落空了。
```

自定义词典：renminDict.txt

```
侯亮平 1 n
沙瑞金 1 n
李达康 1 n
高育良 1 n
祁同伟 1 n
陆亦可 1 n
高小琴 1 n
吴惠芬 1 n
刘新建 1 n
陈岩石 1 n
季昌明 1 n
赵瑞龙 1 n
```

```
郑西坡 1 n
钟小艾 1 n
赵东来 1 n
蔡成功 1 n
欧阳菁 1 n
丁义珍 1 n
程度 1 n
陈海 1 n
郑胜利 1 n
王文革 1 n
```

程序编号：CH12/Noveljieba.py（代码片段 1）

```
import jieba

with open('renmin.txt', 'r') as f:
    renmin=f.read()


jieba.load_userdict("renminDict.txt")  #添加词典
seg_list = jieba.cut(renmin, cut_all=False) #分词
print("【精确模式】: " + "/ ".join(seg_list))
tf = {}
for seg in seg_list:
        if seg in tf:        # 如果该键在集合tf的对象中，则该键所属对象值加1
            tf[seg] +=1
        else:                # 否则，生成新词的键值对，初始值为1
            tf[seg] = 1
```

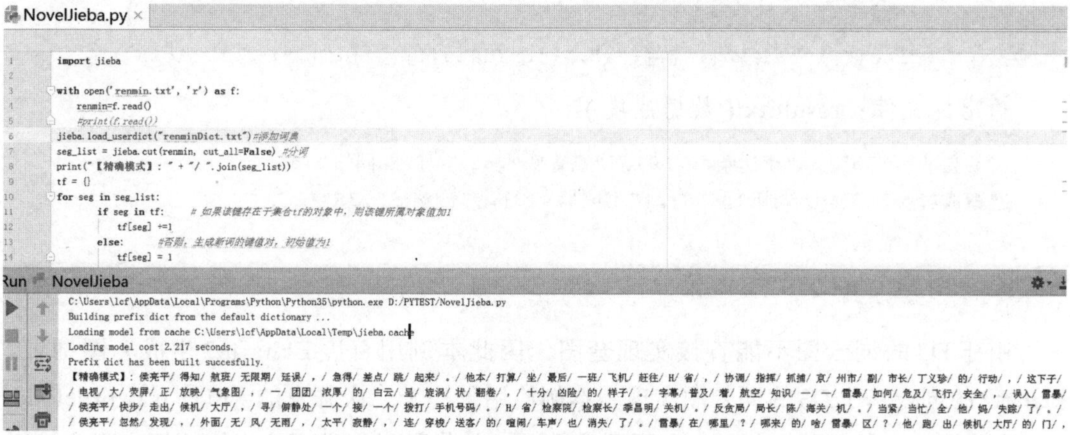

图 12–16　《人民的名义》分词结果

三、停用词过滤

如“你”“我”“一天”之类的词属于常用词，但该词词频无明显意义，故需过滤。在程序中去掉低频词，例如词频<20的词，去掉单字词和含有“一”的词。

程序编号：CH12/Noveljieba.py（代码片段2）

```
ci = list(tf.keys())      #将分词结果中的所有键值，即词语，放置在一个列表
with open('stopword.txt', 'r') as ft:
    stopword=ft.read()
for seg in ci:  #逐个判断是否停用词，及对词语长度进行处理
    if tf[seg]<20 or len(seg)<2 or seg in stopword or '一'in seg:
        tf.pop(seg) #若属停用词，则删去该键值对
```

四、词频统计

统计词频并输出到一个文本文件result.txt中。程序片段如下：

程序编号：Noveljieba.py（代码片段3）

```
#过滤后的词语和词频分别存入列表ci和num中，并将data声明为列表，以存储键值对
ci, num, data = list(tf.keys()), list(tf.values()),[]

for i in range(len(tf)):
    data.append((num[i],ci[i])) #逐个将键值对存入data中
data.sort() #升序排列
data.reverse()  #逆序，得到所需的降序排列

#以下文词云API所需数据格式存入文件
f = open("result.txt", "w")
for i in range(len(data)):
    f.write("[\""+data[i][1]+"\","+str(data[i][0])+"],")    f.close()
```

输出的文件：result.txt(数据片段)

```
["侯亮平",1355],["李达康",780],["高育良",627],["祁同伟",553],
["蔡成功",525],["老师",498],["书记",413],["沙瑞金",353]……
```

五、用Echart 2生成词云

由于D3的词云图不能直接实现套图，因此本例用百度Echarts2生成套图词云，Echart2的词云基于D3的词云图实现。本例使用了一个二次开发的API库js2wordcloud.js，比较简单，只需要加载data和配置参数项。从代码运行发现这个算法填充不连续区域时从左至右开始，而不是随机的，所以有可能填不满，填不满时，可适当提高字号。下载地址：https://github.com/liangbizhi/js2wordcloud。网页见代码renminWC.htm，数

据只写出了一部分。生成的词云图见12-17。

程序编号：CH12/renminWC.htm

```
<html>
<head>
    <meta charset="UTF-8">
    <title>人名的名义词频分析</title>
    <script src="js2wordcloud.js"></script>
    <script src="js2wordcloud.js"></script>
</head>
<body>
    <div id="cloud" style="width:500px;height:500px"></div>
    <script>
          var data=[ ["侯亮平",1355],["李达康",780],["高育良",627],["祁同伟",553],
  ["蔡成功",525],["老师",498],["书记",413],["沙瑞金",353],["高小琴",329],
  ["陈海",295],["丁义珍",294],["陆亦可",283],["同志",272],["欧阳菁",271],["季昌明",
  252],["局长",231],["大风",191],["陈岩石",173],["刘新建",164],["集团",161],["这位",
  155],["汇报",155],["郑西坡",154],["情况",154],["山水",154],["赵瑞龙",151]];
        var option = {fontSizeFactor: 0.5,
                      maxFontSize: 25,
                      minFontSize: 6,
                      gridSiz:20,
                      fontWeight:'bold',
                      fontFamily: "华文黑体",
                      backgroundColor:'#F4F4EC',
                      origin:[150,150],
                      //备注显示框
                      tooltip: {show:true,
                         backgroundColor: 'black',
                         formatter: function(item) {
                             if(item[1] > 1355) return '';
                             else  return item[0] + '有' + item[1] + '个'}
                         },
                         list: data,
                         color: 'black',
                         imageShape: '1.png'};
        var wc = new Js2WordCloud(document.getElementById('cloud'));
        wc.setOption(option);
    </script>
</body>
</html>
```

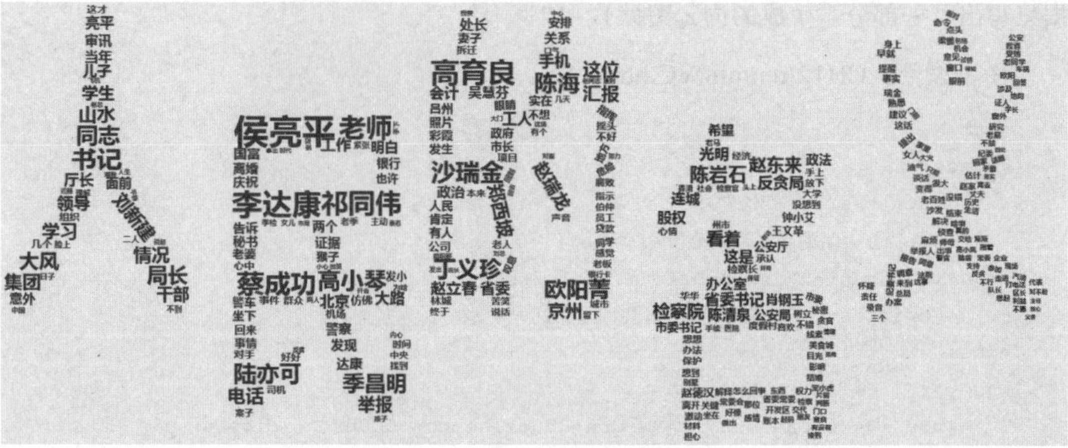

图 12–17 《人民的名义》词云图

(一)获取绘制区域

```
var wc = new Js2WordCloud(document.getElementById('cloud'));
```

document.getElementById('cloud')是画布的DOM元素，Js2WordCloud以此为参数，将在上面生成一个图像，即使用DOM创建词云。

(二)用option设置样式

Echart2中options对象的属性的可用选项包括：

maxFontSize：最大字号，默认60。

minFontSize：最小字号，默认12。

fontSizeFactor：当词云值相差太大，可设置此值微调字体行大小，默认0.1。

gridSize：控制词的间距，间距小一些，绘制的词云更精致。

fontWeight：字体粗细，例如，正常（normal）或粗（bold）。

origin：词云在画布上的计算源点，格式为[x,y]。

tooltip：提示框样式，show值为true时表示显示提示框，backgroundColor为提示框背景颜色，属性formatter值为提示文本，如 function(item) { return item[0] + '有' + item[1] + '个'}}，参数item代表词云数据的一项，该函数就是返回一个与每一个文本相关的提示字符串。

imageShape：提供一张图片，根据其形状进行词云渲染，默认为null。

shape：词云的形状除去提供图片外，还有内置的形状可供使用，默认是circle，还有心形曲线cardioid、菱形diamond和星形star等形状。

（三）生成词云

必须设置参数才能显示词云，option通过如下代码设置：

```
wc.setOption(option);
```

Echart2的词云图不仅是基于D3词云图实现的，而且是配置型的，使用简单，对于可视化软件开发来说较为方便，但是灵活性偏弱。

第五节　三维动态词云

HTML5中新增的Canvas画布元素及其API编程接口，能够实现各种基本图形的绘制，不仅如此，在Canvas中还可以绘制渐变图形、绘制阴影以及应用图像和文字，使Web页面更加绚丽。三维动态词云是基于HTML5 的Canvas画布，采用三维动画的方式展示词条，与二维词云比，别具一格，曾经风靡一时。TagCanvas是一个开源JavaScript类，提供绘制具有三维动画效果的标签云。

一、TagCanvas三维词云

TagCanvas是封装的三维词云，使用比较简单。数据为《视与听》Top100电影运行结果见图12-18。要指定使用互联网上的三维标签云库，地址为：http://www.goat1000.com/tagcanvas.min.js。

程序编码：CH12/wordcloud3D.htm

```
<html>
    <head>
        <title>电影Top100</title>
        <script src="tagcanvas.min.js" type="text/javascript"></script>
        <script type="text/javascript">
            window.onload = function() {
                try {
                    TagCanvas.Start('myCanvas','tags',{
                    textColour: '#ff0000',
                    outlineColour: '#ff00ff',
                    reverse: true,
                    depth: 0.8,
                    maxSpeed: 0.05
                    });
```

```
                    } catch(e) {
document.getElementById('myCanvasContainer').style.display = 'none';
                    }
                };
            </script>
        </head>
        <body>
            <h1>电影Top100</h1>
            <div id="myCanvasContainer">
                <canvas width="800" height="600" id="myCanvas">
                    <p>基于HTML5 Canvas的3D标签云</p>
                </canvas>
            </div>
            <div id="tags">
                <ul>
<li><a href="http://ruyi.cool">迷魂记</a></li>
<li><a href="http://ruyi.cool">公民凯恩</a></li>
<li><a href="http://ruyi.cool">东京物语</a></li>
<li><a href="http://ruyi.cool">花样年华</a></li>
<li><a href="http://ruyi.cool">2001太空漫游</a></li>
<li><a href="http://ruyi.cool">军中禁恋</a></li>
<li><a href="http://ruyi.cool">穆赫兰道</a></li>
<li><a href="http://ruyi.cool">持摄影机的人</a></li>
<li><a href="http://ruyi.cool">雨中曲</a></li>
<li><a href="http://ruyi.cool">日出(1927)</a></li>
<li><a href="http://ruyi.cool">教父</a></li>
<li><a href="http://ruyi.cool">游戏规则(1939)</a></li>
<li><a href="http://ruyi.cool">五至七时的克莱奥</a></li>
<li><a href="http://ruyi.cool">搜索者(1956)</a></li>
<li><a href="http://ruyi.cool">午后的迷惘</a></li>
<li><a href="http://ruyi.cool">特写(1989)(1927)</a></li>
<li><a href="http://ruyi.cool">假面(1966)</a></li>
<li><a href="http://ruyi.cool">现代启示录</a></li>
<li><a href="http://ruyi.cool">七武士</a></li>
                </ul>
            </div>
        </body>
    </html>
```

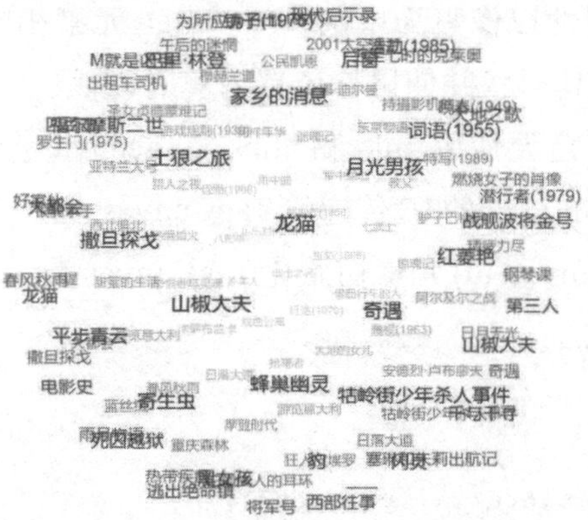

图 12-18　**TagCloud** 三维动态词云

二、下载与安装

TagCanvas脚本可作为独立版本或者jQuery插件使用，如果软件开发已经使用了jQuery，可以选择jQuery插件。

TagCanvas的官网下载地址为http://www.goat1000.com/tagcanvas.php#links，最新版本下载地址为http://www.goat1000.com/tagcanvas.min.js?2.9。TagCanvas的官方文档地址为http://www.goat1000.com/tagcanvas-options.php。

从TagCanvas主页下载JavaScript文件，将其复制到软件页面相应目录。将Javascript文件添加到页面中：

```
<script src="tagcanvas.min.js" type="text/javascript"></script>
```

如果选择使用jQuery插件，则代码如下：

```
<script src="jquery-1.4.2.min.js" type="text/javascript"></script>
<script src="jquery.tagcanvas.min.js" type="text/javascript"></script>
```

注意jQuery文件必须包含在文件中，且引用在TagCanvas插件之前。该插件应该使用jQuery1.3之后的版本。

将一个画布添加到页面中，并设置所需的宽度和高度：

```
<div  id ="myCanvasContainer" >
    <canvas  width = "300"  height ="300"  id ="myCanvas">
        <ul>
            <li><a href="/fish">让娜 · 迪尔曼</a></li>
            <li><a href="/fish">迷魂记</a></li>
            <li><a href="/fish">公民凯恩</a></li>         </ul>
    </canvas>
</div >
```

画布的宽度和高度属性以像素为单位，与<img>元素相同。不要使用CSS来更改画布的大小，否则会扭曲其形状并使鼠标位置计算有误。

词云的数据内容不一定要使用<ul>和<li>，Tagcanvas会找到画布中的任何链接。将数据所在的标签，所在的容器的ID传递给TagCanvas。

加载页面时，使用canvas(id)元素初始化TagCanvas类：

```
<script type="text/javascript">
    window.onload = function() {
        try {
            TagCanvas.Start('myCanvas');
        } catch(e) {
            document.getElementById('myCanvasContainer').style.display = 'none';
        }
    };
</script>
```

如果标签链接不在画布中，则将包含标记的元素作为额外的参数传递给Start函数：

```
TagCanvas.Start('myCanvas','tagList');
```

标签云成功启动，Start()函数返回true，否则返回false。出现问题时，可以用其他内容替代画布。

三、三维标签云应用实例

标签云内部的元素可以是任何的DOM的实体类型，比如图片。示例是用一个数据库中的数据加载的图片效果，见图12–19，这是作者团队开发的中国电影知识体系平台（Http://movie.yingshinet.com）影人图片做的三维词云。

图12–19　三维标签云的影人图谱

小结

本章围绕词云图可视化，讲述了词云图原理、D3词云图API的使用、Python的jieba分词使用以及Echart2词云图使用，以一个完整的实例论述了从批量小说文本到词云图的制作过程。最后讲述了三维词云图API的配置和使用。

作业

对当年的国家“两会”报告进行分词，绘制词云图。

13 CHAPTER

第十三章 基于占用矩阵的词云算法

通过分词提取高频词，用字号表示词频可视化文本概要的词云图，以初筛选和归纳性显著提高海量非结构数据使用效率。重叠检测是词云可视化的难点，现有算法词组两两比较去重叠，时间复杂度为$O(n^2)$，速度慢。本章提出占用矩阵、边线检测、随机位置、旋转画布和坐标变换，将逐一比较转化为一次计算，把复杂度降为$O(n)$，解决任意角度重叠，实现可适形、横向、纵横交错、任意角度、字模提取、近大远小、带分类标签支持多重语义具有随机性的组合布局词云。本章的理论意义在于用占用矩阵和边线检测简便解决了二维平面布局中去除重叠的问题，为词云、词图混合云、图片云提供去重叠的关键技术。

第一节　算法设计概述

一、算法概述

这是一种基于占用矩阵的词云图（M^2Word）可视化方法，对词频进行降序排序，根据可视区域开设一个以像素为单位的大矩阵，其元素置为0，最大词频词组中心与可视区中央坐标重合，占用的可视区子矩阵（或与字模重叠区）置为1，表示已占用；后续词组以极坐标布局在可视区，采用边线检测是否与已布局词组重叠，若重叠则随机生成新坐标，再次检测是否重叠，迭代至不重叠；检测是否可以旋转，即旋转后不超出可视区，也不与已有词组重叠，能旋转的则按一定概率选择是否垂直旋转90度，不能旋转或未选中的保持原来状态；再次检测是否可以向中心靠近，逐步靠近中心检测重叠后停止，采用垂直水平双向快速移动，再采用垂直或水平单方向慢速移动，并将所占用的可视区（或与字模重叠区）的子矩阵置为1，表示已占用。在此基础上又设计了任意角度旋转词云，随机生成词组基线坐标和随机旋转角度，旋转后检测四角是否超出可视区，超出则重新生成坐标和角度，检测四边是否与已布局词组重叠，重叠则重新生成坐标和角度，检测是否可以向第一个词组中心移动，不重叠则移动，旋转画布后打印词组，再将画布恢复，将旋转后词组占用的可视区（或与字模重叠区）置为1。调整占用子矩阵的边界参数控制行距。算法能够快速实现词组无重叠、纵横交错、任意角度、近大远小、字模提取、适形填充等组合布局，将色彩、角度或字体标注分类信息，宏观清晰地分析文本重点，直观比较词组内涵的数据差异，提高数据的可理解性。

二、算法步骤

一种词云图可视化方法，包括如下步骤：

（1）对于已排序的词组和词频，计算可视区域面积，对词频做规格化处理，词频表示字号，使所有词组、词频和词组字数表示的总面积小于可视区域面积。

（2）设置一个以可视区域像素的宽 W 和高 H 大小的矩阵 M，称为占用矩阵，M=[H*W]，将其所有元素置为0，表示未被占用。

（3）将最大词频的词组布局在可视区中间，其所占用的 M 矩阵中的子矩阵元素（或仅字模像素区）置为1，表示该区域已占用。

（4）为下一个词组按照极坐标分配布局位置，如果词组不在可视区内，先移动到可视区，通过矩形边线检测是否该区域被占用，即是否重叠，如果重叠则为该词组随机分配布局位置，继续检测是否重叠，不重则停止。

（5）检测是否可以旋转。将该词组垂直90度旋转后，检测是否与已布局词组重叠，不重叠则可以旋转，随机选择部分旋转，不能旋转或未选中，则保持原状态。

（6）检测是否可以向中心靠近，在垂直和水平方向同时向可视区域中心移动一定步长，不重叠则继续移动，重叠后停止，撤回最后一次移动；逐像素检测垂直和水平单方向是否能靠近中心，若能靠近中心，则移动直到重叠为止。

（7）在可视区域打印该词组，并将其所占用的矩形区域的子矩阵（或仅字模像素区）置为1，表示已占用，转步骤（4），所有词组布局完成后结束。调整占用子矩阵的边界参数，控制行间距。

（8）（此步为可选项）对于词组内部造成的空隙，采用字模提取技术，字模像素与占用矩形区像素重叠才将占用矩阵对应元素置为1。

（9）（此步为可选项）词组字数差异造成内部缝隙时，布局一定比例的词组后，采用极坐标系检测占用矩阵内剩余空白圆形区并存储其位置、半径和与中心的距离，按照与中心距离进行升序排序。对后续的词组布局时，从距离中心最近的空白区开始尝试，再检测是否重叠和是否可以旋转，如果所有空白区都重叠，则随机生成该词组坐标。

（10）如用已知的二值图形初始化占用矩阵M，可以填充生成任意图形的词云图。

（11）（此步为独立算法）在以上步骤基础上设计了任意角度旋转词云图。随机生成词组左下角基线坐标和随机旋转角度 α，检测词组旋转后四角坐标是否超出可视区，超出可视区再次随机生成基线坐标和旋转角度，检测旋转后四边是否与已布局词组重叠，若重叠则重新生成基线坐标和旋转角度，如果不是第一个词组，则检测是否可以向第一个词组中心移动，不重叠则移动，同样采用纵横双向快速移动和纵横单向逐像素移动，重叠后停止移动。将画布旋转 α 度，打印词组后，将画布旋转 $-\alpha$ 度。

（12）如果预先对词组添加分类标签，可以用色彩、字体和旋转角度标注不同分类的词组，生成多重语义词云图。

（13）（此步为可选项）用渐变色填充字体，可实现具有时序倾向变化的词云图。

（14）（此步为独立算法）一种基于迭代计算占用矩形的词云布局算法，通过将第一个词组布局在可视区中央，迭代计算其左上、左下、右下和右上剩余的矩形区域坐标及面积，按面积排序，对后续词组布局时，从面积最小的区域开始尝试，布局后计算新增加的2个矩形区域，将其中1个存储在所占用的矩形存储单元，只需新增1个存储单元，再次按照面积排序，迭代布局后续词组。

所述第（2）步中采用与可视区域同尺寸的二值矩阵表示已被占用区域，以解决词云图的关键难点之一，即去除叠。调整占用矩阵的边界参数，控制行间距。词组布局完成后将其占用的子矩阵像素置为1，表示已占用。

所述第（4）步中的采用矩形边线检测是否与已布局词组重叠的检测代价最小。

所述第（5）步中检测是否可以旋转，由于直接旋转的是画布，而不是词组，需要以词组为中心旋转，并计算旋转后拟占用矩形区域是否与已布局词组重叠。

所述第（6）步中为产生近大远小的视觉效果，将高频词组尽可能布局在中央，将词组按照快速垂直水平同时在不重叠情况下向中心靠近，再逐像素垂直、水平单方向在不重叠情况下向中心靠近。

所述第（8）步中的字模提取，即词组布局完成后将其占用的子矩阵和字模重叠像素区置为1表示已占用，实现词组内部空隙的利用。

所述第（9）步中，用字号较小的词组填充由于随机算法和词组字数不同造成的空隙。

所述第（2）和第（10）步在设计上能实现填充任意形状的词云图。

第（11）步中，通过极坐标和直角坐标换算，以及旋转前坐标系和旋转后坐标系换算实现任意角度旋转的词云图，通过参数设置，实现水平、纵横交错是任意角度布局的特例。

第（11）和第（12）步中，用色彩、字体和角度作为分类标签，实现多重语义词云。

所述第（14）步中，通过迭代计算占用矩形，实现了最小代价无重叠快速确定性词云布局，其缺点是布局结束区局部不够美观，不能适形填充和字缝内填充。

三、数据说明

表13-1是2013年中国大学前100名的数据，数据规格化后表示为文本，第一行为固定的wordcloud 100，其中，100代表词组总数，每行数据如下：从“1”开始的标号、词组名称、规格化后的词频、分类标签。如第一行“1 北京大学 60 1”，用空格分隔，分类标签“1”表示“第一批985高校”，“2”为“第二批985高校”，“3”为其他“211高校”。

表13-1 中国大学2013年排名得分规格化后数据

序号	词 组	字号	分类	序号	词 组	字号	分类
1	北京大学	60	1	51	南京理工大学	11	3
2	清华大学	58	1	52	西南交通大学	11	3
3	复旦大学	36	1	53	北京交通大学	11	3
4	浙江大学	36	1	54	苏州大学	11	3
5	上海交通大学	32	1	55	中国石油大学	11	3
6	南京大学	31	1	56	云南大学	10	3
7	中山大学	26	1	57	西安电子科技大学	10	3
8	吉林大学	26	1	58	北京化工大学	10	3
9	武汉大学	26	1	59	南京农业大学	10	3
10	中国科学技术大学	25	1	60	西北农林科技大学	10	3
11	华中科技大学	24	1	61	南京师范大学	10	2
12	中国人民大学	22	1	62	上海大学	10	3
13	四川大学	22	1	63	郑州大学	10	3
14	南开大学	22	1	64	河海大学	10	3
15	山东大学	22	1	65	合肥工业大学	10	3
16	北京师范大学	20	1	66	北京邮电大学	10	3
17	哈尔滨工业大学	20	1	67	哈尔滨工程大学	10	3
18	西安交通大学	20	1	68	湖南师范大学	10	3
19	中南大学	20	1	69	暨南大学	10	3
20	厦门大学	20	1	70	福州大学	9	3
21	东南大学	18	1	71	南昌大学	9	3
22	同济大学	18	1	72	北京林业大学	9	3

续表

序号	词　组	字号	分类	序号	词　组	字号	分类
23	天津大学	17	1	73	北京工业大学	9	3
24	北京航空航天大学	17	1	74	华南师范大学	9	3
25	大连理工大学	16	1	75	陕西师范大学	9	3
26	华东师范大学	16	2	76	江南大学	9	3
27	华南理工大学	16	1	77	华南农业大学	9	3
28	中国农业大学	15	2	78	首都医科大学	9	3
29	湖南大学	14	1	79	中国政法大学	9	3
30	兰州大学	14	1	80	新疆大学	9	3
31	重庆大学	13	1	81	广西大学	8	3
32	西北工业大学	13	1	82	内蒙古大学	8	3
33	东北大学	13	1	83	上海财经大学	8	3
34	北京理工大学	13	1	84	华北电力大学	8	3
35	华东理工大学	13	3	85	中央民族大学	8	3
36	北京协和医学院	13	3	86	南京医科大学	8	2
37	东北师范大学	13	3	87	山西大学	8	3
38	北京科技大学	13	3	88	太原理工大学	8	3
39	中国地质大学	12	3	89	河南大学	8	3
40	武汉理工大学	12	3	90	中南财经政法大学	8	3
41	华中师范大学	12	3	91	南方医科大学	8	3
42	西北大学	12	3	92	安徽大学	8	3
43	中国矿业大学	12	3	93	湘潭大学	8	3
44	华中农业大学	12	3	94	贵州大学	8	3
45	电子科技大学	12	1	95	哈尔滨医科大学	8	3
46	长安大学	11	3	96	南京工业大学	8	3
47	东华大学	11	3	97	燕山大学	8	3
48	西南大学	11	3	98	浙江工业大学	8	3
49	中国海洋大学	11	1	99	辽宁大学	8	3
50	南京航空航天大学	11	1	100	东北林业大学	8	3

第二节　基于占用矩阵的词云图可视化系列算法

一、纵横交错布局

纵横交错布局词云图算法的流程如图13-1所示。

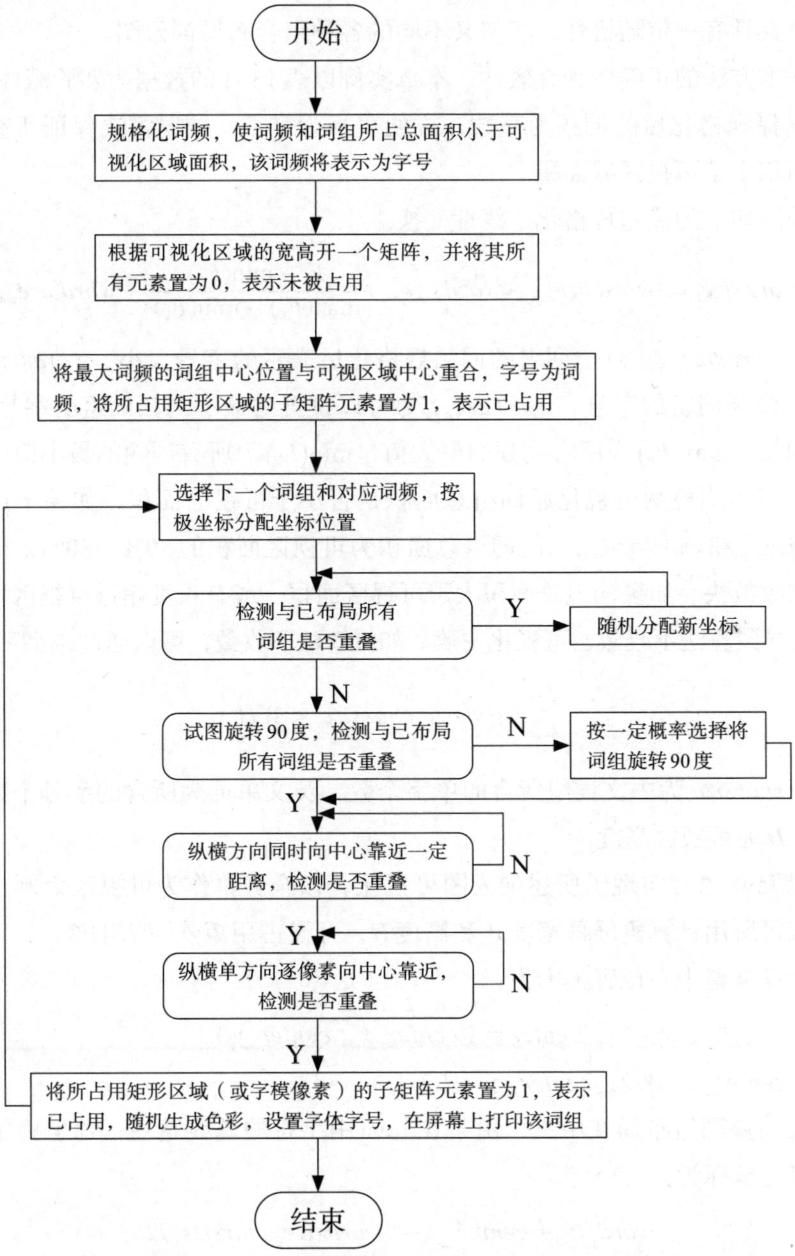

图13-1　基于占用矩阵的词云图可视化算法流程图

如图13-1所示，算法为解决词云图无重叠提出了占用矩阵和边线检测技术，为实现纵横交错，采用旋转画布和无重叠检测，为实现近大远小效果并保证运行速度提出了两阶段靠中心移动技术，采用图像初始化占用矩阵实现了适应图形填充，为解决词组内空隙，采用字模提取技术，为解决随机算法造成的空隙，采用空隙发现和居中优先填充技术，用色彩、字体或角度表示分类信息，增加了分类语义。输入为具有一定格式的文本统计数据，输出为可适应形状、无重叠、纵横交错、字模提取、近大远小、带分类标签且具有一定随机性、相似又不同的各种组合布局词云图。

为验证本方法的正确性和有效性，本章实例以表13-1的数据为实验载体。

（1）确保规格化后的词频为整数，方便表示为字号，同时需要保证所有可视化后的词组总面积小于可视区域面积。

词频采用如下的极差规格化，线性变换。

$$wordsize_i = (wordsize_{max} - wordsize_{min})\frac{F_i - \min(F_k)}{\max(F_k) - \min(F_k)} + wordsize_{min} \quad (13.1)$$

其中，$wordsize_i$是第i个词组的词频规格化后表示的字号大小，$wordsize_{max}$为可以设置的最大词频词组的字号，$wordsize_{min}$为可以设置的最小词频词组的字号，F_i为第i个词组的词频，$\max(F_k)$为所有词频的最大值，$\min(F_k)$为所有词频的最小值。

用如下不等式检测可视化后词组总面积是否小于可视区面积，如果不成立，适当调整$wordsize_{min}$和$wordsize_{max}$，使词组总面积为可视区面积的50%—80%，词云图画面饱满且算法收敛快。如果词组总面积大于可视区面积，或有长度超过可视区宽度和高度的词组，会导致算法不收敛，可视化失败。如果算法不收敛，可以通过减小字号来解决。

$$\sum_{i=1}^{n} wordsize_i^2 charsize_i < WH \quad (13.2)$$

其中，$charsize_i$为中文词组所含的单字个数，英文单词为所含的字母个数，W为可视区宽度，H为可视区高度。

（2）以Java语言实现了所述词云图可视化，以全屏幕作为可视区为例，通过Java基础类库获得所用计算机屏幕宽度W和高度H，开设占用矩阵$M[H][W]$。

（3）计算屏幕中心位置坐标为：

$$center = (center\_x,\ center\_y) \quad (13.3)$$

其中，$center\_x = W/2$，$center\_y = H/2$。

将最大词频词组布局在中央，由于在Java中字符的基线是左下角坐标位置，因此第一个词组的坐标为：

$$word\_x_0 = center\_x - wordsize_0 charsize_0/2 \quad (13.4)$$

$$word\_y_0 = center\_y + wordsize_0/2 - (\text{int})(wordsize_0 * 0.3) \quad (13.5)$$

先采用g.setFont(new Font("Microsoft YaHei", Font.*BOLD*, *wordsize0*))设置字体和字号，后采用g.drawString(*word0*,*word_x*0,*word_y*0)显示该词组，由于在默认情况下有行距，减去*wordsize0**0.3调整行距造成的字符位置偏差。

可视区域中心，最高频词组“北京大学”的基线坐标计算和占用矩阵*M*的子矩阵的四角坐标计算如图13-2所示。将词组对应的占用矩阵*M*的子矩阵（或字模像素）各元素置为1，表示已占用。

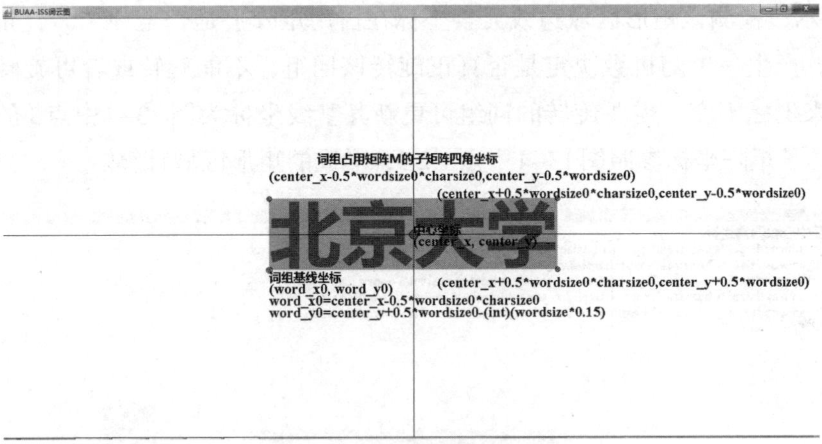

图 13-2　M²Word 算法最高词频词组居中布局

（4）对下一个词组，通过以下极坐标产生布局位置：

$$word\_x = center\_x + r\cos(\pi i / 8) \tag{13.6}$$

$$word\_y_i = center\_y + r\sin(\pi i / 8) \tag{13.7}$$

检测其占用矩形区域的边线是否与已布局的词组重叠，实际是检测边线坐标对应的占用矩阵的元素是否均为0，该词组边线检测的坐标如图13-3所示，只要有一个像素点被占用则认为重叠，重新随机生成该词组的坐标，继续检测，直到不重叠为止。如图13-3所示，词组“清华大学”的红色边线检测到了与“北京大学”的多个像素重叠，则再次随机生成“清华大学”的基线坐标，直到不重叠为止。

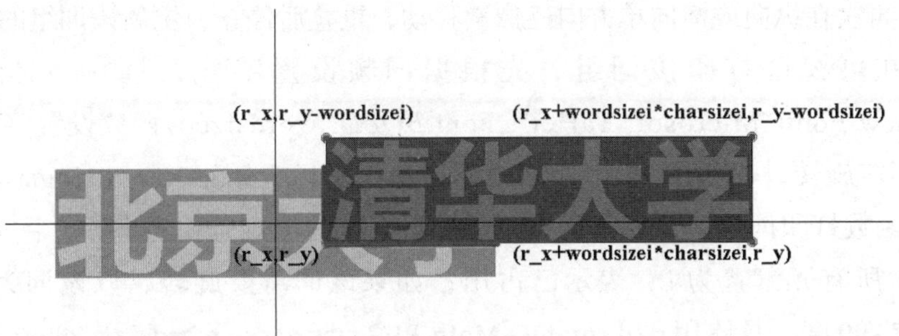

图 13-3　M²Word 算法词组在占用矩阵的子矩阵四角坐标计算和边线重叠检测图示

（5）检测该词组是否可以旋转，即旋转后所占用的区域是否与已布局词组重叠，同样采用边线检测。在Java中旋转是基于画布的，因此在旋转过程中，需以词组的中心为基准旋转，其中心坐标为：

$$center\_x_i = r\_x + 0.5wordsize_i charsize_i \tag{13.8}$$

$$center\_y_i = r\_y - 0.5wordsize_i \tag{13.9}$$

以词组的中心旋转画布90度后，该词组在旋转前画布上占用的子矩阵坐标如图13–4所示，检测该矩形区域边线元素坐标在占用矩阵上是否全为“0”，是的话，则可以旋转，产生一个随机数决定是否真正旋转该词组，不能旋转或者可旋转但未选中的保持原来坐标不变。需要旋转的词组可更新其基线坐标为图13–4中点1的坐标，其占用矩阵的子矩阵坐标参照图13–4中点1,2,3,4形成的矩形区域计算。

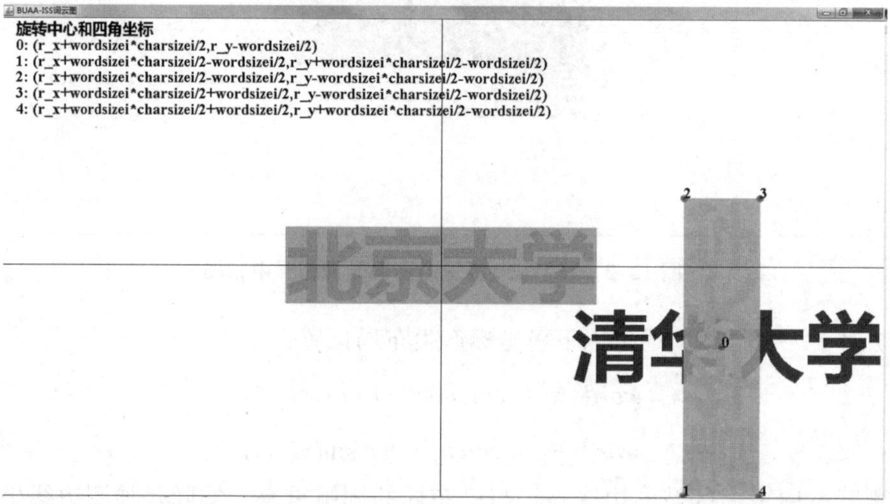

图13-4　M²Word算法词组旋转90度后占用的子矩阵四角坐标计算公式图示

（6）检测该词组是否可以靠近可视区中心。根据可视区中心的宽高比，设置横向和纵向移动步长，如本例可视区域为1366:768，宽高比设置为2:1，横向步长为8，纵向步长为4，使词组在水平方向上移动更快，横向纵向同时移动重叠后，后退最后一次移动步长，再次在纵向或横向单方向逐像素移动，重叠后停止，更新该词组的基线坐标。

（7）在可视区打印该词组，先根据词频设置字号，选择字体，具体用g.setFont(new Font("Microsoft YaHei", Font.*BOLD*, wordsize_i))函数设置字体和字号。如果该词不需旋转，参照图13–4计算的词组基线坐标，用g.drawString($word_i$,$word\_x_i$,$word\_y_i$)函数打印词组，计算其所占用的矩形区域的子矩阵边界坐标，将子矩阵（或字模像素）所有元素置为1，表示已占用；如果该词需要旋转，以该词为中心，先将画布旋转–90度，具体用g2d.rotate(–Math.PI/2, $word\_x_i$+wordsize_i*charsize_i, $word\_y_i$–wordsize_i)函数旋转画布，打印该词组，再以该词为中心，将画布旋转90度恢复至原来状态，参照图13–4，计算旋转后的词组在未旋转的画布上对应的占用矩阵的子矩阵（或字模像素）元素置为1，表示已占用，转步骤（4）为下一词组布局，所有词组布局完成后结束。

以纵横交错布局为例，占用矩阵的使用情况如图13–5所示。M²Word算法生成的横向布局词云图如图13–6所示，纵横交错布局见图13–7，纵横交错居中布局如图13–8所示。

图13–5　M²Word算法纵横交错布局后占用矩阵M的使用情况

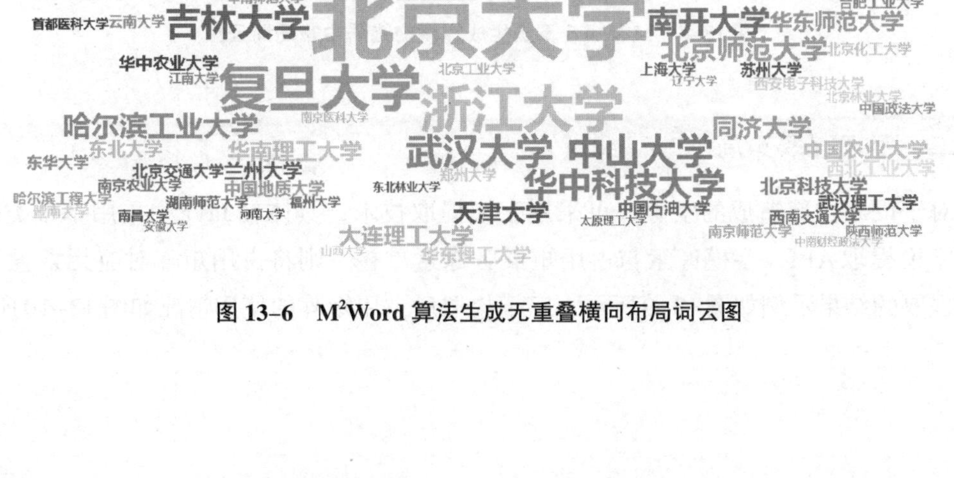

图13–6　M²Word算法生成无重叠横向布局词云图

图 13–7　M²Word 算法生成纵横交错布局词云图

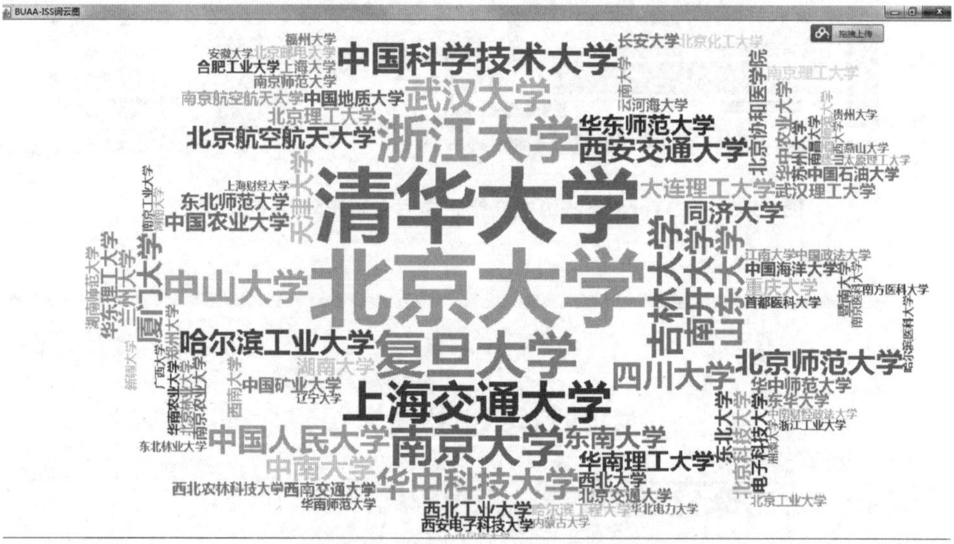

图 13–8　M²Word 算法生成纵横交错居中布局词云图

二、字模提取布局

对于词组内部造成的空隙，可采用字模提取技术，具体在Java中采用基础类库提供的字模提取API，字模像素与占用矩形区像素重叠，则将占用矩阵对应元素置为1。字模提取的结果示例如图13–9所示，字模提取后占用矩阵的使用情况如图13–10所示。

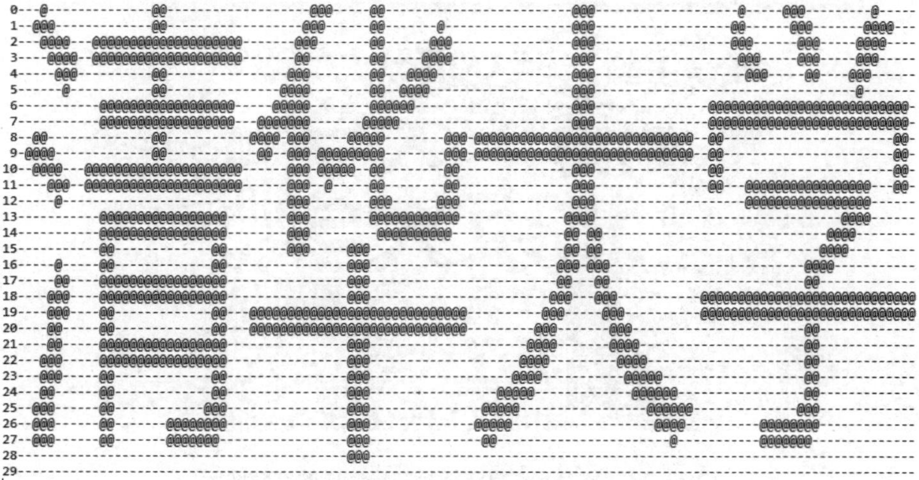

图 13–9 M²Word 算法字模提取图示

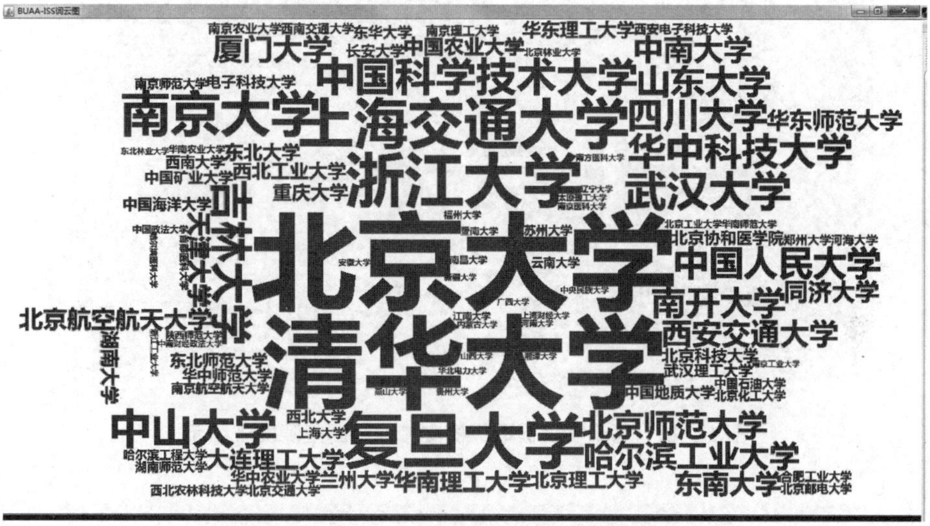

图 13–10 M²Word 算法字模提取后占用矩阵使用情况

三、空隙填充布局

词组字数差异造成内部缝隙时，布局一定比例的词组后，采用极坐标检测占用矩阵内剩余空白圆形区，并存储其位置、半径和与中心的距离，按照与中心距离升序排序。对后续的词组布局时，从距离中心最近的空白区开始尝试，再检测是否重叠和是否可以旋转，如果所有空白区都重叠，则随机生成该词组坐标。由于随机算法和词组字数差异造成的空隙如图 13–11 所示，空隙检测结果如图 13–12 所示，居中空隙优先填充结果如图 13–13 所示。

图 13–11　M²Word 算法随机布局造成的空隙图示

图 13–12　基于字模提取纵横交错词云图空隙发现图示

图 13–13　基于字模提取纵横交错空隙优先词云图

四、适形填充布局

用已知的二值图像初始化占用矩阵M，可以填充生成任意图形的词云图。本例所用的24位BMP图像见图13-14的“龙形”图，读取图像的三基色，图内像素对应占用矩阵M的元素置为0，图外区域像素对应M的元素置为1，表示填充图，所绘制的横向适形词云如图13-14所示，纵横交错适形词云如图13-15所示，纵横交错居中适形词云如图13-16所示。如果预先对词组添加分类标签，如读取表13-1中的分类信息，用色彩标注不同分类的词组，生成具有分类标签的纵横交错居中适形的词云如图13-17所示，“985高校第一批”为第1类（红），“985高校第二批”为第2类（蓝），其他的“211高校”为第三类（绿）。

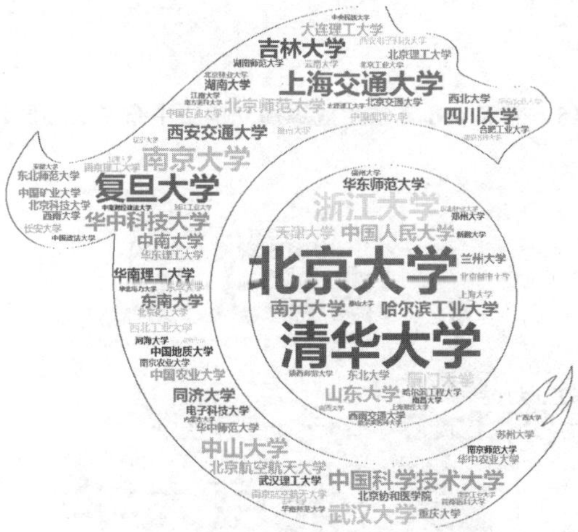

图 13-14　M²Word 算法生成横向适形词云图

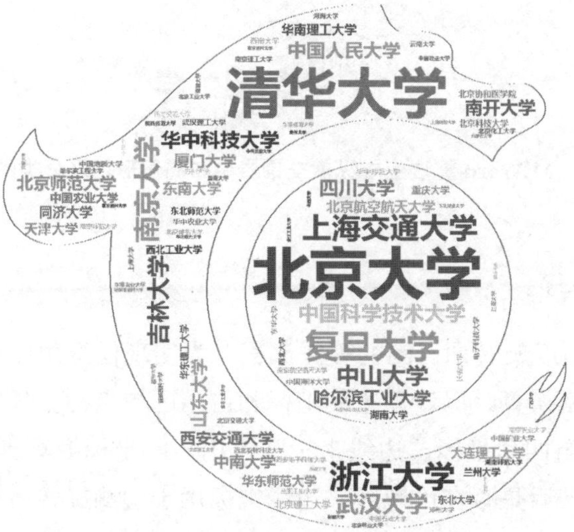

图 13-15　M²Word 算法生成纵横交错适形词云图

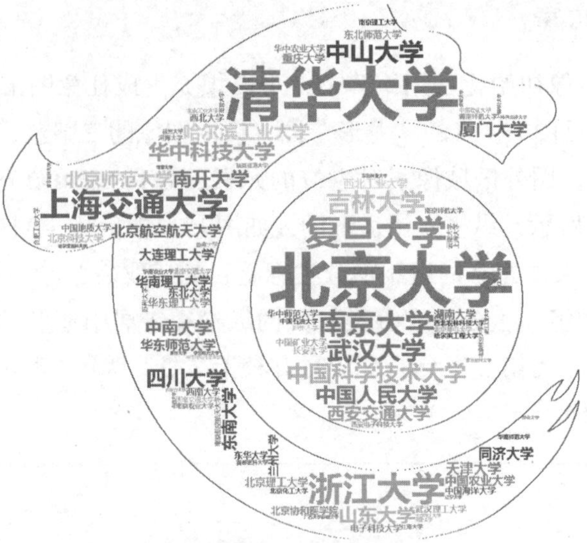

图 13-16　M²Word 算法生成纵横交错居中布局适形词云图

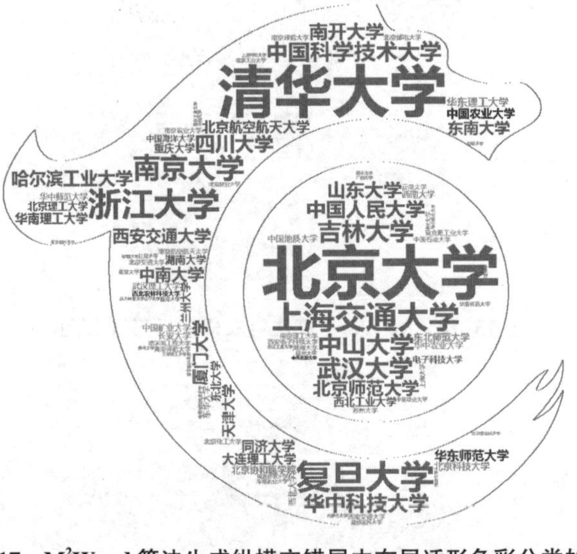

图 13-17　M²Word 算法生成纵横交错居中布局适形色彩分类的词云图

五、任意角度布局

图 13-18 为任意角度旋转词云图的算法流程。为实现任意角度旋转，出现了旋转前坐标系和旋转后坐标系换算，以计算边线坐标和占用区域坐标。任意角度旋转的难点是将旋转后坐标系的词组四角坐标、边线坐标和占用矩阵坐标换算到未旋转前的坐标系，四角坐标用于检测旋转后是否在可视区，边线坐标用于检测旋转后是否与已布局词组重叠，占用矩阵坐标用于将对应占用矩阵的区域设置为已占用，换算方法见图 13-19。

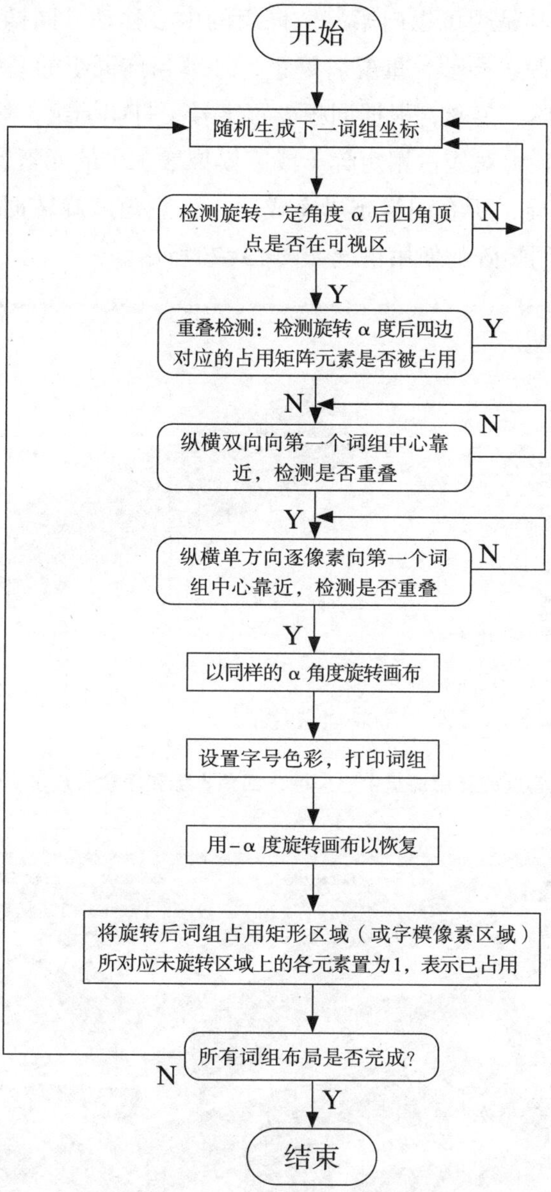

图 13-18　M^2Word 算法生成任意角度旋转词云的步骤流程图

图 13-18 中，对每一个词组随机生成左下角基线坐标 (r_x,r_y)，随机生成旋转角度 α，根据词频表示的字号 *wordsizei* 和词组的字数 *charsizei* 计算其旋转前四角的坐标，根据图 13-19 中的公式计算词组旋转 α 度后的四角坐标，检测旋转后四角坐标是否在可视区内，若不在，则再次随机生成基线坐标和旋转角度，若在可视区内，则检测该词的矩形边线坐标，检测旋转 α 度后的边线坐标位置对应的占用矩阵是否被占用，只要有一个点被占用，则重新随机生成该词基线坐标和旋转角度，若边线全部未被占用，则检测是否是第一个词组，如果是第一个词组，则存储其中心坐标位置，若不是

第一个词组，则检测其是否可以向第一个词组的中心移动，同样采用先纵横双向同时移动，后纵横单向逐像素移动，重叠后停止，计算当前词组的基线坐标位置，先以 α 度旋转画布，设置字体、色彩，根据词频设置字号，打印词组，然后再将画布旋转 −α 度，最后将旋转后的词组对应占用矩阵（或字模像素）中的元素置为1，当前词组布局完，为下一个词组布局，所有词组布局完成后，任意角度旋转词云图的可视化方法结束。任意角度词云占用矩阵的使用情况如图 13−20 所示。

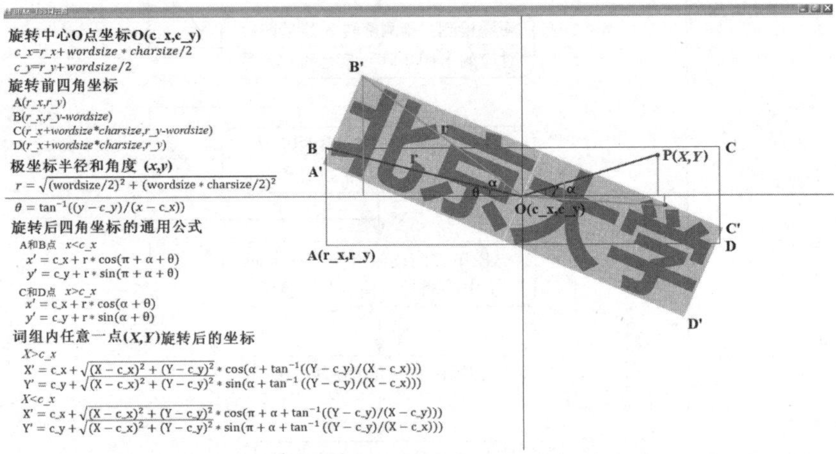

图 13−19　任意角度旋转后词组中心坐标、四角坐标和任意一点坐标的计算公式图示

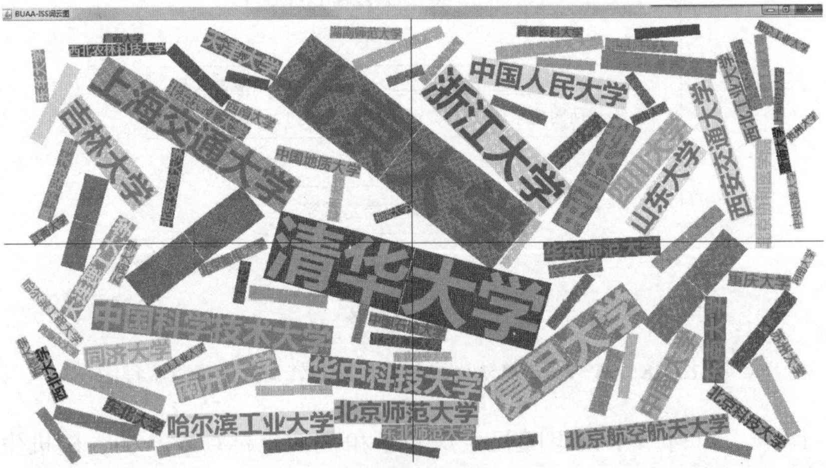

图 13−20　M²Word 算法生成任意角度旋转词云图的占用矩阵 M 的使用情况

任意角度词云布局结果如图 13−21 所示。字模提取任意角度词云占用矩阵的使用情况如图 13−22 所示，对应的词云如图 13−23 所示，为清楚起见，词组外加了边框，显示字模无像素的边界被利用，布局更紧凑。适形任意角度靠近第一个词组中心的词云布局如图 13−24 所示。

图 13–21　M²Word 算法生成任意角度旋转词云图

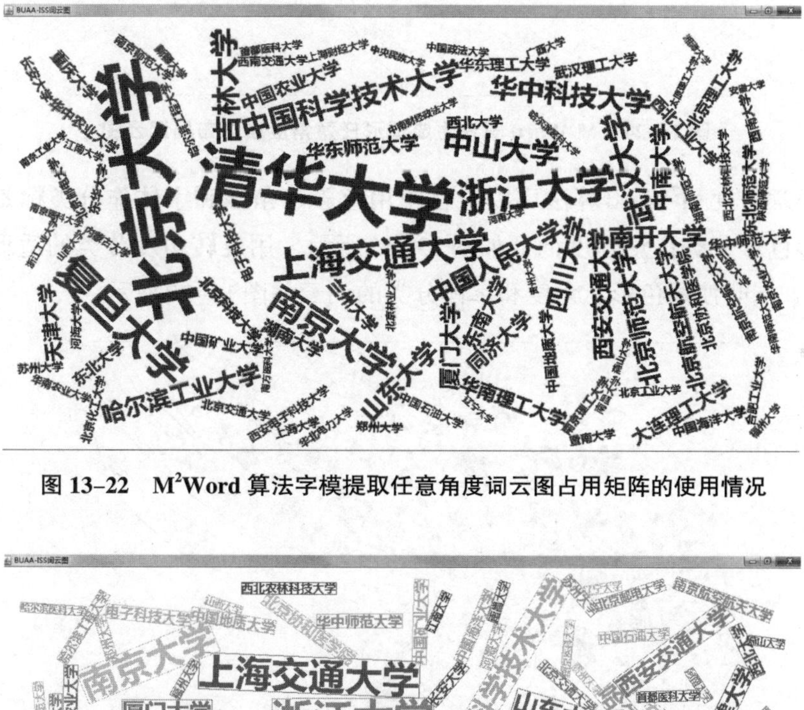

图 13–22　M²Word 算法字模提取任意角度词云图占用矩阵的使用情况

图 13–23　M²Word 算法字模提取任意角度词云图

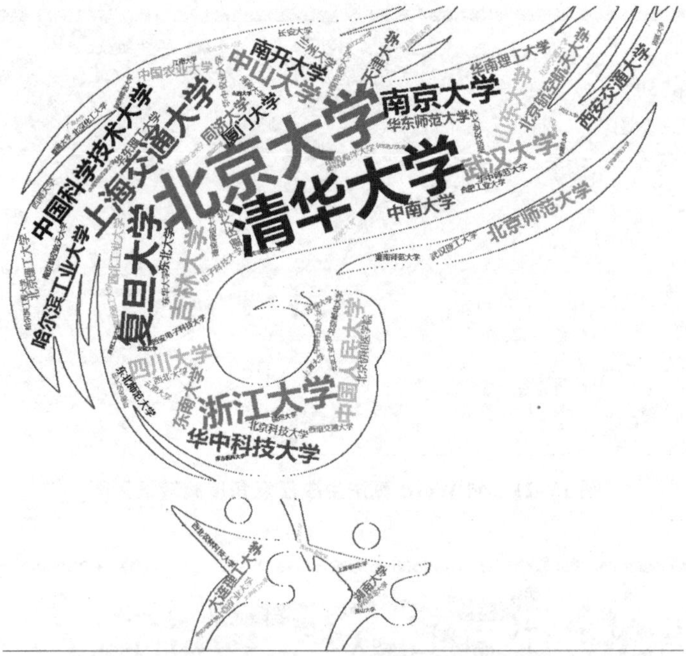

图 13–24　M2Word 算法生成适形任意角度居中布局词云图

基于任意角度 M2Word 算法可以组合使用色彩、角度和字体作分类标签，其分别生成的适形色彩分类任意角度词云如图 13–25 所示，用旋转角度分类的适形词云如图 13–26 所示，同时使用色彩、角度和字体分类的词云如图 13–27 所示。

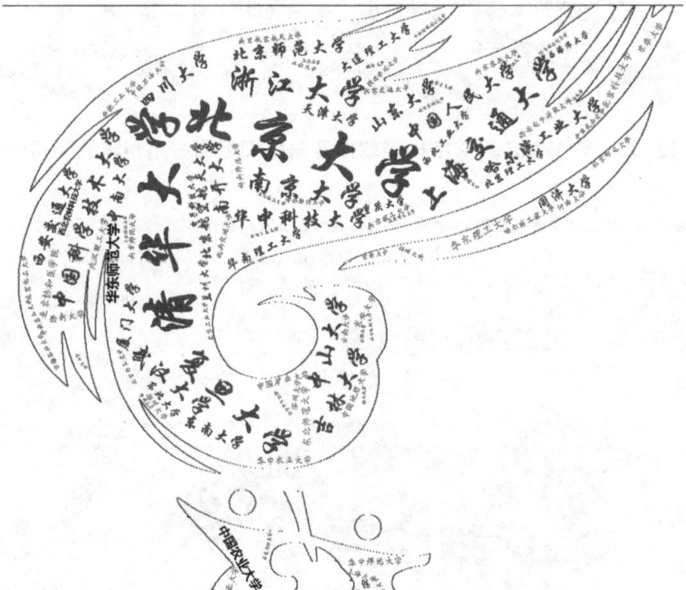

图 13–25　M2Word 算法生成适形色彩分类任意角度词云图

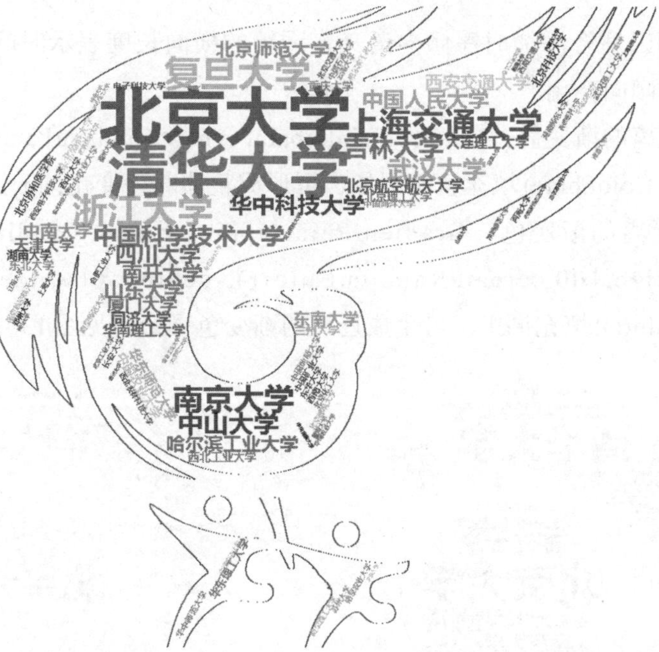

图 13–26　M²Word 算法生成适形旋转角度分类词云图

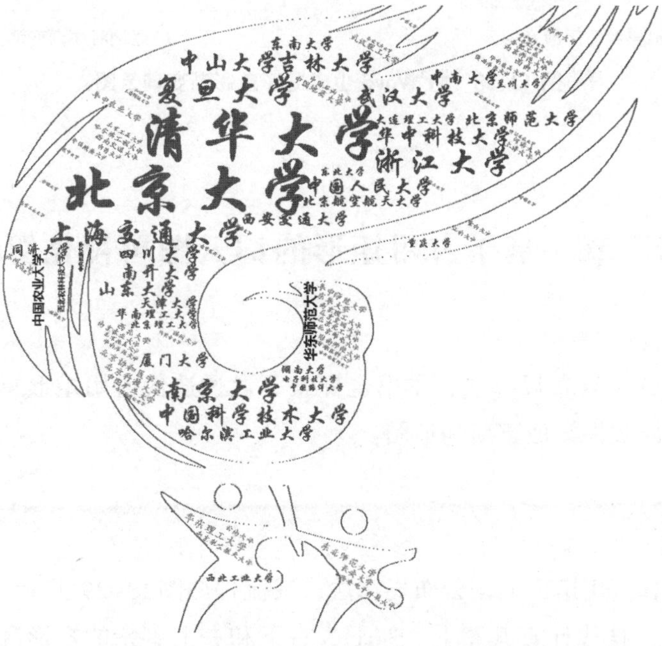

图 13–27　M²Word 算法生成适形色彩角度字体同时分类词云图

六、时序变化布局

色彩渐变词云适合添加时序倾向语义，词组的横向长度表示时间区间，色彩跳变表示在时序上的倾向变化。

通过全屏距离的渐变色，GradientPaint gpaint = new GradientPaint(0,100, Color.red, center_x*2, 100, Color.blue) 填充整幅图像，可形成整体时序变化词云，见图 13–28(a)。

通过词组距离的渐变色，GradientPaint gpaint = new GradientPaint(center_x–wsize*charsize,100, createRandomColor(), center_x+wsize*charsize, 100, createRandomColor()) 填充词组，可生成逐词的渐变色词云，见图 13–28(b)。

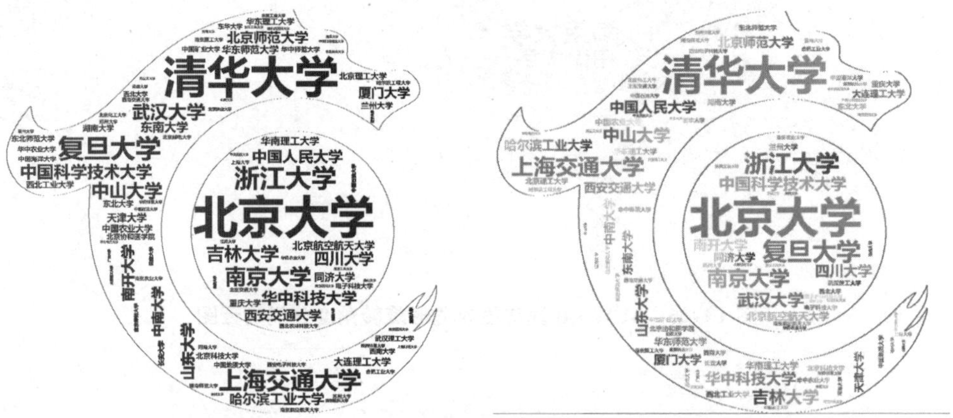

(a) 整幅时序渐变词云　　(b) 逐词时序渐变词云

图 13–28　M²Word 生成适形色彩渐变词云图

第三节　基于占用矩形的词云图可视化算法

为寻求更快的词云布局算法，本书也探索了通过迭代占用矩形解决字符重叠的方法，它实际的布局效果类似于新闻地图。

一、算法流程

基于迭代计算占用矩形的词云布局算法，其流程如图 13–29 所示。将第一个词组布局在可视区中央，迭代计算其左上、左下、右下和右上剩余的矩形区域，坐标计算见图 13–30，计算剩余矩形面积，按面积升序排序。对后续词组，从面积最小的区域开始尝试布局，布局时为居中排列，左上区布局在右下，左下区布局在右上，右下区布局在左上，右上区布局在左下，布局后的词组占用一个矩形区，新增 2 个空白矩形区，将其中 1 个存储在所占用的矩形存储单元，另新增1个存储单元，再次按照面积排序，迭代布局后续词组。

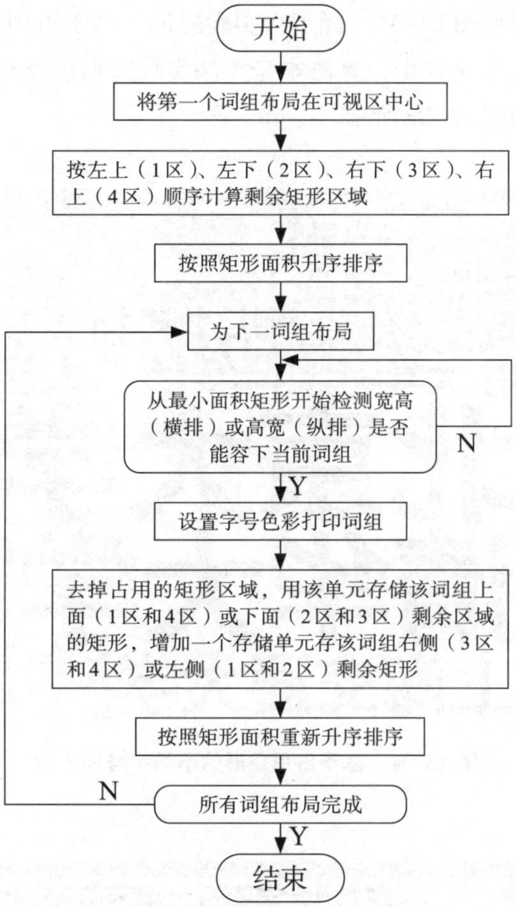

图 13–29　基于占用矩形的词云图可视化算法步骤流程图

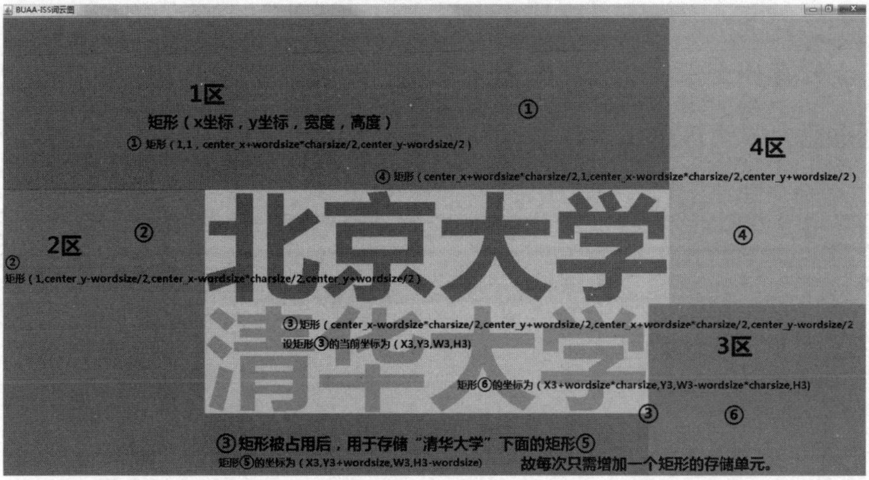

图 13–30　基于占用矩形的词云图的占用矩形的计算图示

二、基于占用矩形的词云布局

不同词频布局结果见图13-31。经多次实验验证，基于占用矩形的词云存在结尾填不满的问题，而且随机变化较少，算法本身无法实现适形填充和时序倾向的语义表达。相同词频的布局结果如图13-32所示。

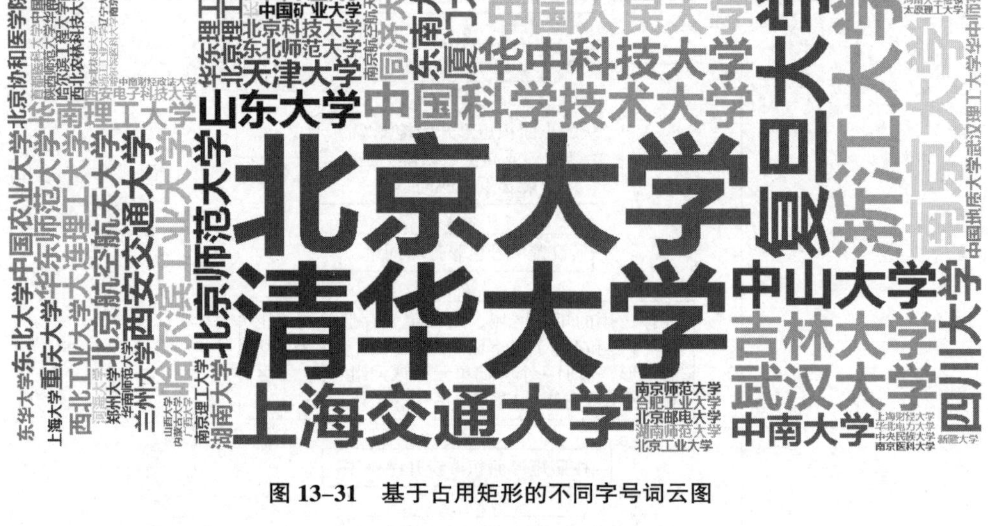

图 13-31　基于占用矩形的不同字号词云图

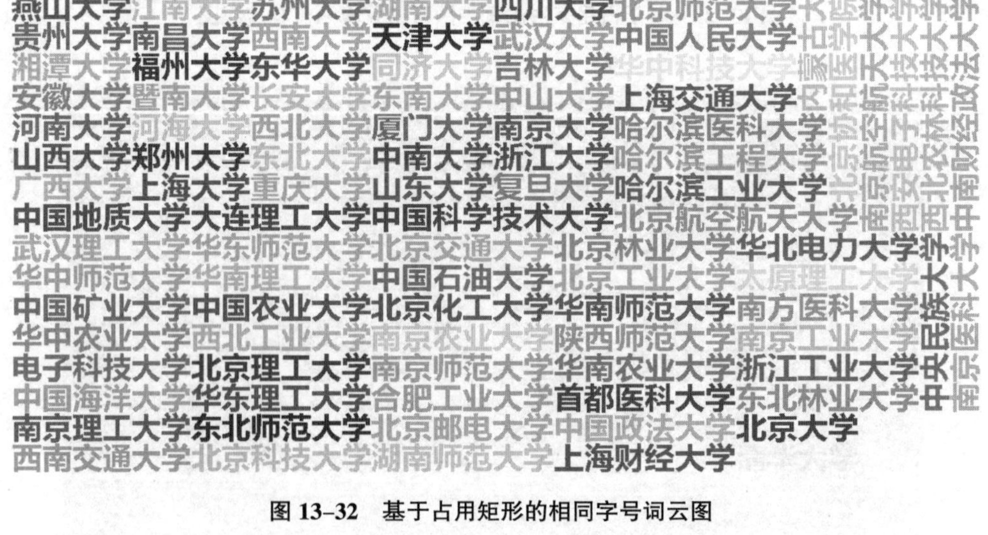

图 13-32　基于占用矩形的相同字号词云图

第四节　算法性能分析

一、性能实验说明

为检验M^2Word系列算法的性能，对横向布局（记为WordCloud）、纵横交错布局（VWordCloud）、纵横交错居中布局（CVWordCloud）、适形纵横交错居中布局（SCVWordCloud）、任意角度旋转布局（AWordCloud）、任意角度旋转居中布局（CAWordCloud）、适形任意角度旋转居中布局（SCAWordCloud）、字模提取纵横交错居中布局（MCVWordCloud）、字模提取居中空隙优先填充纵横交错居中布局（MGCVWordCloud）、基于占用矩形的词云布局（RWordCloud）10个算法，在台式机（AMD AthlonII*4 610e处理器，2.4G主频，3.5GB内存）上，Eclipse开发环境下，做了算法性能实验。前9个算法具有随机性，运行时间为20次的均值。子算法命名列表见表13–2。

表13–2　M^2Word系列算法命名表

序　号	算法名称	英文简称
1	横向布局	WordCloud
2	纵横交错布局	VWordCloud
3	纵横交错居中布局	CVWordCloud
4	适形纵横交错居中布局	SCVWordCloud
5	任意角度旋转布局	AWordCloud
6	任意角度旋转居中布局	CAWordCloud
7	适形任意角度旋转居中布局	SCAWordCloud
8	字模提取纵横交错居中布局	MCVWordCloud
9	字模提取居中空隙优先填充纵横交错居中布局	MGCVWordCloud
10	基于占用矩形的词云布局	RWordCloud

为了统一，字模提取、占用矩形矩阵和占用矩形算法，填充率计算均为所有词组的总面积（词组的字号平方乘以字数）除以可视区域面积。对于适形填充算法的不规则边界区域，实验采用蒙特卡罗方法计算面积，即随机生成占用矩阵的二维下标，运行N次，计算下标落入图形内部的次数（n），占用矩阵面积为$W*H$，不规则图形的面积为：

$$S=(n / N)\times W\times H \tag{13.10}$$

二、实验结果

填充率与运行时间的比较如图13–33所示，运行时间单位为秒，10个算法的填充率都超过0.6，画面饱满，运行时间都在30秒以内，5个算法运行在0.5秒以下，用户体验布局在瞬间完成。其中，CVWordCloud纵横交错居中布局词云的填充率更高，运行时间更短，而AwordCloud任意角度布局词云填充率稍低，运行时间稍长，所有的居中布局算法的填充率都较高，运行时间更短，其近大远小的视觉效果符合突出重点的主观认识。基于占用矩阵的算法，随着填充率的增加，在布局后期，词组随机搜索到空闲区域的次数增加，布局运行时间增加。RwordCloud算法是确定性算法，填充率增加，运行时间不变。

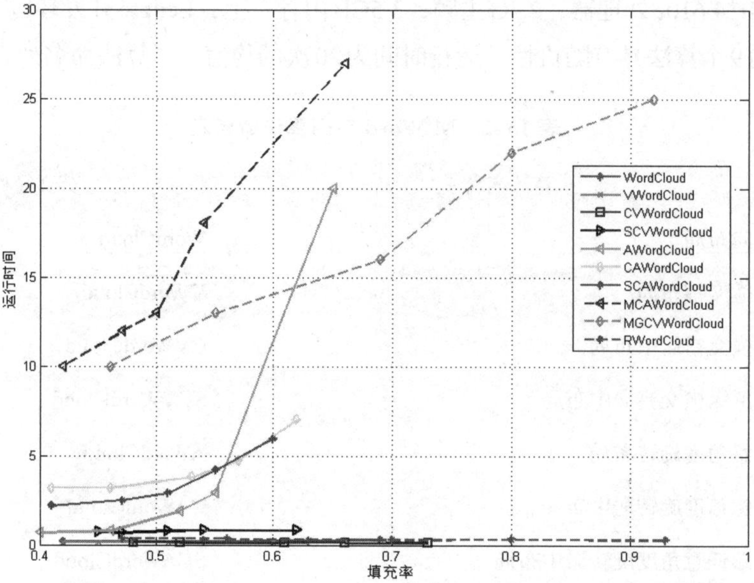

图13–33 基于占用矩阵的词云图可视化方法填充率与运行时间比较

三、讨论

基于占用矩阵的词云图可视化方法，包括纵横交错词云、任意角度词云和基于占用矩形的词云算法。目的在于将各种文本生成的包含词组和词频的统计数据可视化，字号表示词频，词组颜色丰富，突出显示高频词组。为解决词云图无重叠的问题，提出了占用矩阵和边线检测技术，为实现纵横交错，采用旋转画布，为实现近大远小效果并保证运行速度，提出了两阶段靠中心移动，采用图像初始化占用矩阵，实现了适形填充，为解决词组内空隙问题，采用字模提取，为解决随机算法造成的空隙问题，采用空隙发现和居中优先填充技术，为实现任意角度旋转，提出了旋转前坐标系和旋转后坐标系换算技术，用色彩、字体或角度表示分类信息，具有分类语义。算法输入为具有一定格式的文本统计数据，输出为可适应形状、无重叠、纵横交错、任意角度、字模提取、近大远小、带分类标签且具有一定随机性，相似又不同的各种组合布局词云图，宏观分析文本重点，直观比较数据差异，可广泛应用于文本挖掘和可视化领域，提高数据的可理解性。

基于占用矩阵的词云图可视化方法的优点在于：

第一，设计采用占用矩阵解决词组重叠问题，词组占用的子矩阵（或字模像素）置为1；采用矩形边线检测重叠，占用矩阵和边线检测的设计有效节省重叠检测时间。与Wordle和ManiWordle相比，将逐一与已布局词组比较，转换为直接计算占用矩阵的下标，检测一个矩形边线是否被占用，重叠检测部分的算法复杂度为$O(mn)$（$m<<n$）。通过二值图像初始化占用矩阵，简便地实现填充任意形状的词云图，丰富了可视化效果。

第二，通过极坐标和直角坐标换算以及旋转前坐标系和旋转后坐标系换算实现了任意角度词云图，它是一种一般的布局算法，横向布局和纵横交错是其特例，通过参数控制词组横向、纵横布局以及使用角度作为分类标签。

第三，通过两阶段快速粗调整和慢速精细调整向可视区中心移动，实现高频词组尽可能聚集于中心，突出数据重点，两阶段调整使词组快速靠近中心坐标。

第四，词组初始坐标随机生成，每次运行词云图不尽相同，但所有的词组都尽可能靠近第一个词组中心，近大远小、突出重点、相似且不同。横向、纵横交错、任意角度、字模提取、填充图形、居中布局和色彩字体角度分类可以单独或组合使用，丰富了可视化效果。

第五，基于占用矩形的词云布局算法，提供了一种快速、布局紧凑、填充率较高的确定性布局，其在词组字号相同或近似时，布局效果较好。一般情况下，布局结束区域的效果稍差，不能适形填充。

小结

本章的内容为笔者2014年提出的一种基于占用矩阵的词云图可视化系列算法，方法内容已申请专利并授权，可以用Java语言和JavaScript语言分别实现。这一章为提出新的可视化算法提供可能的借鉴。

作业

思考一下基于占用矩阵的方法可以用在可视化的其他什么方面？是不是可以用在任何需要判断重叠的算法中？

14 CHAPTER

第十四章 基于Three.js的三维可视化

在元宇宙和数字孪生场景中，三维可视化广泛使用。本章阐述了基于Three.js的三维基本场景搭建、三维直方图、三维饼图、三维地图、加载Stl和Vrm模型，以及轨道控制器的使用等。Three.js涵盖很广，此处重点讨论Three.js与数据可视化的结合，三维数据可视化。

第一节　三维场景渲染的基本部件

一、Three.js概述

Three.js是一个WebGL的实现，WebGL是OpenGL的Web端的实现。

OpenGL是一套开源图形库，是高性能图形行业的基础设施，从游戏到虚拟现实，从手机到超级计算机，都大量使用它渲染图形。

WebGL是一个JavaScript API，能在兼容的浏览器中无插件地渲染3D和2D图形。它可以使用客户端设备的硬件图形加速，通过一个与OpenGL ES 2.0相符的API，在HTML的<canvas>元素中绘制三维图形。

现代浏览器支持WebGL，但直接使用WebGL编程从JavaScript中创建三维动画场景十分复杂。使用Three.js可以简化三维对象的操作。图14-1是OpenGL、WebGL和Three.js的关系图。

Three.js（Https://threejs.org）是一个封装了WebGL的JS库，类似于D3封装了DOM对象操作实现基于SVG二维图形的绘制。Three.js主要是对WebGL编程以面向对象的方式进行的封装。

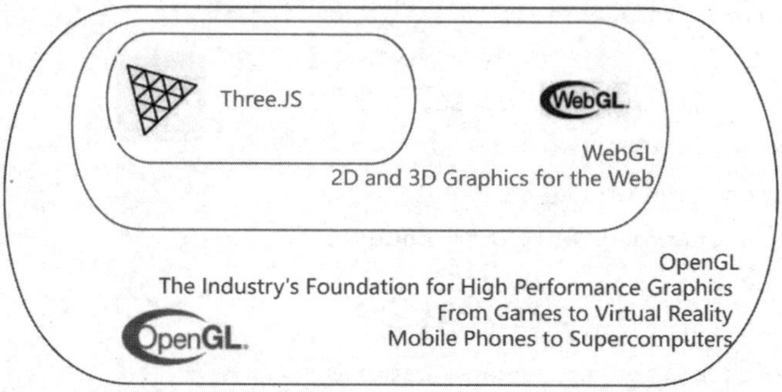

图 14-1　ThreeJS 与 OpenGL 和 WebGL 的关系

二、Hello3D 程序

先来写一个基本的三维可视化程序 Hello3D.htm。从 Three.js 官网下载 three.js 的库，最新版是 r160，本章使用的是 r154，解压后放在程序文件夹中，在程序中引用，或者引用在线库。

程序编号：CH14/Hello3D.htm

```
<html>
<head>
   <title></title>
   <style>canvas { width: 100%; height: 100% }</style>
   <script src=” r154/three.js” ></script>
</head>
<body>
   <script>
      var scene = new THREE.Scene();

      var camera = new THREE.PerspectiveCamera(50,
window.innerWidth/window.innerHeight, 0.1, 1000);

       var renderer = new THREE.WebGLRenderer();

       renderer.setSize(window.innerWidth, window.innerHeight);

       document.body.appendChild(renderer.domElement);
       var geo = new THREE.BoxGeometry(1,1,1);
var material = new THREE.MeshBasicMaterial({color: 0xFF0000});
       var cube = new THREE.Mesh(geo, material);
       cube.material.wireframe = true;
       scene.add(cube);
```

```
        camera.position.z = 5;

        const axesHelper=new THREE.AxesHelper(5);
        scene.add(axesHelper);
        function render() {
            requestAnimationFrame(render);
            cube.rotation.x += 0.01;
            cube.rotation.y += 0.01;
            renderer.render(scene, camera);
        }
        render();
    </script>

</body>
</html>
```

在JSBIN中运行结果如图14–12。

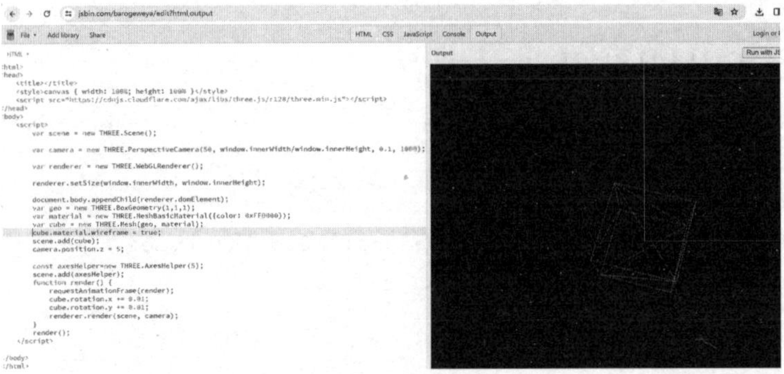

图14–2 Hello3D在JSBIN中运行结果

Hello3D中绘制了一个立方体，在JSBIN中的代码引用的r128版，绘制立方体是THREE.BoxGeometry(1,1,1)，本地程序用的是r154版，THREE.revision可以在控制台查看版本号。如果有问题，别忘了去问ChatGPT。

三、三维场景渲染的基本部件

三维可视化，类似于拍一部电影，或者彩排和演出一部舞台剧。写程序是排练的过程，需要场地（场景、舞台）、演员（Mesh对象：包括演员和服装）、摄像机（充当最后的人眼）、灯光，渲染就是拍摄制作过程。

实际上，在电影中，观众看到的场景都是摄像机给的。有影评人对米开朗基罗·安东尼奥尼（Michelangelo Antonioni）的电影《奇遇》的解读是，女二号失踪后，画面部分是以她的视角观察的结果，这是导演的一种巧妙设计。

从Hello3D.htm程序中可以看出，一个基本的三维场景有三个部分：场景（THREE.Scene()）、摄像机（THREE.PerspectiveCamera()）和渲染器（THREE.WebGLRenderer()）。参见图14–3。

在三维的虚拟世界里我们一无所有，所有的一切都需要程序员操作代码来创造。

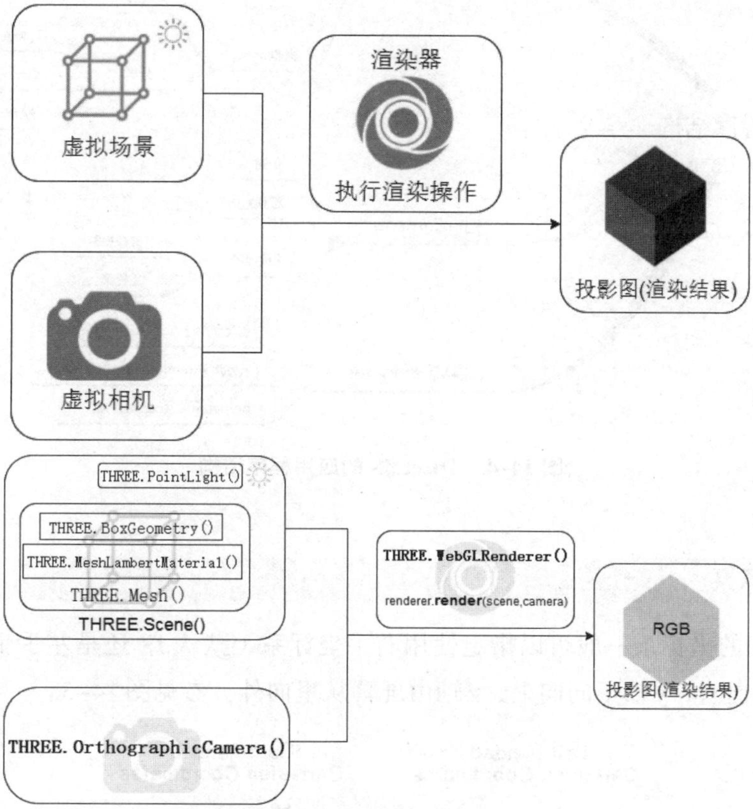

图 14–3　三维场景的基本部件

如果对图14–3进一步具体化，那么Three.JS的应用程序由如下部件构成，见图14–4。场景中包括网格模型（几何体、材质）和光源（色彩、分类）。相机的属性包括位置、视线方向、投影方式。渲染器包括创建、开始渲染、domElement属性映射为canvas。渲染器对场景和相机的参数进行渲染。

3D世界是由点组成的，两个点能够组成一条直线，三个不在一条直线上的点就能够组成一个三角面，无数三角形面就能够组成各种形状的物体，网格模型叫作Mesh模型。给物体贴上皮肤，即纹理贴图。图14–2中显示了立方体的线框（cube.material.wireframe = true），有8个点和12个面。

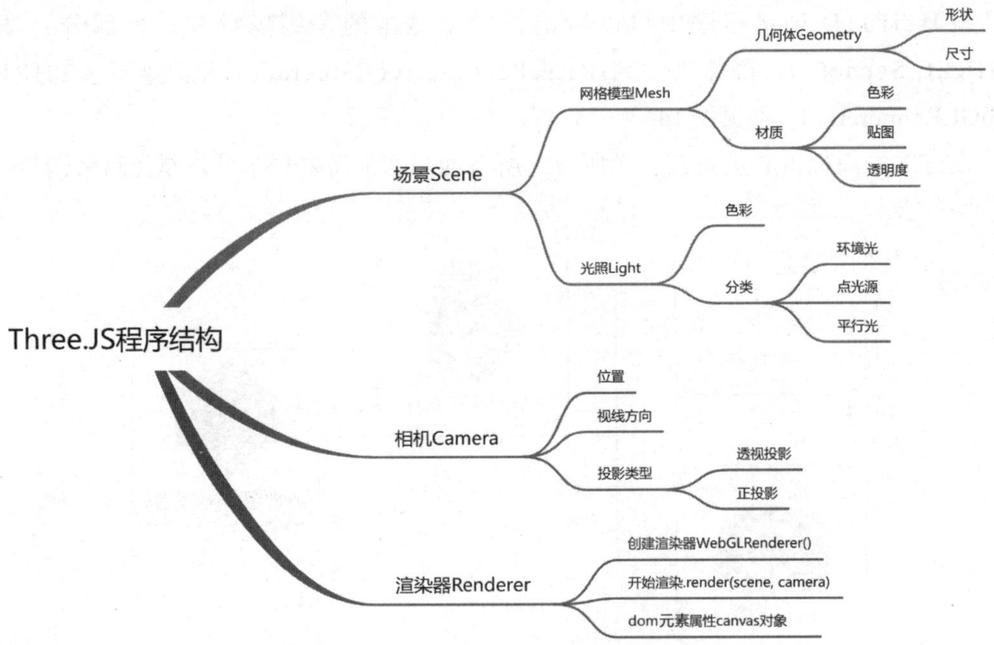

图 14–4　Three.JS 的应用程序结构

四、坐标系

三维空间的坐标系一般可以指定使用右手坐标系（默认），还是左手坐标系。右手系的 x 轴正向向右，y 轴正向向上，z 轴由屏幕从里向外。参见图 14–5。

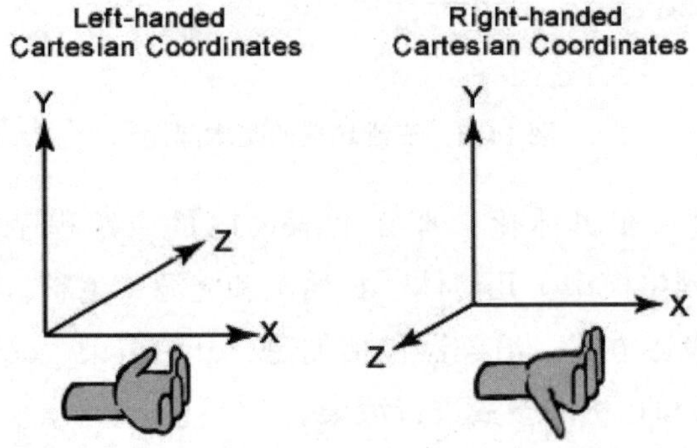

图 14–5　左手坐标系和右手坐标系（默认）

五、相机

相机包括透视投影相机 THREE.PerspectiveCamera(fov, aspect, near, far) 和正投影相机 THREE.OrthographicCamera(left, right, top, bottom, near, far)。二者区别见图 14–6（引用自 http://www.webgl3d.cn/Three.js/ ）。通常使用透视投影，实现近大远小的观察效

果，参数为fov视场角，宽度比为aspect，近处平面为near，远处平面为far。

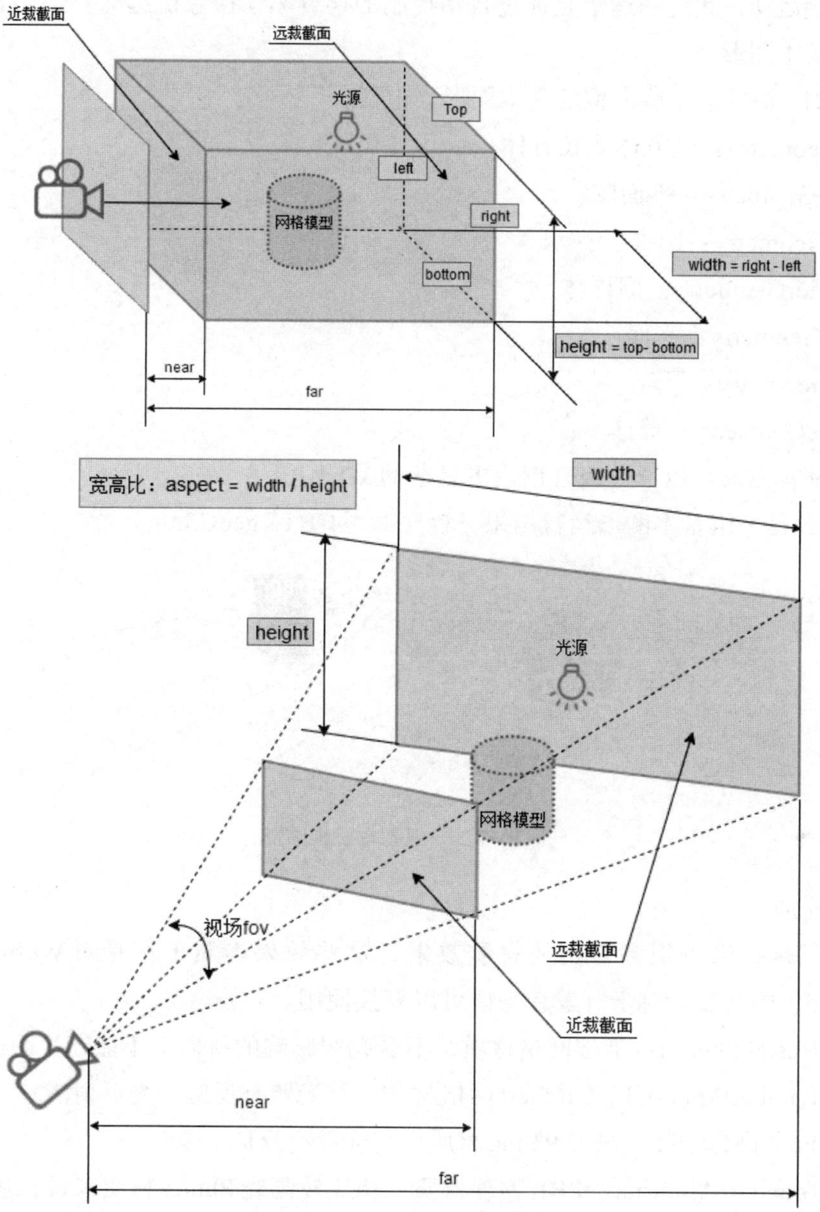

图 14–6　正投影和透视投影

人类的正常视角是120度左右，集中注意力看清楚的视角在30—40度。

六、场景

场景是一个容器，主要用于保存、跟踪要渲染的物体和使用的光源。

产生动态场景的方法：第一，物体在坐标系里面移动，摄像机不动。第二，摄像机在坐标系里面移动，物体不动。第三，两者都运动。在今天的虚拟演播室技术，演员只是少量运动，大量的运动是通过自动控制的摇臂驱动摄像机运动。

（1）基本图形

Three.JS 提供了一些内置的基本图形，包括：

BoxGeometry：立方体或长方体

CircleGeometry：平面圆

ConeGeometry：圆锥

CylinderGeometry：圆柱体

PlaneGeometry：平面

RingGeometry：圆环

SphereGeometry：球体

这些基本图形可以通过组合创建更复杂的3D模型。

图14-7是一组基本图形运行结果，程序参考CH14/geoC.htm。

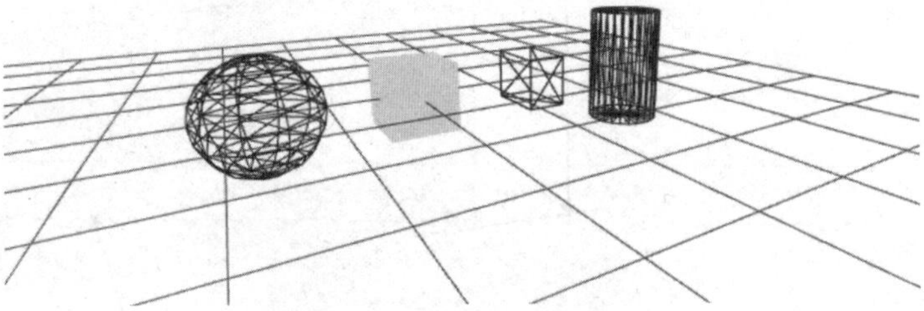

图14-7　一组基本三维图形

（2）材质

Three.Js提供了很多常用的材质效果，这些效果本质上都是对WebGL着色器（ShaderLib）的封装，对于开发者来说可以直接使用。

MeshBasicMaterial：基础网格材质，不受光照影响的材质，不能产生阴影。

MeshLambertMaterial：Lambert网格材质，与光照有反应，漫反射。

MeshPhongMaterial：高光Phong材质，与光照有反应。

MeshStandardMaterial：PBR物理材质，相比较高光Phong材质来说，可以更好地模拟金属、玻璃等效果。

图14-2中采用了基本材质THREE.MeshBasicMaterial()。三维几何图形和材质形成一个Mesh网格对象，如var cube = new THREE.Mesh(geo, material)。

（3）帮助器

Three.JS提供了辅助对象，比如坐标轴、光源、摄像机都有帮助器Helper，以辅助程序员确定它们真实的位置，它们都是场景中的物品对象，创建后，也要添加到场景中，才能被看见。图14-2中，使用了坐标轴帮助器THREE.AxesHelper(5)。

```
const axesHelper=new THREE.AxesHelper(5);
scene.add(axesHelper);
```

七、渲染器

渲染器用来渲染物体运动的每一个过程：renderer.render(scene, camera)。改变物体位置或颜色，调用 render() 函数，浏览器不自动刷新场景，要呈现连续的运动，通过调用 JavaScript 的函数 requestAnimationFrame 实现。在图 14-2 中，每次更新一点 cube 的旋转角度，重新渲染，如下代码，产生运动效果。

```
function render() {
        requestAnimationFrame(render);
        cube.rotation.x += 0.01;
        cube.rotation.y += 0.01;
        renderer.render(scene, camera);
    }
render();
```

第二节　综合场景下的数据可视化

一、轨道控制器

三维可视化的目的是方便用户从各个角度观察场景和其中的物体，所以要让用户随意提供观察角度。为了随意控制场景，可以添加控制器，比如常用的轨道控制器 OrbitControls.js，允许用户通过鼠标或触摸事件来旋转、缩放和平移摄像机。此外，还有 TrackballControls、FlyControls、FirstPersonControls、PointerLockControls。

控制器在创建后，设置控制焦点，是否自动旋转，然后把场景的控制交给这个轨道控制器，用户可以用鼠标控制浏览，十分方便，这种流畅的交互，大大体现了三维可视化的魅力。

```
var orbitControls = new THREE.OrbitControls(camera, threeDiv);
orbitControls.target = cube.position;// 控制焦点
orbitControls.autoRotate = true;// 自动旋转
scene.controls = orbitControls;
```

二、综合的可视化场景

如下程序 geoC.htm 创建了一组基本图形，使用了控制器，设置了控制点。

程序编号：CH14/GeoC.htm

```
<html>
<head>
    <title></title>
    <meta charset='utf-8'>
    <style>canvas { width: 100%; height: 100% }</style>
    <script src="r154/threeR154.js"></script>
    <script src="r154/OrbitControls.js"></script>
</head>
<body>
    <div id="canvas-frame"></div>
    <script>
        var threeDiv = document.getElementById('canvas-frame');
        var scene = new THREE.Scene();

        var camera = new THREE.PerspectiveCamera(90,
window.innerWidth/window.innerHeight, 0.1, 1000);

        var renderer = new THREE.WebGLRenderer( {antialias: true, alpha: true} );
        renderer.shadowMap.enabled=true;
        renderer.setClearColor( 0x000000, 1 );

        renderer.setSize(window.innerWidth, window.innerHeight);

        threeDiv.appendChild(renderer.domElement);

        //1-立方体
        var geometry = new THREE.BoxGeometry(50,50,50);
        var material = new THREE.MeshLambertMaterial({
            color: 0xff0000,
            wireframe:false
            });
        var cube = new THREE.Mesh(geometry, material);
        cube.position.set(0,25,0);
        cube.castShadow = true;
        scene.add(cube);

        // 2-长方体
        var geometry1 = new THREE.BoxGeometry(30, 40, 50);
        var material1 = new THREE.MeshLambertMaterial({
          color: 0x00ff00,
          wireframe:false
```

```
    }); //材质对象Material
    var box = new THREE.Mesh(geometry1, material1); //网格模型对象Mesh
    box.translateX(100);
    box.translateY(20);
    box.castShadow=true;
    scene.add(box); //网格模型添加到场景中

    // 球体网格模型
    var geometry2 = new THREE.SphereGeometry(40, 10, 10);
    var material2 = new THREE.MeshLambertMaterial({
        color: 0x0000ff,
        wireframe:false,
        opacity:0.7,
        transparent:true
    });
    var sphere = new THREE.Mesh(geometry2, material2); //网格模型对象Mesh
    sphere.translateX(-100); //球体网格模型沿Y轴正方向平移120
    sphere.translateY(40);
    sphere.castShadow=true;
    scene.add(sphere);

    // 圆柱网格模型
    var geometry3 = new THREE.CylinderGeometry(30, 30, 100, 25);
    var material3 = new THREE.MeshPhongMaterial({
      wireframe:true,
      color: 0xff0000,
      specular:0x4488ee,
      shininess:12
    });
   var cylinder = new THREE.Mesh(geometry3, material3); //网格模型对象Mesh
    cylinder.position.set(200,50,0);//设置mesh3模型对象的xyz坐标为120,0,0
    cylinder.castShadow=true;
    scene.add(cylinder); //

    camera.position.z =200;
    camera.position.x =200;
    camera.position.y =200;

var light = new THREE.SpotLight(0xffffff,1000,400,Math.PI/6,0.5);
    light.position.set(150,150,150);
    light.castShadow = true;
    light.shadow.camera.near = 0.5;
    light.shadow.camera.far = 500;
```

```
        light.shadow.camera.fov = 75;

        var lightHelper=new THREE.SpotLightHelper(light);
        scene.add(lightHelper);
        scene.add(light);

        var ambientLight = new THREE.AmbientLight(0x808080);
        scene.add(ambientLight);


var orbitControls = new THREE.OrbitControls(camera, threeDiv);
        orbitControls.target = cube.position;//控制焦点
        orbitControls.autoRotate = true;//自动旋转
        scene.controls = orbitControls;

        var geometry = new THREE.PlaneGeometry(600, 600);
var material = new THREE.MeshLambertMaterial({color: 0x999999});
        var plane = new THREE.Mesh(geometry, material);
        plane.rotation.x = -Math.PI / 2;
        plane.receiveShadow = true;
        scene.add(plane);

        render();
        function render()
        {
            scene.controls.update();
            renderer.render(scene, camera);
            requestAnimationFrame(render);
        }
    </script>
</body>
</html>
```

程序创建了4个Mesh网格，如图14-8所示。这是一个综合且全面的例子，包括几何体、材质、光照、光源帮助器、控制器（自动旋转）、阴影的设置。

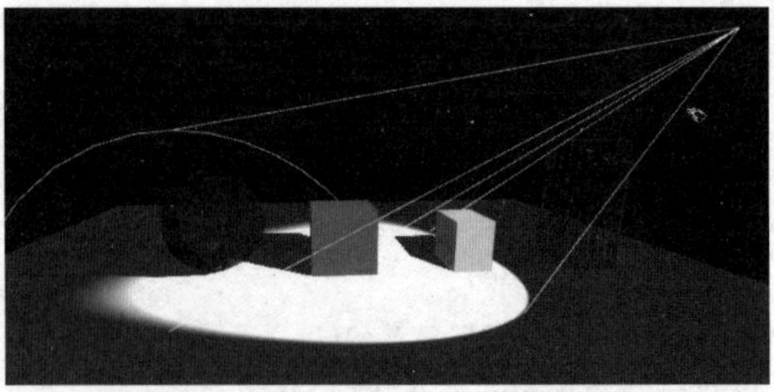

图 14-8　综合场景中的三维元素

场景中的物体默认在坐标原点创建，因此创建后适当平移，方便观察。

三、阴影

阴影的设置会增强三维场景中的立体感。在Three.JS中，为使物体产生阴影，要做如下设置：

（1）渲染器需要开启阴影映射，即renderer.shadowMap.enabled = true。

（2）光源需要开启投射阴影，即light.castShadow = true。

（3）投射阴影的物体要设置castShadow属性为true。线框（wireframe）物体不能投射阴影。

（4）接收阴影的物体要设置receiveShadow属性为true，即代码中平面设置了plane.receiveShadow = true。

（5）确保光源的强度足够，程序中聚光源的强度设置为1000。

（6）确保光源的位置和方向能够照射到物体上。

四、Three.JS提供的API树图可视化

对Three.JS的对象抽取树结构，用圆形潮汐树绘制，如图14-9。其中最大的一个分支是着色器库ShaderLib。使用ShaderLib，可以方便地利用Three.js的渲染能力，而无须从头开始编写复杂的着色器代码。ShaderLib中的预设着色器可以直接用于创建材质，或者作为自定义着色器的基础。预设着色器包括实现各种渲染效果的着色器，例如基础的颜色填充、纹理映射、环境映射、法线映射、阴影、光照等。

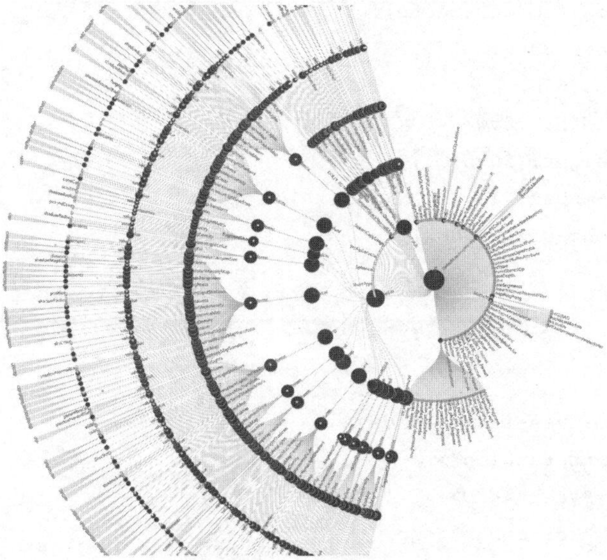

图 14-9　Three.JS 的对象树图

第三节　三维直方图饼图

一、三维直方图绘制

三维直方图的绘制，到此已经非常容易实现了，准备好数据，把数据映射到三维空间中的一个可视变量，此例为圆柱体的高度。这个程序是2019届本科生（2022届硕士）李敏同学在本科毕设中实现的，她还实现了选择器的程序objSelection.js（https://cuc.yingshinet.com/CH14/js/objSelection.js）。这个例子中还借用了d3.v7.min.js，使用D3的色彩。

程序编号：CH14/hist.htm

```
<html>
<head>
    <title>hist</title>
    <meta charset='utf-8'>
    <style>
       html{
            overflow:hidden;
        }
        #canvas-frame {
            position:absolute;
            width: 100vw;
            height: 100vh;
        }
        #interaction{
            position:absolute;
            left:80vw;
            top:5vh;
            width: 20vw;
            height: 20vh;
            z-index: 10;
            font-size: 30px;
        }
    </style>
</head>
<body>
    <div id="canvas-frame"></div>
    <div id="interaction">
        <p id="year"></p>
        <p id="screenNum"></p>
    </div>
```

```
    <script src="r154/threeR154.js" ></script>
    <script src="r154/d3.v7.min.js"></script>

    <script src="r154/OrbitControls.js" ></script>
    <script src="r154/objSelection.js"></script>

    <script type="text/javascript">

        var data = [{name:'2017', length: 559.11},
                    {name:'2018', length: 609.76},
                    {name:'2019', length: 642.66},
                    {name:'2020', length: 204.17},
                    {name:'2021', length: 472.58},
                    {name:'2022', length: 300.67},
                    {name:'2023', length: 549.15}];
var color =d3.interpolate(d3.color('#FFCF71'),d3.color('#2376DD'));
//d3颜色插值函数，渐变色

       var threeDiv = document.getElementById('canvas-frame');//容器

        var renderer = new THREE.WebGLRenderer( {antialias: true, alpha:
true} );
        renderer.setClearColor( 0xffffff, 0 );

        var width = threeDiv.clientWidth;
        var height = threeDiv.clientHeight;
        renderer.setSize(width, height);
        threeDiv.appendChild(renderer.domElement);

        var scene = new THREE.Scene();

        var group = new THREE.Object3D();
        scene.add(this.group);

        scene.userData.element = threeDiv;

        var camera = new THREE.PerspectiveCamera(45, width / height, 0.1, 10000);
        camera.position.x = 0;
        camera.position.y = 100;
        camera.position.z = 300;
        camera.lookAt(group.position);
        scene.add(camera);
```

```
        scene.userData.camera = camera;

        var light = new THREE.DirectionalLight(0xffffff, 1.0, 0);
        light.position.set(-100, 500, 200);
        scene.add(light);

        var aLight = new THREE.AmbientLight( 0xaaaaaa );
        scene.add( aLight );

        var orbitControls = new THREE.OrbitControls(scene.userData.camera,
scene.userData.element);
        orbitControls.target = group.position;//控制焦点
        orbitControls.autoRotate = true;//自动旋转
        scene.userData.controls = orbitControls;

        initGrid();
        initObject();
        layout();
        var object_selection;
        ObjectSelection();
        render();

        function initGrid(){
            //平面
           var gridXZ = new THREE.GridHelper(200, 10, 0xa23131, 0xa23131);//4个
参数分别是：网格宽度、等分数、中心线颜色，网格线颜色
            gridXZ.position.set( 0,0,0 );
            gridXZ.material.linewidth = 20;
            scene.add(gridXZ);
        }


        function render()
        {
            scene.userData.controls.update();
            object_selection.render(group, scene.userData.camera);
            renderer.render(scene, scene.userData.camera);
            requestAnimationFrame(render);
        }

        function initObject(){
            var linear = d3.scaleLinear()
                            .domain([100, 800])
```

```
                    .range([10, 150]);
        for(var i in data) {
            var material = new THREE.MeshBasicMaterial( {
                color: color(linear(data[i].length)/150),
                opacity: 1
            });
            var cylinder = new THREE.CylinderGeometry(10, 10,
linear(data[i].length));
            var mesh = new THREE.Mesh(cylinder, material);
            mesh.userData.length = data[i].length;
            mesh.material.wireframe = true;
            mesh.userData.name = data[i].name;
            mesh.userData.num = data[i].length;

            group.add(mesh);

            data[i].length = Math.ceil(linear(data[i].length));
        }
    }

    function layout(){
        var objs = group.children;//数组
        var radius = 40;
        var angle = 0;
        var x, z;
        for(var i=0;i<objs.length; i++){
            if (objs[i].type =='Mesh'){
                x = radius * Math.cos(angle);
                z = radius * Math.sin(angle);
                angle += Math.PI*2/data.length;
                objs[i].position.set(x, data[i].length/2, z);
            }
        }
    }

    function ObjectSelection(){
        object_selection = new THREE.ObjectSelection({//个人封装的js,
three.js官方库中无
            domElement: scene.userData.element,//渲染区域
            selected: function(selectObj) {//selectObj为选取返回对象
 // 显示信息，此处为个性化处理，该函数会作为传入objsel.js中作为处理函数
            if(selectObj !== null) {//是否为空，objsel.js中有对应
                var meshObj = selectObj.object;
```

```
                    meshObj.material.color = new THREE.Color("rgb(220,76,65)");
                    document.getElementById('year').textContent =
meshObj.userData.name + '年度';
                    document.getElementById('screenNum').textContent =
meshObj.userData.num +'亿元';
                }
            },
            clicked: function(selectObj) {//点击事件
                if(selectObj !== null) {

              }
            },
            mousedown: function(selectObj) {//点击事件
                if(selectObj !== null) {

              }
            },
            mouseup: function(selectObj) {//点击事件
               if(selectObj !== null) {

              }
            }
          });
      }
    </script>
</body>
</html>
```

运行结果如图14-10所示，数据是2017年至2023年的中国大陆地区电影总票房。这个程序是把圆柱体的高度映射为电影票房，并且把它们均匀布局在一个圆周上。

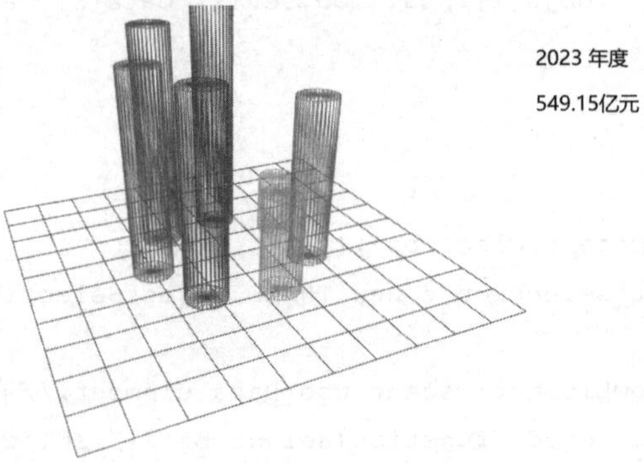

图14-10　2017—2023年中国大陆地区电影总票房

二、饼图

以下数据为2023年中国大陆电影票房分布：总票房为549.15亿元，其中，春节档7天产出67.58亿元票房，“五一”档票房为15.19亿元，暑期档为206.19亿元票房，国庆档票房为27.34亿元，其他时间的票房为232.85亿元。

程序如下。运行结果参见图14–11所示。

程序编号：CH14/pie.html

```
<html>
<head>
   <title>pie</title>
   <meta charset='utf-8'>
   <style>
       html{
          overflow:hidden;
       }
       #canvas-frame {
          position:absolute;
          width: 100vw;
          height: 100vh;
       }
       #interaction{
          position:absolute;
          left:80vw;
          top:5vh;
          width: 20vw;
          height: 20vh;
          z-index: 10;
          font-size: 30px;
       }
    </style>
</head>
<body>
   <div id="canvas-frame"></div>
   <div id="interaction">
       <p id="movieType"></p>
       <p id="ratio"></p>
    </div>

   <script src="r154/threeR154.js" ></script>
   <script src="js/d3.v7.min.js"></script>
```

```
    <script src="r154/OrbitControls.js" ></script>
    <script src="r154/objSelection.js"></script>

    <script type="text/javascript">
        var data = [{'name': '春节档', 'length': 67.58},
        {'name': '五一档', 'length': 15.19},
        {'name': '暑期档', 'length': 206.19},
        {'name': '国庆档', 'length': 27.34},
        {'name': '其他', 'length': 232.85}];
        var color = d3.interpolate(d3.color('#FFCF71'),
d3.color('#2376DD'));//d3颜色插值函数，渐变色

        var threeDiv = document.getElementById('canvas-frame');
        var renderer = new THREE.WebGLRenderer( {antialias: true, alpha: true} );
        renderer.setClearColor( 0xffffff, 0 );

        var width = threeDiv.clientWidth;
        var height = threeDiv.clientHeight;
        renderer.setSize(width, height);
        threeDiv.appendChild(renderer.domElement);

        var scene = new THREE.Scene();

        var group = new THREE.Object3D();
        scene.add(group);

        scene.userData.element = threeDiv;

        var camera = new THREE.PerspectiveCamera(45, width / height, 0.1, 10000);
        camera.position.x = 0;
        camera.position.y = 100;
        camera.position.z = 300;
        camera.lookAt(group.position);
        scene.add(camera);
        scene.userData.camera = camera;

        var light = new THREE.DirectionalLight(0xffffff, 1.0, 0);
        light.position.set(-100, 500, 200);
        scene.add(light);

        var aLight = new THREE.AmbientLight( 0xaaaaaa );
        scene.add( aLight );
```

```
        var orbitControls = new THREE.OrbitControls(scene.userData.camera,
scene.userData.element);
        orbitControls.target = group.position;//控制焦点
        orbitControls.autoRotate = true;//自动旋转
        scene.userData.controls = orbitControls;

        initObject();
        var object_selection;
        ObjectSelection();
        render();

        function render()
        {
            scene.userData.controls.update();
            object_selection.render(group, scene.userData.camera);
            renderer.render(scene, scene.userData.camera);
            requestAnimationFrame(render);
        }

        function initObject(){
            var options = {
                depth: 20,//厚度
                bevelThickness: 1,
                bevelSize: 0.5,
                bevelSegments: true,
                bevelEnabled: 3,
                curveSegments: 12,
                steps: 1
            };

            //计算总值，以计算出角度比例
            var sum = 0;
            for(let i = 0; i<data.length; i++)
                sum += data[i].length;
            var startAngle = 0, endAngle = 0;

            for(var i in data) {
                endAngle += data[i].length/sum*Math.PI*2;

                var material = new THREE.MeshPhongMaterial({
                    color: color(endAngle/Math.PI/2),
                    side: THREE.DoubleSide,
```

```
                wireframe: false,
            });
            var circle = drawShape(startAngle, endAngle-0.03);
            startAngle = endAngle;

            var geo = new THREE.ExtrudeGeometry(circle, options);

            var mesh = new THREE.Mesh(geo, material);
            mesh.rotation.x = -Math.PI/6;
            // mesh.material.wireframe = true;
            mesh.userData.length = data[i].length;
            mesh.userData.name = data[i].name;
            mesh.userData.ratio = (data[i].length/sum*100).toFixed(2);

            group.add(mesh);
        }
    }

    function drawShape(startAngle, endAngle) {

        var shape = new THREE.Shape();
        shape.moveTo(0, 0);//当前位置
        shape.lineTo(0, 0);
        shape.moveTo(0, 0);
        shape.arc(0, 0, 75, endAngle, startAngle, true);

        return shape;
    }

    function ObjectSelection(){
        object_selection = new THREE.ObjectSelection({//个人封装
            domElement: scene.userData.element,//渲染区域
            selected: function(selectObj) {
            },
            clicked: function(selectObj) {//点击事件
                if(selectObj !== null) {

              } else {

              }
            },
            mousedown: function(selectObj) {//点击事件
```

```
                    if(selectObj !== null) {//判断是否为空
                        let mesh = selectObj.object;
                        let point = selectObj.point;
        mesh.material.color = new THREE.Color("rgb(220,76,65)");
        mesh.material.shininess = 100;
        mesh.position.set(point.x/2, point.y/2, point.z/2);
    document.getElementById('movieType').textContent = mesh.userData.name +
    ' ' + mesh.userData.length + '亿';
                        document.getElementById('ratio').textContent
    = mesh.userData.ratio +'  %';
                    }
                },
                mouseup: function(selectObj) {//点击事件
                    let mesh = selectObj.object;
                    let point = selectObj.point;
                    mesh.material.color = new THREE.Color('#ffc15e');
                    mesh.material.shininess = 30;
                    mesh.position.set(0, 0, 0);
                }
            });
        }
    </script>
</body>
</html>
```

程序中定义了一个函数drawShape()，var circle = drawShape(startAngle, endAngle-0.03)，使用shape.arc(0, 0, 75, endAngle, startAngle, true)来画弧。使用THREE.ExtrudeGeometry(circle, options)来绘制饼图，其中，options是一组参数。

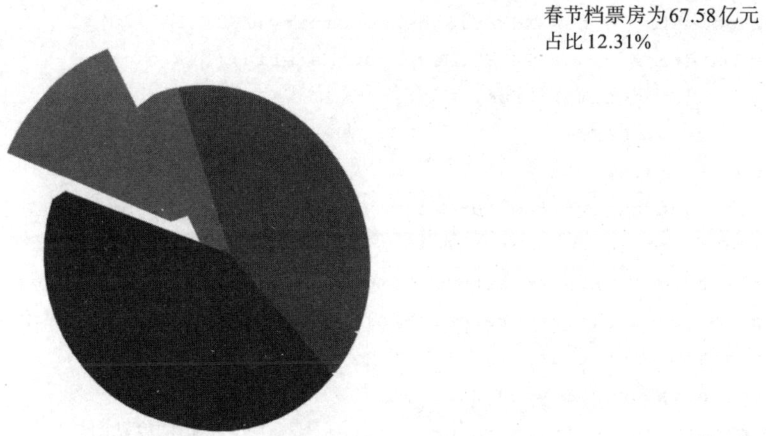

图 14–11　三维饼图

三、地图与贴图

地图的本质是一个球体，用各种仿真地球的贴图附着在表面，对地球进行可视化。程序如下。运行结果见图14–12。

程序编号：CH14/earth1.htm

```
<html>
<head>
   <title></title>
   <meta charset='utf-8'>
   <style>canvas { width: 100%; height: 100% }</style>
   <script src="js/three.js"></script>
   <script src="js/OrbitControls.js"></script>
</head>
<body>
   <div id="canvas-frame"></div>
   <script>
      var threeDiv = document.getElementById('canvas-frame');
      var scene = new THREE.Scene();

      var camera = new THREE.PerspectiveCamera(45, window.innerWidth/
window.innerHeight, 0.1, 1000);

      var renderer = new THREE.WebGLRenderer();

      renderer.setSize(window.innerWidth, window.innerHeight);

      threeDiv.appendChild(renderer.domElement);

      var geometry = new THREE.SphereGeometry(100, 20, 20);
      var material = new THREE.MeshPhongMaterial({
            //wireframe: true,
         color: 0xFFFFFF,
         opacity:0.5,
         map: getTexture('texture/earth/2_no_clouds_4k.jpg'),
//map:getTexture('texture/earth/earth_clouds_2048.png'),
//map:getTexture('texture/earth/galaxy.png'),
//bumpMap:getTexture('texture/earth/elev_bump_4k.jpg'),//凹凸贴图
         transparent: true,
         emissiveIntensity: 0.05,
//alphaMap:getTexture('texture/earth/grey.jpg'),//透明度贴图
           });
```

```
        var sphere = new THREE.Mesh(geometry, material); //网格Mesh
        sphere.translateX(-100); //球体网格模型沿Y轴正方向平移120
        scene.add(sphere);

        //纹路加载函数
        function getTexture(str){//str为纹理url
            var loader = new THREE.TextureLoader();
            return loader.load(str);
        }
        camera.position.z =400;
        camera.position.x =30;
        camera.position.y =-100;
        var ambient = new THREE.AmbientLight(0xFFFFFF);
        scene.add(ambient);

        var orbitControls = new THREE.OrbitControls(camera, threeDiv);
        orbitControls.target = sphere.position;//控制焦点
        orbitControls.autoRotate = true;//自动旋转
        scene.controls = orbitControls;

        render();
        function render()
        {
            scene.controls.update();
            renderer.render(scene, camera);
            requestAnimationFrame(render);
        }
    </script>
</body>
</html>
```

修改注释掉（//）的语句会贴不同的图，运行结果参见图 14-12，所用的贴图文件见图 14-13 所示。

图 14-12　贴图运行结果

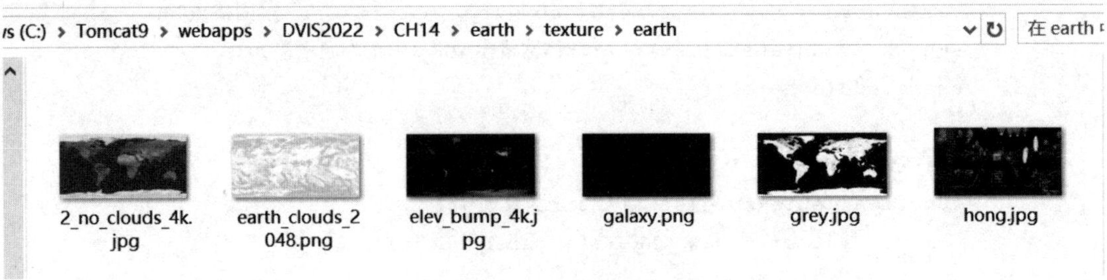

图 14-13　地球贴图所用的图片

第四节　加载模型文件

一、加载Obj模型

斯坦福兔子（https://graphics.stanford.edu/~mdfisher/Data/Meshes/bunny.obj）的下载地址。

Obj（Object）是一种常用的三维模型文件格式，用于描述三维对象的几何形状、拓扑结构和材质。使用纯文本格式时，可以通过文本编辑器打开和修改。

v为定义顶点坐标。vn为定义顶点法线。vt为定义纹理坐标。f为定义面。

加载用到了OBJLoader.js，其中的THREE.OBJLoader()加载后和一个普通的Mesh模型没有本质区别，可以贴图，设置材质。

斯坦福兔子bunny.obj的数据示例如下，程序见CH14/obj.htm。运行结果见图14-14。

bunny.obj
程序编号：CH14/obj.htm

```
<html>
<head>
   <title></title>
   <meta charset='utf-8'>
   <style>canvas { width: 100%; height: 100% }</style>
   <script src="js/three.js"></script>
   <script src="js/OrbitControls.js"></script>
   <script src="js/OBJLoader.js"></script>
</head>
<body>
```

```
    <div id="canvas-frame"></div>
    <script>
        var threeDiv = document.getElementById('canvas-frame');
        var scene = new THREE.Scene();

        var camera = new THREE.PerspectiveCamera(90, window.innerWidth/window.
innerHeight, 0.1, 1000);

        var renderer = new THREE.WebGLRenderer( {antialias: true, alpha:
true} );//WebGLRenderer();
        renderer.setClearColor( 0x000000, 1 );

        renderer.setSize(window.innerWidth, window.innerHeight);

        threeDiv.appendChild(renderer.domElement);

        var geometry = new THREE.BoxGeometry(1, 1, 1);
        var material = new THREE.MeshPhongMaterial({
            color: 0xFFFFFF,
            //map:          getTexture('obj/fo.jpg'),
            wireframe:true,
            opacity:0.5,
            transparent:true
        });
        var box = new THREE.Mesh(geometry, material); //网格模型对象Mesh
        box.translateX(-2); //球体网格模型沿Y轴正方向平移120
        box.translateY(0.5);
        scene.add(box);

        const loader = new THREE.OBJLoader()
        //loader.load('obj/Cerberus.obj',
        loader.load('obj/tree.obj',
        (obj) => {
           //let material = new THREE.PointsMaterial({
           let material = new THREE.MeshPhongMaterial({
               color: 0xFFFFFF,
               //size: 0.5,
               wireframe:false,
               //map:          getTexture('obj/fo.jpg'),
               transparent: true
           })
           mesh = new THREE.Mesh(obj.children[0].geometry, material)
```

```
            console.log(obj.children[0].geometry);
            console.log(obj.children[0])
            mesh.position.z = 0
            mesh.translateY(0);
            mesh.translateX(0);
            scene.add(mesh)
        },
        (xhr) => {
           // the request is in progress
            //console.log(xhr)
        },
        (err) => {
           // something went wrong
           console.error( "loading .obj went wrong, ", err)
    })

    //纹路加载函数
    function getTexture(str){//str为纹理url
        var loader = new THREE.TextureLoader();
        return loader.load(str);
    }
    camera.position.z =2;
    camera.position.x =2;
    camera.position.y =2;

    var ambient = new THREE.AmbientLight(0xffffff);
    scene.add(ambient);

    var orbitControls = new THREE.OrbitControls(camera, threeDiv);
    orbitControls.target = box.position;//控制焦点
    orbitControls.autoRotate = true;//自动旋转
    scene.controls = orbitControls;

    initGrid();
    render();
    function render()
    {
        scene.controls.update();
        renderer.render(scene, camera);
        requestAnimationFrame(render);
    }
    function initGrid(){
```

```
            //平面
var gridXZ = new THREE.GridHelper(1000, 20, 0xa23131, 0xa23131);
            gridXZ.position.set( 0,0,0 );
            gridXZ.material.linewidth = 50;
            scene.add(gridXZ);
        }
    </script>
</body>
</html>
```

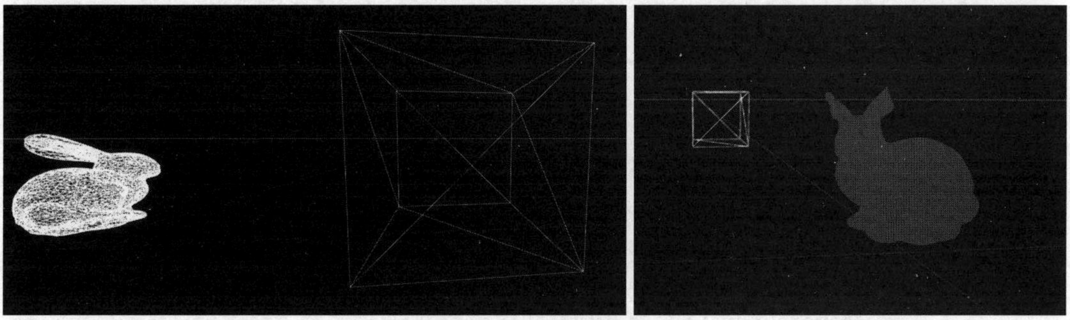

图 14-14 Obj 模型可视化

二、加载 STL 模型

STL（STereoLithography，立体光刻）是由 3D Systems 软件公司创立、原本用于立体光刻计算机辅助设计软件的文件格式。STL 文件仅描述三维物体的表面几何形状，没有颜色、材质贴图或其他常见三维模型的属性。STL 格式有文字和二进码两种，二进码因简洁而较为常见。此例准备的模型是 Venus.stl。这个例子中用到了 jquery.js、BinaryReader.js、STLLoader.js，读取 STL 格式的模型。为了实现阴影，地面使用了 THREE.PlaneGeometry()，用来接受阴影。添加了一个环境光 THREE.AmbientLight() 和两个方向光 THREE.DirectionalLight()。

程序编号：CH14/stl.htm

```
<html lang="en-us">
<head>
<meta charset="utf-8">
<title>STLLoader</title>
</head>
<body>
<script type="text/javascript" src="js/jquery.js"></script>
<script type="text/javascript" src="js/three.min.js"></script>
```

```
<script src="js/OrbitControls.js"></script>
<script type="text/javascript" src="js/BinaryReader.js"></script>
<script type="text/javascript" src="js/STLLoader.js"></script>

<script>
        var container;

        var camera, cameraTarget, scene, renderer;
        var mesh;

        init();
        animate();

        function init() {
           container = document.createElement('div');
           document.body.appendChild( container );
           camera = new THREE.PerspectiveCamera( 35,
window.innerWidth / window.innerHeight, 1, 15 );
           camera.position.set( 3, 0.15, 3 );
           cameraTarget = new THREE.Vector3( 0, -0.25, 0 );
           scene = new THREE.Scene();
           scene.fog = new THREE.Fog( 0x72645b, 2, 15 );
           // Ground
           var plane = new THREE.Mesh( new THREE.PlaneGeometry( 40, 40 ),
new THREE.MeshPhongMaterial( { ambient: 0x999999, color: 0x999999,
specular: 0x101010 } ) );
           plane.rotation.x = -Math.PI/2;
           plane.position.y = -0.5;
           scene.add( plane );
           plane.receiveShadow = true;

           // Binary files
           var material = new THREE.MeshPhongMaterial( { ambient: 0x555555,
color: 0xAAAAAA, specular: 0x111111, shininess: 200 } );
           var loader = new THREE.STLLoader();
           loader.addEventListener('load', function ( event ) {
           var geometry = event.content;
           mesh = new THREE.Mesh( geometry, material );
           mesh.position.set( 0, - 0.5, - 0.6 );
           //mesh.rotation.set( - Math.PI / 2, 0, 0 );
           mesh.scale.set( 0.3, 0.3, 0.3 );
           mesh.castShadow = true;
```

```
            mesh.receiveShadow = true;
            scene.add( mesh );
            } );
            loader.load( 'obj/Venus.stl' );

            // Lights
            scene.add( new THREE.AmbientLight( 0x777777 ) );
            addShadowedLight( 1, 1, 1, 0xffffff, 1.35 );
            addShadowedLight( 0.5, 1, -1, 0xffaa00, 1 );

            // renderer
            renderer = new THREE.WebGLRenderer( { antialias: true, alpha:
false } );
            renderer.setSize( window.innerWidth, window.innerHeight );
            renderer.setClearColor( scene.fog.color, 1 );
            renderer.gammaInput = true;
            renderer.gammaOutput = true;
            renderer.physicallyBasedShading = true;

            renderer.shadowMapEnabled = true;
            renderer.shadowMapCullFace = THREE.CullFaceBack;

            container.appendChild( renderer.domElement );
        window.addEventListener('resize', onWindowResize, false );
        }

            function addShadowedLight( x, y, z, color, intensity ) {
var directionalLight= new THREE.DirectionalLight(color,intensity);
            directionalLight.position.set( x, y, z )
            scene.add( directionalLight );

            directionalLight.castShadow = true;
            // directionalLight.shadowCameraVisible = true;
            var d = 1;
            directionalLight.shadowCameraLeft = -d;
            directionalLight.shadowCameraRight = d;
            directionalLight.shadowCameraTop = d;
            directionalLight.shadowCameraBottom = -d;

            directionalLight.shadowCameraNear = 1;
            directionalLight.shadowCameraFar = 4;
```

```
            directionalLight.shadowMapWidth = 1024;
            directionalLight.shadowMapHeight = 1024;

            directionalLight.shadowBias = -0.005;
            directionalLight.shadowDarkness = 0.15;

        }

         function onWindowResize() {

                camera.aspect = window.innerWidth / window.innerHeight;
                camera.updateProjectionMatrix();
                renderer.setSize( window.innerWidth, window.innerHeight );
            }

            function animate() {
                requestAnimationFrame( animate );
                render();
            }

            function render() {
            var timer = Date.now() * 0.0005;
            camera.position.x = Math.cos( timer ) * 3;
            camera.position.z = Math.sin( timer ) * 3;
            camera.lookAt( cameraTarget );
            renderer.render( scene, camera );
        }
</script>
</body>
</html>
```

程序运行结果如图14-15。左图只有一个方向光。右图是三个光源。

三、加载虚拟偶像VRM模型及动作控制

VRM基于3D标准格式glTF2.0，包含处理人形模型的规范与扩展，具体优势在于统一3D人物模型的坐标系、表情、骨骼等信息。如图14-16，VRM模型定义了人体上各个关节点以及其绑定的骨骼，如头部（head）、臀部（hips）、左大腿（leftUpperLeg）、右大腿（rightUpperLeg）、左脚（leftFoot）、右脚（rightFoot）、脊柱（spine）等关节点，可通过欧拉角或四元数数据完成对关节点的旋转从而完成对模型的驱动。这一小节程序来自2023届硕士高鹏的毕设部分内容。

图 14-15　加载 STL 文件

使用GITFLoader.js加载一个VRM模型文件Nilou.vrm。程序如下：

程序编号：CH14/DigitalGirl/vrm-one.html

```
<html lang='en'>
<head>
   <meta charset='utf-8'/>
   <meta name="viewport" content="width=device-width, initial-scale=1.0">
   <title>VRM</title>
   <script src='./modules/three.js'></script>
   <script src='./modules/three-vrm.js'></script>
   <script src='./modules/GLTFLoader.js'></script>
   <script src='./modules/OrbitControls.js'></script>
</head>
<body>
   <div id='app'></div>
</body>
<script>
   const scene = new THREE.Scene()
   const renderer = new THREE.WebGLRenderer({ alpha: true })
   renderer.setSize(window.innerWidth, window.innerHeight)
 document.getElementById('app').appendChild(renderer.domElement)

   const camera = new THREE.PerspectiveCamera(40, window.innerWidth /
window.innerHeight, 1, 2000)
   camera.position.set(0, 2, -1.5)
   const orbitControls = new THREE.OrbitControls(camera, renderer.domElement)
```

```
    orbitControls.target.set(0.0, 1.4, 0.0)
    const ambientLight = new THREE.AmbientLight(0xffffff)
    const directLight = new THREE.DirectionalLight(0xffffff)
    directLight.position.set(1.0, 1.0, -2.0)
    directLight.castShadow = true
    scene.add(ambientLight)
    scene.add(directLight)
    function animate() {
        requestAnimationFrame(animate)
        orbitControls.update()
        renderer.render(scene, camera)
    }
    animate()

    // glTF 格式模型加载器
    const loader = new THREE.GLTFLoader()
    // 异步加载，在加载完成后会自动执行 load 方法的第二个参数：回调函数
    loader.load('./static/Nilou.vrm', (gltf) => {
        // 精细化处理
        THREE.VRMUtils.removeUnnecessaryVertices(gltf.scene)
        THREE.VRMUtils.removeUnnecessaryJoints(gltf.scene)
        // Three-VRM 处理 GLTFLoader 加载出来的内容
        THREE.VRM.from(gltf).then((vrm) => {
            // 将模型加载到场景中去
            scene.add(vrm.scene)
            // 渲染场景
            renderer.render(scene, camera)
        })
    }, (progress) => {
        console.log('加载模型中...', 100.0 * (progress.loaded /
progress.total), '%')
    }, (error) => {
        console.error(error)
    })
</script>
</html>
```

驱动VRM模型运动通过调整参数实现。运行结果参见图14-17，虚拟偶像能完成挥手和眨眼睛的动作。

图 14-16　加载静态的 VRM 模型

程序编号：CH14/DigitalGirl/vrm-two.html

```
<html lang='en'>
<head>
   <meta charset='utf-8' />
   <meta name="viewport" content="width=device-width, initial-scale=1.0">
   <title>title>VRM</title>
   <!-- 导入需要的模块 -->
   <script src='./modules/three.js'></script>
   <script src='./modules/three-vrm.js'></script>
   <script src='./modules/GLTFLoader.js'></script>
   <script src='./modules/OrbitControls.js'></script>
   <!-- 以模块的方导入 js（因为在 vrm-two.js 中使用了 import）-->
   <script type='module' src='vrm-two.js'></script>
</head>
<body>
  <div id='app'></div>
</body>
</html>
```

程序编号：CH14/DigitalGirl/vrm-two.js

```
// 导入控制姿态的 JSON 数据与控制模型运动的方法
import { pose, face, left, right, state, motion } from'./motion/motion.js'
import { animate } from './animate/animate.js'

// 创建场景
const scene = new THREE.Scene()

// 创建渲染器
const renderer = new THREE.WebGLRenderer({ alpha: true })
// 允许渲染阴影
renderer.shadowMap.enabled = true
// 设置阴影材质
```

```
renderer.shadowMap.type = THREE.PCFSoftShadowMap
// 设置渲染盒子的宽高
renderer.setSize(window.innerWidth, window.innerHeight)
// 将渲染器的 Dom 元素挂到 HTML
document.getElementById('app').appendChild(renderer.domElement)

// 创建相机
const camera = new THREE.PerspectiveCamera(40, window.innerWidth / window.
innerHeight, 1, 2000)
// 设置相机方位
camera.position.set(0.0, 2.0, -3.0)
// 创建轨道控制器
const orbitControls = new THREE.OrbitControls(camera, renderer.domElement)
orbitControls.target.set(0.0, 1.0, 0.0)

// 创建光照
const ambientLight = new THREE.AmbientLight(0xffffff)        // 环境光
const directLight = new THREE.DirectionalLight(0xffffff)     // 直线光
directLight.position.set(1.0, 1.0, -2.0)
directLight.castShadow = true                                // 允许光源投射阴影
scene.add(ambientLight)                                      // 将光照添加到场景中
scene.add(directLight)                                       // 将光照添加到场景中

// 创建平面
const planeGeometry = new THREE.PlaneGeometry(2000, 2000)
planeGeometry.rotateX(-Math.PI / 2)
// 在平面上接收阴影
const mesh = new THREE.Mesh(planeGeometry, new THREE.ShadowMaterial
({ opacity: 0.2 }))
// 允许接收阴影
mesh.receiveShadow = true
scene.add(mesh)

const clock = new THREE.Clock()
// 循环渲染
renderer.setAnimationLoop(() => {
    if (window.nilou) {
        // 通过导入的方法修改 JSON 数据
        motion(state)
        // 通过导入的 JSON 数据控制动作
        animate(pose, face, left, right)
        // 刷新模型
        window.nilou.update(clock.getDelta())
```

```
    }
    orbitControls.update(clock.getDelta())
    // 渲染
    renderer.render(scene, camera)
})

// 模型加载器
const loader = new THREE.GLTFLoader()
// 异步加载，在加载完成后会自动执行 load 方法的第二个参数：回调函数
loader.load('./static/Nilou.vrm', (gltf) => {
    // 为物体创建阴影
    gltf.scene.traverse((node) => { if (node.isMesh) node.castShadow = true })
    // 精细化处理 （好像是这样）
    THREE.VRMUtils.removeUnnecessaryVertices(gltf.scene)
    THREE.VRMUtils.removeUnnecessaryJoints(gltf.scene)
    // Three-VRM 处理 GLTFLoader 加载出来的内容
    THREE.VRM.from(gltf).then((vrm) => {
        // 将模型对象挂到 window 对象上 （为了方便，不推荐）
        window.nilou = vrm
        // 将模型加载到场景中去
        scene.add(vrm.scene)
        // 渲染场景
        renderer.render(scene, camera)
    })
}, (progress) => {
    console.log('加载模型中...', 100.0 * (progress.loaded / progress.total),'%')
}, (error) => {
    console.error(error)
})
```

这个程序在加载了VRM模型后，通过motion.js绑定骨骼，通过animate.js控制运动效果。DigitalGirl程序和模型文件可以在Https//cuc.yingshinet.com中下载。

图 14–17　挥手和眨眼睛的虚拟偶像

小结

本章基于Three.JS三维可视化，讲解了基本场景搭建、基本三维图形、三维文件Obj和Stl，以及虚拟偶像模型VRM的加载显示。对构建基本的三维数据可视化起到基础作用。由于三维绘图代码较为复杂，需要预渲染，在数据可视化任务中，往往以二维可视化为主。

提示---------->>

加载真实数据，绘制一个三维直方图，用圆柱体或者长方体表示，设置黑色背景，添加有方向的光源，并添加阴影。

15 CHAPTER

第十五章 软件开发中的数据可视化

以简驭繁，本章用最简单的D3直方图实现软件开发中的数据可视化。首先以Python Flask Web开发为例，调用MySQL中的数据，实现D3直方图。进一步考虑当前流行的前后端分离的软件架构，在Python端输出一个Json文件，实现Node.JS+Vue3+D3的直方图。

第一节 在Python Flask中实现可视化

一、Python Flask框架

Flask（https://flask.palletsprojects.com/）是一个Python程序生态中轻量级的Web框架，具有很好的扩展性。本书第一作者的几个项目都是基于Flask构建的，如Https://www.yingshinet.com。

在PyCharm（社区版免费）中，新建一个项目flasknew，main.py内容如图15-1。选择Python编译器，如Python3.10，需要安装flask（pip install flask）。

在项目中新建一个文件夹templates，在其下新建index.html文件，仅添加了一行文字，随后再加载数据。本章的结构是演化渐进实现的。

路由器是Flask最重要的功能，负责将用户在页面的请求分发到一个具体的函数执行，然后把查询数据和计算结果传到网页。Main.py中定义了一个路由器@app.route("/")，即根路由，路由函数为index()。

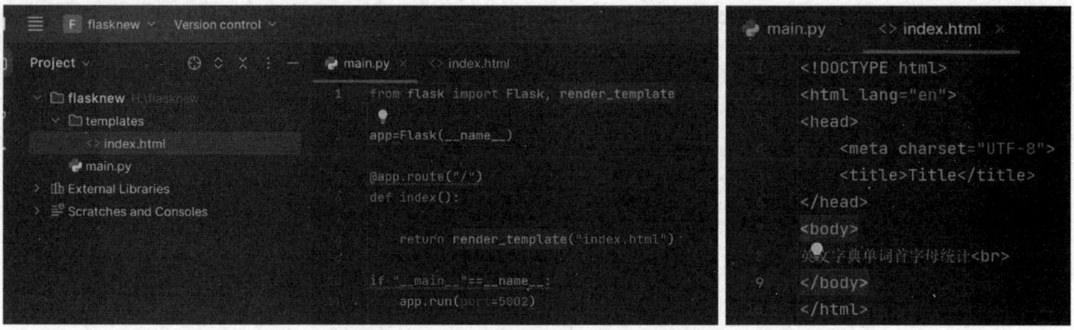

图 15–1　Flask 框架下的程序结构

当运行main.py时，在浏览器能看到图15–2。

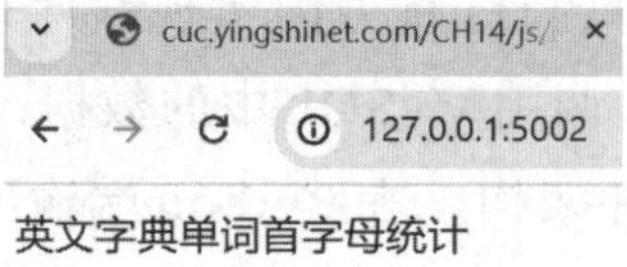

图 15–2　Flask 框架页面运行结果

二、链接MySQL数据库

把一个英语四六级的english.sql文件（https://cuc.yingshinet.com可以下载）导入本地的MySQL中，安装pymysql（pip install pymysql）。用如下代码链接数据库。此例数据库名为english46，用户名为root，密码为123456。数据参见第十二章图12–6。

在main.py中新建一个路由器@app.route("/english")和路由函数english()，查询结果rs和rscount返回到页面english.html。代码参见图15–3。

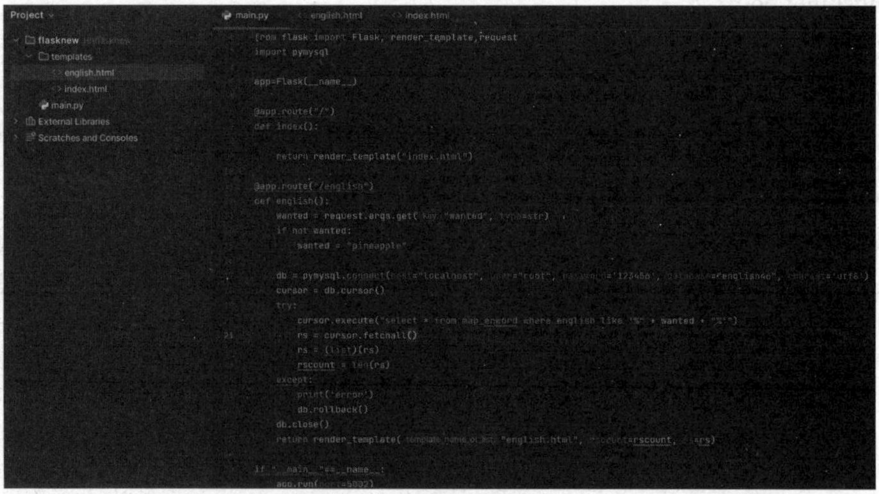

图 15–3　查询数据库代码

Python端的查询结果，通过render_template()渲染页面english.html，直接用rs=rs，rscount=rscount从后端向页面传参数。在前端页面，用Jijia2的语法迭代出内容。前端查询用了表单<form action="/english">提交到路由器"/english"，由路由函数english()来处理，request.args.get()接受wanted这个参数，默认查询"pineapple"。这一段话特别重要，实现了前后端双向传参数。代码参见图15-4。

图 15-4　前后端传参和运行结果

三、查询与可视化

在项目flasknew中新建一个文件夹static，复制一份d3.v7.js到此。修改一下查询语句，查询以a—z开头的单词个数，并传递到前端可视化。

为清楚起见，新建了一个路由器hist和路由函数hist()。查询结果返回到页面hist.html，代码如图15-5，运行结果见图15-6。

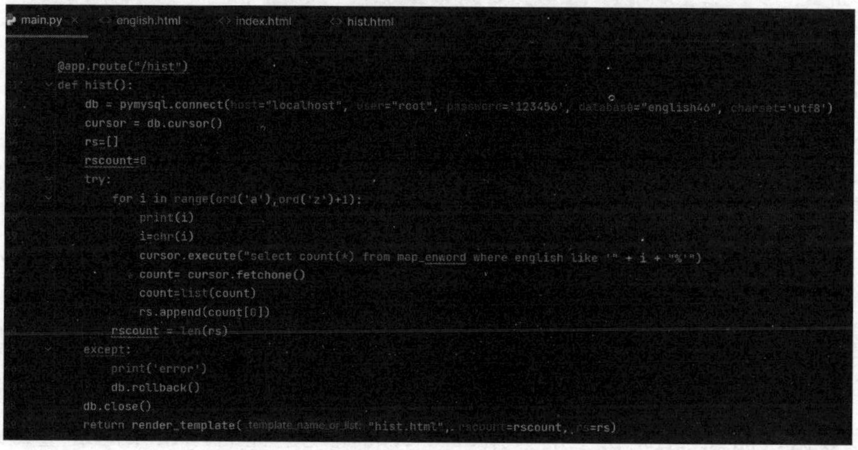

图 15-5　查询字母 a-z 开头的单词个数

图 15-6　查询 a–z 首字母统计数据

把直方图的代码放到hist.html页面，代码如图15–7，运行结果15–8。

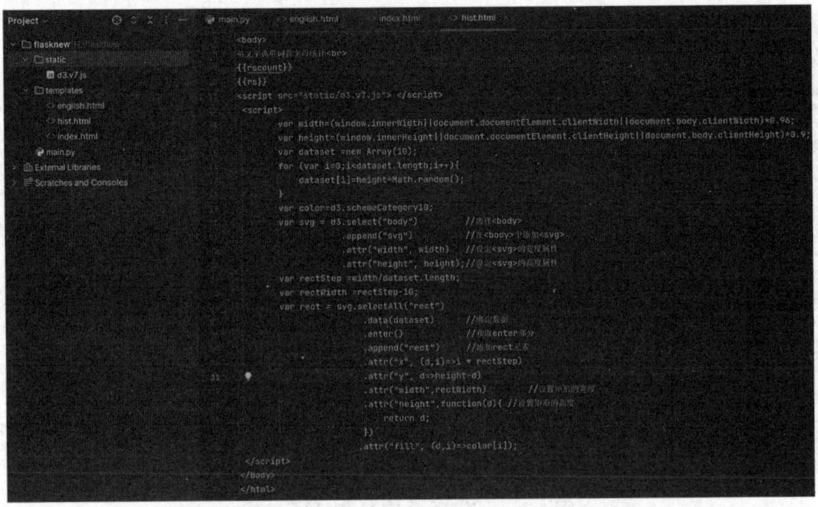

图 15-7　查询结果和一个随机数直方图代码

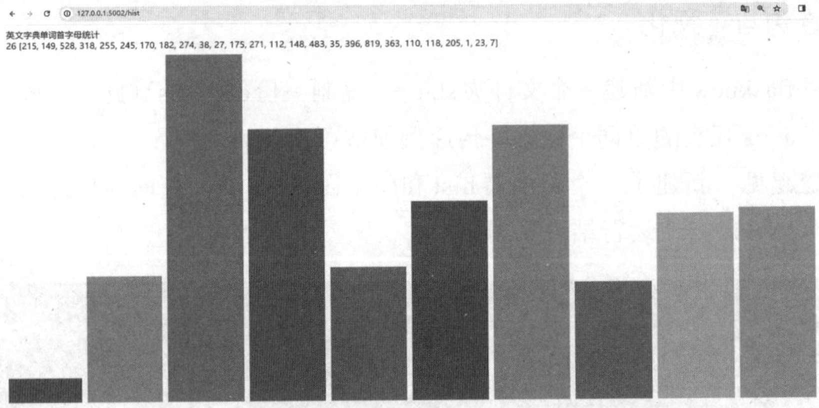

图 15-8　查询结果和一个随机数直方图运行结果

四、查询后可视化

注意此时的可视化和查询数据没有关系。下面通过一种看上去句式杂糅的方式，关联前后端程序。修改hist.html中的程序片段如下。这三句代码的作用是从Python的参数获取数据，而JavaScript中的数据dataset的值是迭代的Python的变量rs的值，这个迭代的下标，用loop.index表示，但它从1开始，因此有了看上去怪怪的一句话

dataset[{{loop.index-1}}]={{r}}。

一定要注意先计算Python后端的代码变量的值，再计算前端代码变量的值，因为前端的代码是在浏览器中执行的。

程序：flasknew/templates/hist.html

```
//var dataset =new Array(10);
        //for (var i=0;i<dataset.length;i++){
        //     dataset[i]=height*Math.random();
        //}

        var dataset =new Array(26);
        {% for r in rs %}
        dataset[{{loop.index-1}}]={{r}}
        {% endfor %}
```

运行结果见图15-9。至此完成对数据库数据的可视化。

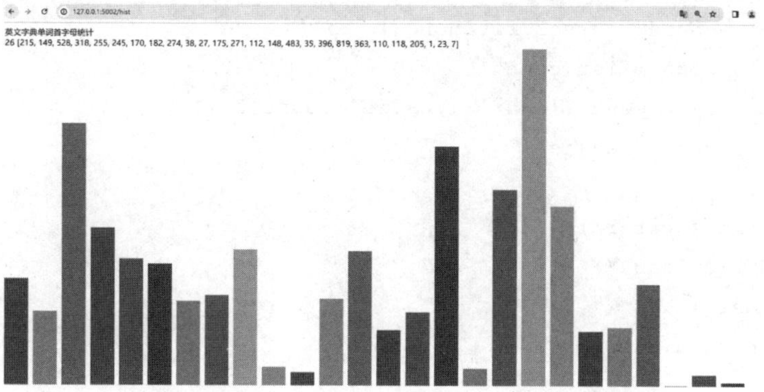

图 15-9 查询 a—z 字母开头的单词个数并可视化

五、查询结果输出Json

此处输出查询结果为Json（需要import json），而不再是用变量去渲染一个页面。这个Json是为第二节准备的，实现前后端分离的软件架构。如下代码中开头import json，添加了一个新的路由器@app.route("/datajson")。

为了实现输出的Json能被前端Vue3访问到，还需要解决跨域的问题，需要安装flask-cors（pip install flask-cors），并添加一句允许跨域的代码，如下，放在app=Flask(__name__)后面。代码生成的Json数据直接可以在浏览器中访问。

程序：flasknew/main.py

```
import json
from flask_cors import *
```

```
app=Flask(__name__)
CORS(app, supports_credentials=True)

@app.route("/datajson")
def datajson():
    db = pymysql.connect(host="localhost", user=” root” , password='123456',
database="english46", charset='utf8')
    cursor = db.cursor()
    rs=[]
    rscount=0
    try:
        for i in range(ord('a'),ord('z')+1):
            print(i)
            i=chr(i)
            cursor.execute("select count(*) from map_enword where english
like '+ i + %'")
            count= cursor.fetchone()
            count=list(count)
            rs.append({'char':i,'size':count[0]})
        rscount = len(rs)
    except:
        print('error')
        db.rollback()
    db.close()
    return json.dumps(rs)
```

运行结果见图15-10。

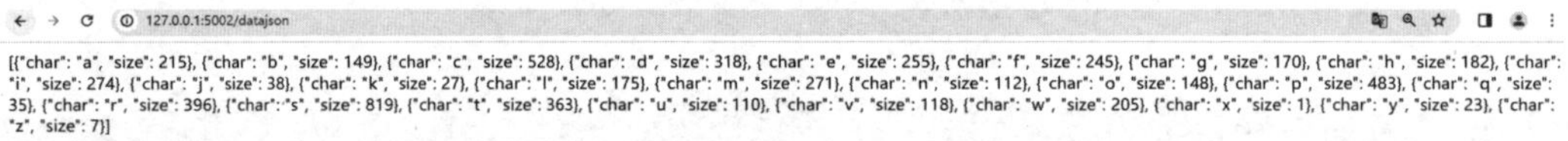

图15-10 从Python Flask查询MySQL输出Json格式

第二节 在Node.js与Vue3中实现D3数据可视化

一、Node.js

Node.js（https://nodejs.org）是一个开源的跨平台JavaScript运行环境。从官网可

以下载安装，当前发布的稳定版为20.11.0 LTS。安装成功后，运行node –version可以查看版本。本节使用的是v18.15.0版。

先来写一个类似Hello World的server.js文件。这个文件随意放在一个目录下，示例放在H:\nodejs2023下，用node.js写一个Web服务器。运行结果参见图15–11。

程序：nodejs2024/server.js

```
var http=require('http');

http.createServer(function(request,response){

    response.writeHead(200,{'Content-Type':'text/plain'});
    response.end("Hello World\n");
}).listen(8888);

console.log("Server running at Http://127.0.0.1:8888");
```

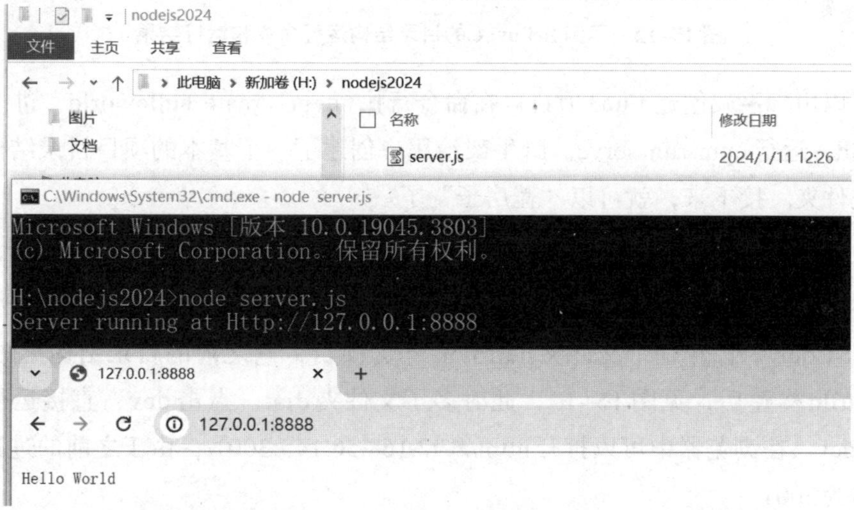

图 15–11　一个 Node.js 的运行结果

二、在Node.js生态下安装Vue3

Vue是一个渐进式的JavaScript前端框架，即目前最为流行的前端框架，作者是尤雨溪（https://evanyou.me）。Vue3建立在标准 HTML、CSS 和 JavaScript 之上，提供声明式和基于组件的编程模型，帮助程序员高效地开发用户界面。

在Node.js生态下安装Vue3，在命令行执行npm install vue。安装vite包（npm install vite），并创建一个工程（npm init vite–app hellovue），进入这个目录，用命令npm run dev运行项目，结果参见图15–12。没有写任何代码，就创建了一个工程。

```
1.安装vue：npm install vue
2.安装vite：npm install vite
3.创建一个工程：npm init vite-app hellovue
4.进入创建的项目：cd hellovue
5.安装相关的环境和包：npm install
6.运行项目：npm run dev
```

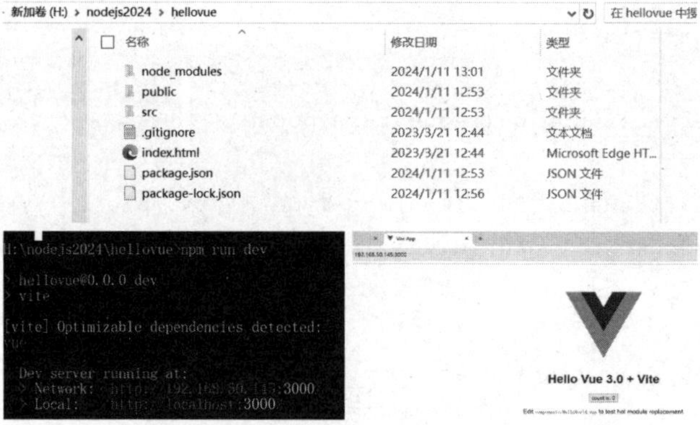

图 15-12　示例 hellovue 的目录结构运行命令和运行结果

还可以用脚手架创建Vue3项目。在命令行执行vue create helloworld，进入目录cd helloworld，运行npm run serve。脚手架给用户创建了一个基本的项目目录结构，包括文件和文件夹。接下来，就可以“盖房子”了。

三、在VSCode中加载文件夹作为项目

在VSCode中打开这个文件夹hellovue作为项目，它之前的目录结构见图15-12。在运行build构建后，见图15-13，此时多了文件夹dist。点击dev，直接运行了命令npm run dev，在浏览器中可以打开http://192.168.50.145:3001/，由于之前的进程没有停掉，端口为3001。

图 15-13　在 VSCode 中打开 Vue3 的项目

程序从index.html（有一个div，id="app"）开始，转到了/src/main.js，参见图15-14所示，导入了vue创建应用的createApp，从当前目录下导入App.vue和一个样式表index.css文件。创建的App，加载到index.html中的div上，即createApp(App).mount('#app')。

图 15-14　文件结构 main.js 和 App.vue

在App.vue中调用了组件文件夹中的HelloWorld.vue，其中的代码见图15-15，运行结果与图15-12一样。这些都是一个项目的框架，随后我们对代码做一些修改。

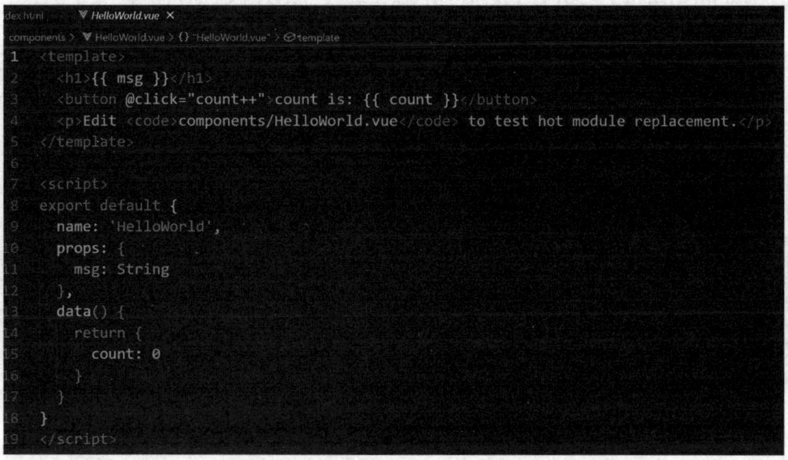

图 15-15　HelloWorld.vue 的内容

在App.vue中删除图15-14中第2行的图片（Vue的Logo），修改第3行，添加D3.JS。在加载的组件HelloWorld.vue中删除第3和第4行，保存后，页面会自动刷新。结果见图15-16。

图 15-16　修改后 App.vue 和 HelloWorld.vue 的运行结果

四、在Vue3框架下可视化

在Node.js生态安装D3、axios（最流行的 HTTP 请求库，用来请求在第一节Python中准备好的 Json数据）。在H:\nodejs2024\hellovue文件夹的地址栏输入cmd，进入命令行窗口，安装d3和axios。为了实现跨域调用Python端接口的数据，添加cors包（npm install cors）。如图15–17所示。

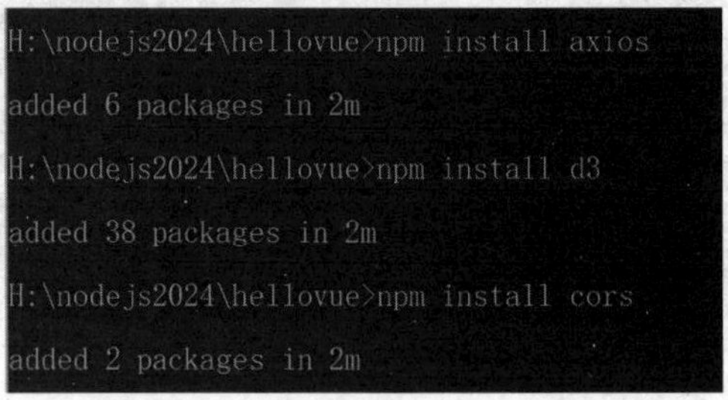

图 15–17　安装所需要的包

修改HelloWorld.vue为图15–18中的代码。在前端页面控制台能看到从Python Flask中请求的数据http://127.0.0.1:5002/datajson，如图15–19所示。

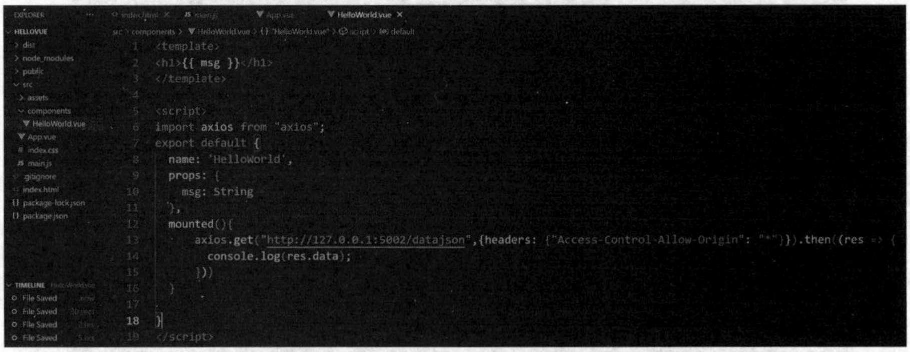

图 15–18　HelloWorld.vue 请求 Python Flask 的 Json 数据

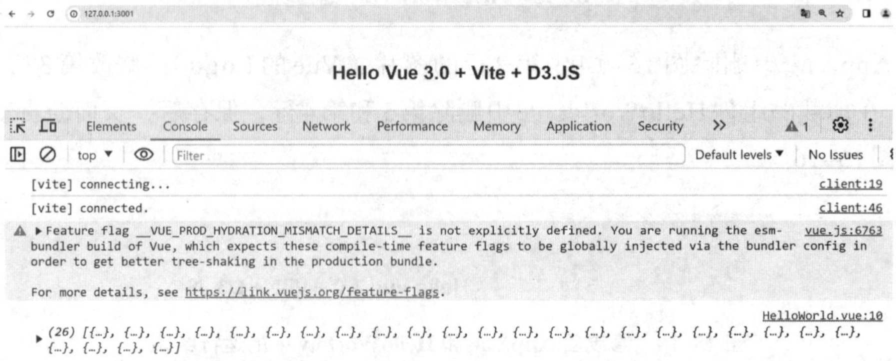

图 15–19　从 Console 中获取到的 Json 数据

五、实现对Python端生成的Json可视化

修改HelloWorld.vue组件，添加了导入D3的库，并且增加了methods描述，在其中定义了一个函数drawHist(data)，data来自图15-18中通过axios请求的Python Flask数据。流程有点长，终于走到了最后，赶紧看一看我们的作品吧，见图15-20。前面的代码采用截图，目的是让用户看到文件结构。最后对HelloWorld.vue文件的修改如下。

程序：hellovue/src/components/HelloWorld.vue

```
<template>
<h1>{{ msg }}</h1>
<div id="divhist"></div>
</template>
<script>
import axios from "axios";
import * as d3 from "d3";
export default {
  name: 'HelloWorld',
  props: {
    msg: String
  },
  mounted(){
      axios.get("http://127.0.0.1:5002/datajson",{headers: {"Access-Control-
Allow-Origin": "*"}}).then((res => {
        console.log(res.data);
        this.drawHist(res.data);
      }))
  },
  methods:{
    drawHist(data){
var width=(window.innerWidth||
document.documentElement.clientWidth||
document.body.clientWidth)*0.96;
var height=(window.innerHeight||
document.documentElement.clientHeight||
document.body.clientHeight)*0.9;
        var color=d3.schemeCategory10;
        var svg = d3.select("#divhist")
                    .append("svg")
                    .attr("width", width)
                    .attr("height", height);
        var rectStep =width/data.length;
        var rectWidth =rectStep-10;
```

```
        var rect = svg.selectAll("rect")
                      .data(data)
                      .enter()
                      .append("rect")
                      .attr("x", (d,i)=> i * rectStep)
                      .attr("y", d=>height-d.size)
                      .attr("width",rectWidth)
                      .attr("height",d=>d.size)
                      .attr("{fill", (d,i)=>color[i%10]);
    }
  }
}
</script>
```

第一节和第二节协作，实现后端通过Python Flask查询MySQL后生成Json数据的在线接口，在Node.js生态下，于Vue3中绘制的D3直方图。在正规的软件项目中，一般采用前后端分离的架构。这两节的例子，虽然流程稍显复杂，但对理解软件开发中的数据可视化很重要。

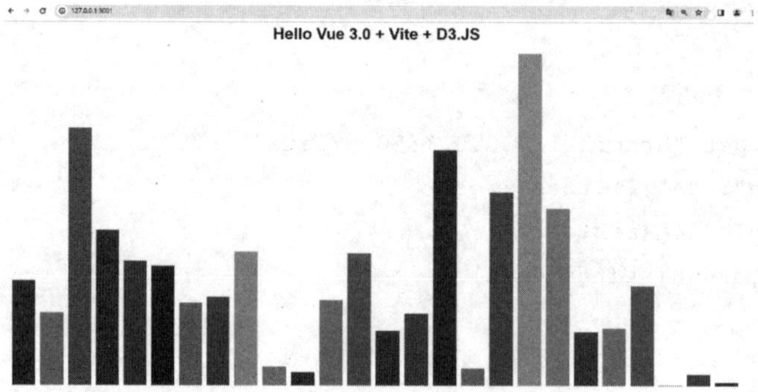

图 15-20　前后端分离的数据库数据可视化

第三节　影视数据可视化作品

中国电影知识体系平台（Https://movie.yingshinet.com，Chinese Cinema Knowledge System，下文简称为CCKS）由北京大学艺术学院（李道新团队）与中国传媒大学影视大数据实验室（李春芳团队）合作开发，主要依托国家社科基金艺术学课题“影人年谱与中国电影史研究”以及国家社科基金艺术学重大课题“中国特色电影知识体系研究”，是在数字人文的基础上，在知识论与知识管理学的框架里搭建的一个众包群智、开源共享的，具有思辨性、成长性的中国电影数字基础设施，将以“影人年谱”“电影计量”“文献索引”与“知识生成”4个特色数据库为主并关联“相关平台”，力图与中国电影的史论研究、学术创新以及公益服务互动共生，为反思中国电影理论、推进中国电影学派并构建中国电影知识体系奠定必要的基础。

图15-21是在CCKS中绘制的中国影人群像图谱，横轴是时间，纵轴是影人生平年龄。它的本质是直方图，顶端加了图片，形成了富含信息的图形和图像结合的可视化作品。图中最长寿的影人是邵氏电影的“邵逸夫”。

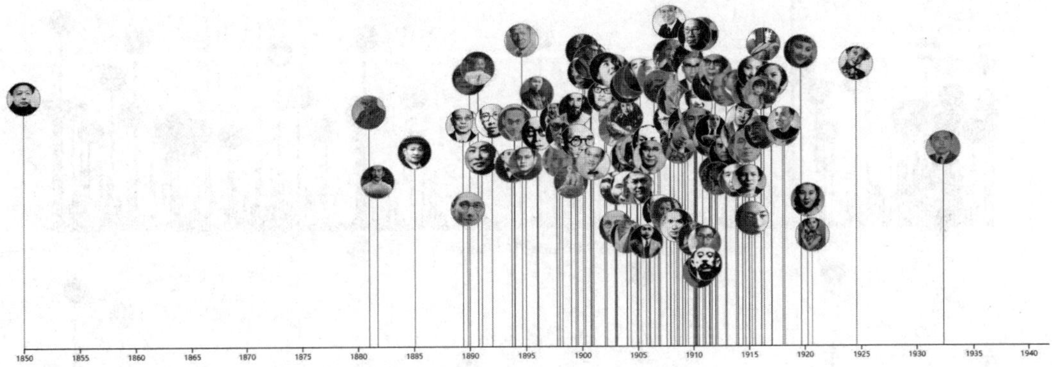

图15-21 影人年代图

图15-22是在CCKS中用数据库数据绘制的影人与影片形成的合作关系图。该图呈现了以中国早期影人“阮玲玉”为核心的影片与合作者的关系。

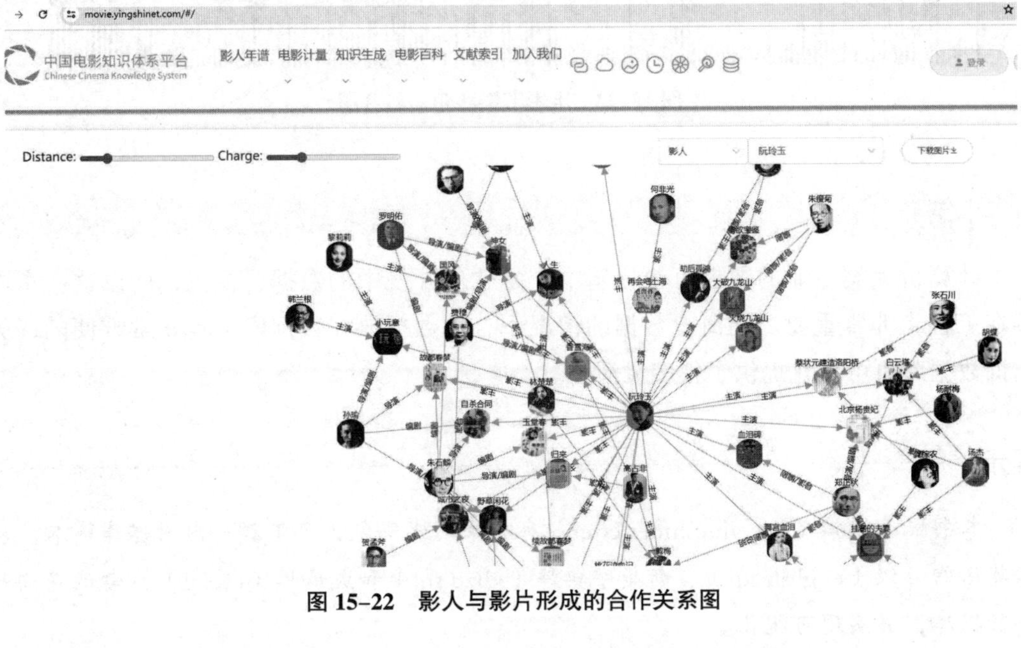

图15-22 影人与影片形成的合作关系图

图15–23可视化了电影的节奏，对比了侯孝贤导演的《最好的时光》（*Three Times*）和贾樟柯导演的《三峡好人》（*Still Life*）。每个直方图中线的高度，代表一个镜头的长度，显示了部分长镜头的第一帧，可以看出镜头的节奏是波浪起伏的，短镜头一般是铺垫，长镜头是叙事的重点。电影节奏呈现出短短长，短短短长的特点。对镜头第一帧通过聚类提取了5种色彩，即直方图的5段色彩。

从《山峡好人》中可以看出，贾樟柯用了很多的长镜头叙事，如开头在船上横摇的群像叙事，像展开的一幅长卷。最长的镜头甚至有4分钟。

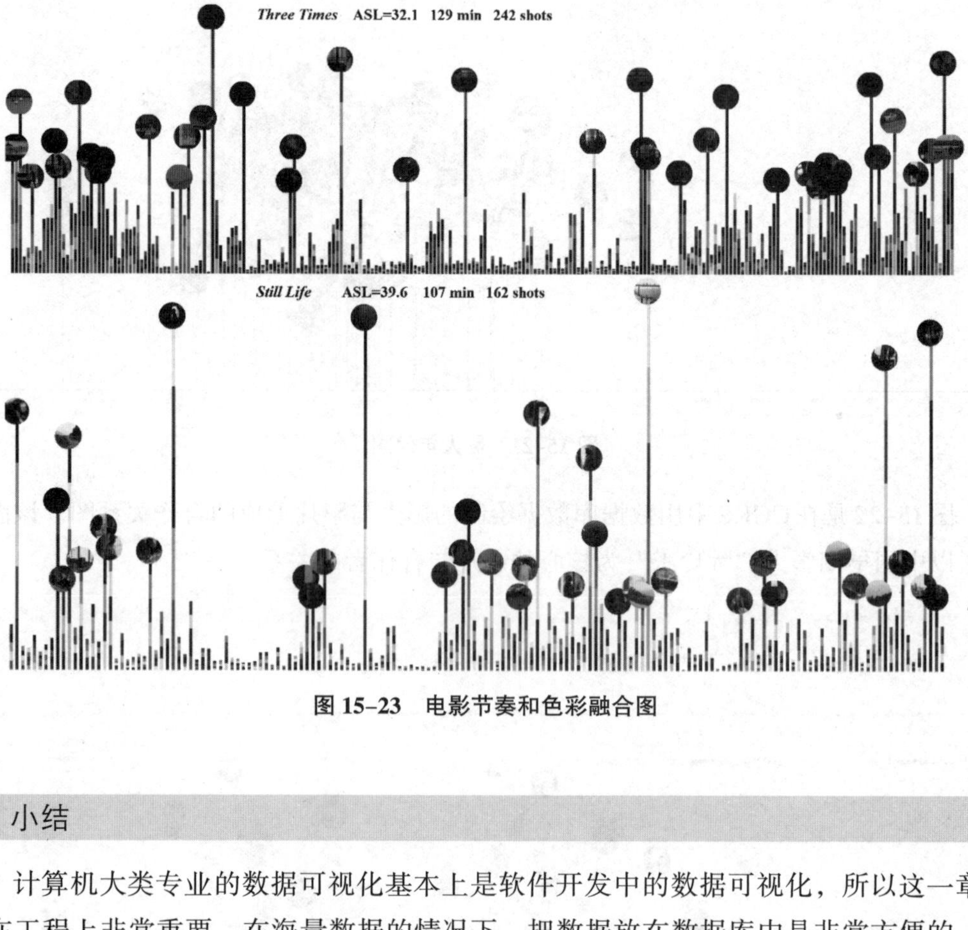

图15–23 电影节奏和色彩融合图

小结

计算机大类专业的数据可视化基本上是软件开发中的数据可视化，所以这一章内容在工程上非常重要。在海量数据的情况下，把数据放在数据库中是非常方便的，为查询数据库再可视化提供了很多灵活性。

提示------>>

本书配套链接（cuc.yingshinet.com）有本章的代码包，可下载。内附建库脚本，包括英语四六级（english.sql）、新华字典库（xhzd.sql）和成语库（cy.sql），尝试查询一个数据库，并实现可视化。

参考文献

[1] 陈为, 沈则潜, 陶煜波. 数据可视化（第三版）[M]. 北京: 电子工业出版社, 2023.

[2] 吕之华. 精通D3.js（第二版）[M]. 北京: 电子工业出版社, 2017.

[3] BOSTOCK M, OGIEVETSKY V, HEER J. D3: Data-Driven Documents [J]. IEEE Transactions on Visualization and Computer Graphics, 2011, 17(12).

[4] SATYANARAYAN A, MORITA D, WONGSUPHASAWAT K, HEER J. Vega-Lite: A Grammar of Interactive Graphics [J]. IEEE Transactions on Visualization and Computer Graphics, 2017, 23(1).

[5] Li, D Q, MEI H H, SHEN Y, SU S, ZHANG W L, WANG J, ZU M, CHEN W. ECharts: A Declarative Framework for Rapid Construction of Web-based Visualization [J]. Visual Informatics, 2018, 2(2).

[6] LI C F, PEI Y C, SHEN Y S, LU J L, FAN Y L, LINGHU X Y, TIAN Y Z, WANG K. PyVisVue3D3: Python visualization from hierarchy tree to call graph[J]. SoftwareX, 2024, 26(5).

[7] 李春芳, 石民勇. 数据可视化原理与实例[M]. 北京: 中国传媒大学出版社, 2018.

[8] 刘连忠, 李春芳, 徐同阁, 陈梦东, 唐文忠. 一种基于占用矩阵的词云图可视化方法: 2014100203523 [P]. 2014-05-07.

[9] 李春芳, 石民勇, 李纪周, 王楷翔, 王丹煜. 一种基于图像聚类的数据可视化配色的提取方法: 2020107847461 [P]. 2020-10-13.

[10] 李春芳, 汪阳晨, 石民勇, 黄婧一, 刘梦琪, 潘婵. 一种图数据库Neo4J交互可视化的操作方法与系统: 2020108855535[P]. 2020-10-23.

附 录

编号	名称	链接
1	D3 官网	https://d3js.org
2	Three.js 官网	https://threejs.org
3	W3School 中文文档	http://www.w3school.com.cn/
4	JSBin	http://www.jsbin.com
5	IEEE Vis	https://ieeevis.org
6	IEEE VisSoft	https://vissoft.info/
7	Jeffrey Michael Heer	https://idl.cs.washington.edu/
8	ChinaVis	https://www.chinavis.org
9	弦图	http://circos.ca/guide/tables/
10	TreeVis	https://treevis.net/
11	Vega Lite	https://vega.github.io/vega-lite/
12	Andrej Karpathy	https://cs.stanford.edu/people/karpathy/convnetjs
13	CNN Explainer	https://poloclub.github.io/cnn-explainer/
14	Lev Manovich	http://manovich.net/
15	植物仿真	http://algorithmicbotany.org/papers
16	清华大学未来实验室	https://thfl.tsinghua.edu.cn/
17	屈华民主页	http://www.huamin.org/
18	刘世霞主页	http://www.shixialiu.com/
19	向帆主页	https://zeelab.xyz/
20	Ben Shneiderman 主页	https://www.cs.umd.edu/~ben/
21	W3C 音乐可视化	https://www.w3.org/TR/webaudio
22	HTML5 的 Canva 文档	http://www.w3school.com.cn/tags/tag_canvas.asp
23	D3 词云图	https://www.jasondavies.com/wordcloud/
24	Echart2 词云图	https://github.com/liangbizhi/js2wordcloud
25	三维标签云 TagCanvas	http://www.goat1000.com/tagcanvas.php
26	Python 爬虫 Requests 库	http://www.python-requests.org/en/master

续表

编号	名称	链接
27	PyCharm 官网	https://www.jetbrains.com/pycharm
28	Beautiful Soup 4 官网	https://www.crummy.com/software/BeautifulSoup
29	中国电影知识体系平台	https://movie.yingshinet.com
30	影像与课本	https://www.yingshinet.com
31	BFI Top100 Films	https://www.bfi.org.uk/news/revealed-results-2022-sight-sound-greatest-films-all-time-poll
32	Siggraph	https://s2023.siggraph.org/
33	TreeMap	https://www.cs.umd.edu/hcil/treemap/
34	David McCandless 主页	https://informationisbeautiful.net/
35	Shirley Wu 主页	https://shirleywu.studio/
36	Nadieh Bremer 主页	https://www.visualcinnamon.com/
37	数据可视化原理与实例	https://cuc.yingshinet.com/
38	Brendan Bycroft 的 LLM	https://bbycroft.net/llm

后　记

写到这里总是最轻松快乐的时刻。近十年，研学数据可视化，伴随着电影的学习。可视化与电影有很多相似之处，都是视觉技艺。我们既从电影中学习可视化叙事的技巧，也将电影作为可视化的对象。

节奏。格里菲斯提出了“电影节奏”理论，爱森斯坦提出“蒙太奇”理论，巴赞提出了“长镜头理论”。计量电影研究发现，电影中的短镜头是铺垫，长镜头是叙事重点，一部电影的节奏有波浪起伏的余弦特征。可视化的页面也是有节奏的，图形的参差不齐，布局的疏密留白，色彩的搭配渲染与沉浸，字体字号与段落长短，实现了交互的一致性和完整性，音乐和符号Logo的使用，以及短视频的辅助，形成了画面的节奏感。

叙事。电影经常使用双线叙事，甚至多线叙事，可视化作品中可采用双图叙事，双图对比。数据可视化的一个原则是“Over view first, zoom and filter, details on demand”，这与电影叙事有很多相似之处。数据可视化也用可视化叙事的概念来约束与用户的交互，按照认知心理学的原则呈现数据和知识。

符号学隐喻与视觉编码。可视化将数据编码为可视符号，编码的载体包括色彩、尺寸、位置、纹理、方向、形状、符号以及关系，与电影一样，可视化也常用隐喻（Metaphor）表达数据。

我和团队开发了中国剧本库（ruyi.cool），和北京大学艺术学院李道新教授合作开发了中国电影知识体系平台（movie.yingshinet.com），和中国传媒大学外国语学院的金海娜教授合作开发了中国电影翻译库（film.yingshinet.com）。我们的团队策划了影像与课本（www.yingshinet.com）系统，用影视辅助文史哲教育；开发了Python代码可视化（pyvisvue3d3.yingshinet.com）平台，辅助Python（Numpy,Matplotlib和PyTorch等）软件理解。

站在计算机和电影的路口，交叉学科是独特的视角，桥接了不同的风景。

感谢在本书第一版和第二版中做出贡献的朋友和同学：鲁俊丽、裴雨晨、田原之、令狐晓玉、范雅律、王昆、胡凯惠、唐睿晗、胡雨航、杨睿、李敏、高鹏。特别感谢李辰洋同学在项目运维方面的随时支持，以及给出的诸多建议。

感谢石民勇教授，为团队指明了前行的方向，让团队在智媒影视的道路上不断实践探索。特别感谢中国传媒大学出版社的黄松毅老师、李婷老师、阳金洲老师，耐心细致的工作，谢谢。最后特别感谢各位编辑老师，使本书内容严谨，形式美观，不负数据可视化好看的宗旨。挂一漏万，感谢为本书出版所做出努力的所有人，谢谢你们。

李春芳　石卓奇　沈寓实

2024年5月18日

图书在版编目(CIP)数据

数据可视化原理与实例 / 李春芳，石卓奇，沈寓实著．-- 2 版．--
北京：中国传媒大学出版社，2024.6
ISBN 978-7-5657-3649-0

Ⅰ．①数… Ⅱ．①李… ②石… ③沈… Ⅲ．①可视化
软件—数据处理 Ⅳ．① TP31

中国版本图书馆 CIP 数据核字（2024）第 102091 号

数据可视化原理与实例（第二版）
SHUJU KESHIHUA YUANLI YU SHILI（DI-ER BAN）

著　　者	李春芳　石卓奇　沈寓实
责任编辑	黄松毅
特约编辑	李　婷
责任印制	李志鹏
封面设计	拓美设计

出版发行	中国传媒大学出版社		
社　　址	北京市朝阳区定福庄东街 1 号	**邮　　编**	100024
电　　话	86-10-65450528　65450532	**传　　真**	65779405
网　　址	http://cucp.cuc.edu.cn		
经　　销	全国新华书店		

印　　刷	北京中科印刷有限公司
开　　本	787mm×1092mm　1/16
印　　张	黑白 20.5　彩插 1
字　　数	433 千字
版　　次	2024 年 6 月第 2 版
印　　次	2024 年 6 月第 1 次印刷

书　　号	ISBN 978-7-5657-3649-0/TP・3649	**定　　价**	59.80 元

本社法律顾问：北京嘉润律师事务所　郭建平